国家级实验教学示范中心
"电气工程基础实验中心"系列实验教材

电工技术实验教程
（电工学 I）

电路实验
变压器与电机控制实验
仿真与综合设计实验

王 英　曾欣荣　主编

西南交通大学出版社
·成都·

内容简介

本教材是"十二五"国家级规划教材《电工技术基础》（电工学 I）的实验配套教材。全书系统地介绍了电工测量基础知识、仿真软件使用原理、实验操作技术、实验故障判断与处理、实验数据分析方法及误差分析、实验电路的基本设计方法、安全用电规则和常用仪器仪表。

本教材共六章：第一章电工实验基础知识，第二章电路基础实验，第三章变压器与电机控制实验，第四章综合设计与仿真实验，第五章基于 Multisim 的电路仿真，第六章常用仪器仪表的使用原理。既有基本性实验，又有综合性、设计性实验；既有实际操作实验，又有仿真实验；既有元器件特性测量，又有仪器仪表使用技能。以实验内容为基本平台，重在提高能力和创新思维的形成。丰富的实验内容，能满足不同学科、不同培养计划的实验教学，同时也为个性化培养奠定基础。

图书在版编目（CIP）数据

电工技术实验教程：电路实验・变压器与电机控制实验・仿真与综合设计实验. 电工学. 1 / 王英，曾欣荣主编. —成都：西南交通大学出版社，2014.4（2022.7 重印）

国家级实验教学示范中心 "电气工程基础实验中心"系列实验教材

ISBN 978-7-5643-2999-0

Ⅰ. ①电… Ⅱ. ①王… ②曾… Ⅲ. ①电工技术－实验－高等学校－教材 Ⅳ. ①TM-33

中国版本图书馆 CIP 数据核字（2014）第 059783 号

国家级实验教学示范中心
"电气工程基础实验中心"系列实验教材

电工技术实验教程（电工学 I）

电路实验・变压器与电机控制实验・仿真与综合设计实验

主编 王英 曾欣荣

*

责任编辑 李芳芳
封面设计 墨创文化

西南交通大学出版社出版发行
四川省成都市金牛区交大路 146 号 邮政编码：610031 发行部电话：028-87600564
http://www.xnjdcbs.com
四川森林印务有限责任公司印刷

*

成品尺寸：185 mm×260 mm 印张：13.25
字数：329 千字
2014 年 4 月第 1 版 2022 年 7 月第 4 次印刷
ISBN 978-7-5643-2999-0
定价：28.00 元

图书如有印装质量问题 本社负责退换
版权所有 盗版必究 举报电话：028-87600562

前 言

在创新型国家建设中,人才的培养是根本,技术基础性学科则是人才培养的关键,实验教学是能力培养的重要环节与基础。

本教材是"十二五"国家级规划教材《电工技术基础》(电工学 I)的实验配套教材。"电工技术实验"是高等工科学校非电类各专业的一门重要的技术基础实验课,它设置于西南交通大学国家级实验教学示范中心-电气工程基础实验教学中心。该中心于 2003 年首批进入学校"323 实验室工程"建设;2004 年建设为四川省精品课程;2007 年建设为国家级实验教学示范中心建设单位;2012 年 11 月通过教育部专家验收,正式挂牌为国家级电气工程基础实验教学示范中心。

本教材内容分为六部分:第一章"电工测量基础实验",主要讨论了两方面问题,一是电工测量的基础知识以及测量误差分析,二是实验操作规则、实验故障处理分析方式方法、实验报告要求以及实验安全用电规则,并通过简单的基本实验电路的测量操作,在掌握仪器仪表的同时,掌握安全用电的操作规程;第二章是"电路基础实验",编有 12 个实验,重点掌握实验数据的测量方式方法,以及对实验数据进行分析讨论;第三章是"变压器与电机控制实验",编有 8 个实验,其中,设计型实验的线路图和实验操作方法,由学生自己拟定,教师审查后方可进行实验;第四章是"综合设计与仿真实验",编有 7 个实验,重点掌握和运用 Multisim 软件工具进行综合与设计型仿真实验;第五章是"基于 Multisim 的电路仿真",重点对仿真软件进行讨论及应用操作方法;第六章是"常用仪器仪表的使用原理",重点介绍了九种电子仪器仪表的工作原理及测量、操作方法。

本教材可作为高等工科院校大学本科非电类各专业"电工技术基础"课程的实验教材,也可作为职业大学、成人教育大学、电视大学和网络教育等同类专业的实验教材,还可作为工程技术人员实践中的参考资料。

本教材由西南交通大学王英、曾欣荣主编。其中,王英主编第 1、2、3、4 章,参编第 5 章;曾欣荣主编第 6 章,参编第 3、5 章;陈曾川参编第 2、3、4 章;赵舵参编第 2、6 章;洪川参编第 5 章。另外,在教材编写过程中,参考了众多优秀教材,受益匪浅,谢美俊、宋小青、何朝晖、甘萍为本教材的编写提出很多建议;西南交通大学教务处、电气工程学院和"电工学"课程的前辈和同行给予了大量支持;在此,编者表示衷心的感谢。

由于编者水平有限,书中疏漏之处,恳请广大读者批评指正。

王 英

2014 年 4 月

目　录

第 1 章　电工实验基础知识 ·· 1
　1.1　电工、电子测量基础知识概论 ··· 1
　1.2　电工技术实验须知 ·· 6
　1.3　实验规则 ·· 8
　1.4　实验故障处理 ··· 8
　1.5　实验报告 ·· 9
　1.6　实验安全用电规则 ·· 10
　1.7　电阻电路的基本测量 ··· 10

第 2 章　电路基础实验 ·· 11
　2.1　实验一　伏安特性测量 ··· 11
　2.2　实验二　叠加原理 ·· 16
　2.3　实验三　戴维南定理及实验电路的设计 ·· 20
　2.4　实验四　示波器的使用 ··· 24
　2.5　实验五　交流电路参数的测量及功率因数提高实验 ···························· 31
　2.6　实验六　RLC 串联谐振电路 ·· 36
　2.7　实验七　RC 电路的频率特性 ··· 40
　2.8　实验八　三相交流电路 ··· 45
　2.9　实验九　一阶电路的时域响应 ·· 49
　2.10　实验十　谐振电路的设计 ·· 52
　2.11　实验十一　简单移相电路设计 ··· 54
　2.12　实验十二　三相交流电路功率因数提高设计 ······································ 55

第 3 章　变压器与电机控制实验 ··· 57
　3.1　实验一　单相变压器 ··· 57
　3.2　实验二　三相异步电动机的基本控制 ··· 61
　3.3　实验三　三相异步电动机的正反转控制 ·· 64
　3.4　实验四　电动机点动与长动控制电路设计 ·· 67
　3.5　实验五　电动机 Y-△ 启动控制电路设计 ·· 68
　3.6　实验六　电动机自动正反转控制电路设计 ·· 69
　3.7　实验七　多台电动机的综合控制电路设计实验（1） ·························· 69
　3.8　实验八　多台电动机的综合控制电路设计实验（2） ·························· 70

第 4 章　仿真与综合设计实验 ·· 72
4.1　实验一　电压源内阻对测量数据的影响 ·· 73
4.2　实验二　RC 选频电路的研究 ·· 74
4.3　实验三　非正弦周期信号的谐波分析与研究 ·· 76
4.4　实验四　三相交流电路的对称性研究 ·· 77
4.5　实验五　三相交流电路的综合分析、设计与研究 ·· 79
4.6　实验六　一阶 RC 电路的时域分析与研究 ·· 80
4.7　实验八　最大功率传输条件的研究 ·· 82

第 5 章　基于 Multisim 的电路仿真 ·· 85
5.1　Multisim 仿真软件 ·· 85
5.2　Multisim 的基础知识 ·· 86
5.3　Multisim 的基本操作 ·· 100
5.4　Multisim 的元件库 ·· 123
5.5　虚拟仿真仪器 ·· 132

第 6 章　常用仪器仪表说明书 ·· 147
6.1　MF 47 型万用电表使用说明书 ·· 147
6.2　T23-mA、A、V 毫安表/安培表/伏特表使用说明书 ·· 151
6.3　AN8701P 数字式电参数测量仪 ·· 153
6.4　DF2173B 交流电压表使用说明书 ·· 160
6.5　DF1701SB/SC 可调式直流稳压、稳流电源使用说明书 ·· 161
6.6　DF1731SB3AB 可调式直流稳压、稳流电源 ·· 166
6.7　DF1405/DF1410/DF1420/DF1440 数字合成函数信号发生器系列 ·· 173
6.8　DF1640B、DF1647 函数发生器/数字频率计使用说明书 ·· 188
6.9　DF4320 型 20 MHz 双通道示波器使用说明书 ·· 193

参考文献 ·· 205

第1章 电工实验基础知识

【实验目的】 掌握电工测量的基础知识以及测量误差分析;掌握实验操作规则、实验故障处理分析方式方法、实验报告要求以及实验安全用电规则;掌握万用表(见第2章实验一和第6章6.1)和直流稳压稳流电源(见第6章6.5、6.6)。

【预习内容】 预习电工测量基本理论知识;预习万用表的工作原理及测量方法;预习直流稳压稳流电源的工作原理及操作规程。

1.1 电工、电子测量基础知识概论

1.1.1 电工、电子测量

测量是为确定被测对象的量值而进行的实验过程。电工测量是以电工技术理论为依据,借助于电工仪表,测量电路中的电压、电流、电功率及电能等物理量。电子测量则是以电子技术理论为依据,借助电子测量设备,测量有关电子学的量值(如电信号的特性、电子电路性能指标、电子器件的特性曲线及参数)。电工、电子测量内容通常包含以下几个方面:

1. 能量的测量

如电压、电流、电功率、电能等。

2. 元件参数的测量

如电阻、电容、电感、阻抗、功率因数、品质因数、电压变比、电子器件的性能指标等。

3. 电信号特性的测量

如电信号的频率、相位、失真度、幅频特性、相频特性等。

4. 电子电路性能的测量

如放大倍数、通频带、灵敏度、衰减度等。

5. 非电量的测量

如温度、压力、速度等。

上述各项测量参数中,电压、频率、阻抗、相位等是基本电参数,它们是其他参数测量的基础。如电功率测量,可通过电压、阻抗的测量实现;放大器的增益测量,可通过输入、输出端电压的测量实现。

1.1.2 测量误差

在测量过程中，由于受到测量设备、测量方法、测量经验等多种因素的影响，使测量的结果与被测量的真实数值之间产生差别，这种差别称为测量误差。

1. 测量标准

不同的测量，对其测量误差大小要求的标准是不同的。目前，测量标准分为三种。

1）层级分类

按照标准化层级标准作用和有效的范围不同，将标准划分为不同层次和级别的标准。一般有国际标准、区域标准、国家标准、行业标准、地方标准、企业标准等。

（1）国际标准：由国际标准化或标准组织制定，并公开发布的标准。如国际标准化组织（ISO）和国际电工委员会（IEC）批准、发布的标准是目前主要的国际标准。

（2）区域标准：由某一区域标准化或标准组织制定，并公开发布的标准。如欧洲标准化委员会（CEN）发布的欧洲标准（EN）就是区域标准。

（3）国家标准：由国家标准团体制定，并公开发布的标准。如GB、ANSI、BS是中、美、英等国国家标准代号。

（4）行业标准：由行业标准化团体或机构制定，并公开发布的标准。这是在行业内统一实施的标准，又称为团体标准。

（5）地方标准：由一个国家的地方部门制定，并公开发布的标准。

（6）企业标准：由企业事业单位自行制定，并公开发布的标准。企业标准在有的国家又称为公司标准。

2）对象分类

按照标准对象的名称归属分类，将标准划分为产品标准、工程建设标准、工艺标准、环境保护标准、数据标准等。

3）性质分类

按照标准的属性分类，将标准划分为基础标准、技术标准、管理标准、工作标准等。

测量标准分类方法较多，如根据标准实施的强制程度，将标准分为强制标准、暂行标准、推荐标准。

2. 测量常用术语

1）真　　值

被测量的参数量本身所具有的真实值称为真值。真值是一个理想的概念，一般是不知道的。

2）实际值

通常将精度较高的标准仪器、仪表所测量的值作为"真值"，但它并非是真正的"真值"，所以将其称为实际值。

3）标称值

测量器件、设备上所标出的数值称为标称值。如标准电阻、电容等器件上标出的参数值。

4）示　　值

测量仪器所指示出的测量数据称为示值。示值是指测量结果的数值。

5）精　　度

精度是指测量仪器的读数或测量结果与被测量真值一致的程度。精度高，说明测量误差小；

精度低，说明测量误差大。因此，精度是测量仪表的重要性能指标，同时也是评定测量结果的最主要、最基本的指标。

精度还可以用精密度、正确度、准确度三个指标来表征。

（1）精密度：表示仪表在同一测量条件下对同一被测量值进行多次测量时，所得到的测量结果的分散程度。它说明仪表指示值的分散性。

（2）正确度：说明仪表指示偏离真实值的程度。

（3）准确度：它是精密度和正确度的综合反映。当用于测量结果时，表示测量结果与被测量真值之间的一致程度；当用于测量仪器时，则表示测量仪器的示值与真值之间的一致程度。准确度是一种定性的概念。

3. 测量误差的计算

测量误差通常用绝对误差和相对误差来表示。

1）绝对误差

测量的示值 X 与被测量真值 X_0 之间的差值称为绝对误差，用 ΔX 表示：

$$\Delta X = X - X_0 \tag{1.1}$$

在实际测量中，常用精度高一级的标准仪器仪表测量的示值作为 X_0。对同一被测量值而言，测量的绝对误差越小，测量就越准确；对于不同的被测量值，则测量的绝对误差不能反映测量的准确程度。因此，为了弥补绝对误差的不足，提出了相对误差的概念。

2）相对误差

相对误差能够反映被测量的测量准确程度。

在实际应用中，相对误差可分为实际相对误差、示值相对误差和满度相对误差。

（1）实际相对误差：测量的绝对误差 ΔX 与被测量的真值 X_0 之比，用符号 γ_0 表示：

$$\gamma_0 = \frac{\Delta X}{X_0} \times 100\% \tag{1.2}$$

（2）示值相对误差：测量的绝对误差 ΔX 与仪器、仪表示值 X 之比，用符号 γ_x 表示：

$$\gamma_x = \frac{\Delta X}{X} \times 100\% \tag{1.3}$$

（3）满度相对误差：测量仪器、仪表各量程内最大绝对误差 ΔX_m 与测量仪器、仪表满度值（量程上限值）X_m 之比，用符号 γ_m 表示：

$$\gamma_m = \frac{\Delta X_m}{X_m} \times 100\% \tag{1.4}$$

满度相对误差也叫满度误差、引用误差。

我国电工仪表的准确度等级 S 就是按满度误差 γ_m 分级的，按 γ_m 大小依次划分成 0.1、0.2、0.5、1.0、1.5、2.5 及 5.0 共七级。例如，某电压表为 0.2 级，即表明它的准确度等级为 0.2 级，它的满度相对误差不超过 0.2%，即 $|\gamma_m| \leq 0.2\%$（或 $\gamma_m = \pm 0.2\%$）。

当已知仪表的准确度等级 γ_m 和量程 X_m 时，可得出仪表量程内绝对误差的最大值：

$$\Delta X_m = \gamma_m \cdot X_m \qquad (1.5)$$

当已知仪表的准确度等级 γ_m、量程 X_m 和被测量值 X 时,可计算出被测量的最大相对误差:

$$\gamma_{xm} = \frac{\Delta X_m}{X} \times 100\% \qquad (1.6)$$

【例1】 用量限为 100 V、准确度为 0.5 级的电压表,分别测量出 80 V、50 V、20 V 电压值,试问测量结果的最大相对误差是否相同?

【解】 仪表量程内绝对误差的最大值:

$$\Delta X_m = \gamma_m \cdot X_m = \pm 0.5\% \times 100 = \pm 0.5 \text{ (V)}$$

测量 80 V 值的最大相对误差:

$$\gamma_{xm} = \frac{\Delta X_m}{X} \times 100\% = \pm \frac{0.5}{80} \times 100\% = \pm 0.625\%$$

测量 50 V 值的最大相对误差:

$$\gamma_{xm} = \frac{\Delta X_m}{X} \times 100\% = \pm \frac{0.5}{50} \times 100\% = \pm 1\%$$

测量 20 V 值的最大相对误差:

$$\gamma_{xm} = \frac{\Delta X_m}{X} \times 100\% = \pm \frac{0.5}{20} \times 100\% = \pm 2.5\%$$

由例 1 可知,测量结果的准确度不仅与仪表的准确度等级有关,而且与被测量值的大小有关。当仪表的准确度等级给定时,所选仪表的量限越接近被测量值,则测量结果的误差就越小。但有些电路,尤其是电子线路,其等效电阻有时比万用表低电压量程挡的总电阻大得多,测量时选择较高的电压量程反而比较准确。

在万用表的面板上都标明了交、直流电压和电流以及欧姆等各测量挡的准确度等级。如 MF 47 型万用表直流电流挡的准确度等级为 2.5。

【例2】 现有两块电压表,一块电压表量程为 50 V、1.5 级,另一块电压表量程 15 V、2.5 级,若要测量一个约为 12 V 的电压,试问选用哪一块电压表测量合适?

【解】

(1)用量程为 50 V、1.5 级电压表测量,则

仪表量程内绝对误差的最大值:

$$\Delta X_m = \gamma_m \cdot X_m = \pm 1.5\% \times 50 = \pm 0.75 \text{ (V)}$$

测量 12 V 值的最大相对误差:

$$\gamma_{xm} = \frac{\Delta X_m}{X} \times 100\% = \pm \frac{0.75}{12} \times 100\% = \pm 6.25\%$$

(2)用量程为 15 V、2.5 级电压表测量,则

仪表量程内绝对误差的最大值:

$$\Delta X_{\mathrm{m}} = \gamma_{\mathrm{m}} \cdot X_{\mathrm{m}} = \pm 2.5\% \times 15 = \pm 0.375 \text{ (V)}$$

测量 12 V 值的最大相对误差：

$$\gamma_{\mathrm{xm}} = \frac{\Delta X_{\mathrm{m}}}{X} \times 100\% = \pm \frac{0.375}{12} \times 100\% = \pm 3.125\%$$

所以，应选用量程为 15 V、2.5 级电压表。

4．测量误差来源

测量误差的原因是多方面的，测量数据的误差是一个综合反映，主要由以下几方面引起误差：

（1）仪器仪表误差：由测量仪器、仪表准确度引起的误差。

（2）人员误差：由于测量者的分辨能力、实验操作习惯等原因引起的误差。如测量者在对模拟仪器的标尺进行读数据时，会出现视差；测量者在仪器仪表到达稳定值之前读数据，会产生动态误差。

（3）测量方法误差：测量方式，测量仪器、仪表选择，测量接线粗细长短等引起的误差。

（4）环境误差：由实验所处的环境引起的误差。如温度、湿度、电磁场、噪声等引起的误差；又如，仪器、仪表长时间使用，其性能偏离标准而未校准所引起的误差。

1.1.3 测量仪器

测量仪器是将被测量转换成可以直接显示或读取数据信息的设备，它包括各类指示仪器、比较式仪器、记录仪器、信号源和传感器等。一般，将利用电子技术测量各种待测量的仪器称为电子测量仪器，而利用电工技术测量各种待测量的仪器称为电工测量仪器。

1．电工测量仪器

电工测量仪器的基本结构是电磁机械式的，借助指针来显示测量结果。通常分为两类：电测量指示仪表类和比较仪器类。

（1）电测量指示仪表：如按仪表的工作原理可分为电磁系、磁电系、电动系、感应系和整流系；如按仪表测量对象可分为电压表、电流表、功率表、功率因数表、兆欧表、电度表等。

（2）电测量比较表：主要有交直流电桥测量仪、交直流补偿式测量仪等。

2．电子测量仪器

通常将电子测量仪器的发展分为四个阶段：模拟仪器（测量数据采取指针式显示，如万用表、晶体管电压表等）、数字化仪器（测量数据采取数字式输出显示，如数字万用表、数字频率计、数字式相位计等）、智能仪器（能对测量数据进行一定的数据处理，内置微处理器）和虚拟仪器（电是检测技术与计算机技术和通信技术有机结合的产物）。

随着电子技术的飞速发展，电子测量仪器的种类及性能与日俱增。目前，通用电子测量仪器若按其功能可分为以下几类：

（1）电平测量仪器，如电压表、电流表、功率表等。

（2）元件参数测量仪器，如 R、L、C 参数测试仪；晶体管或集成电路参数测试仪等。

（3）信号发生器，如函数信号发生器、音频信号发生器、低频和高频信号发生器等。

（4）信号分析仪器，如频谱分析仪、谐波分析仪和动态信号分析仪等。

（5）频率、时间、相位测量仪器，如频率计、相位计和波长计等。

（6）波形特性测量仪器，如各类示波器。

（7）模拟电路特性测试仪器，如网络特性分析仪、频率特性测试仪、噪声系数测试仪等。

（8）数字电路特性测试仪器，如逻辑分析仪。

1.1.4　测量方法

1. 按测量手段分类

按测量手段可分为直接测量、间接测量和组合测量三种。

1）直接测量

直接用测量仪器、仪表测量被测量的数据的方法称为直接测量。如用电流表测量电流、电压表测量电压等。直接测量方法在工程测量中被广泛应用。

2）间接测量

被测量的数据是通过测量其他数据后换算得到的，不是直接测量所得，这种间接测试数据的方法称为间接测量。如电阻的测量：通过测量电压、电流的量值，根据欧姆定律计算出电阻的大小。间接测量在科研、实验研究室及工程测量中被广泛应用。

3）组合测量

被测量的数据需通过多个测量参数及函数方程组联立求解得到，这种测量方法称为组合测量。组合测量与间接测量的不同之处是，组合测量是在不同的测量条件下，进行多次测量得到的测量参数。组合测量方法比较复杂，一般应用于科学实验。

2. 按测量方式分类

按测量方式可分为直读法和比较法两种。

3. 按测量性质分类

按测量性质可分为时域测量、频域测量、数字域测量和随机测量四种。

（1）时域测量：测量与时间有函数关系的量。如用示波器观测随时间变化的量。

（2）频域测量：测量与频率有函数关系的量。如用频谱分析仪分析信号的频谱。

（3）数字域测量：测量数字电路的逻辑状态。如用逻辑分析仪等测量数字电路的逻辑状态。

（4）随机测量：主要测量各种噪声、干扰信号等随机量。

1.2　电工技术实验须知

实验是电工技术基础课程重要的实践性教学环节。实验的目的不仅要巩固和加深理解所学的知识，更重要的是通过实验，可了解电子仪器、仪表及测量操作方式方法，掌握电工电子基本测量操作技能，学会运用所学知识分析和判断故障产生的原因，用最有效的方式方法排除实验故障，或采用更好的测量方法减小故障发生率和测量误差，树立工程实践理念和严谨的科学作风。在实验中启发学生的创新能力和培养综合素质。

1.2.1 实验技能训练的具体要求

1. 正确使用常用的电工仪表、电工设备及电子仪器

（1）了解设备的名称、用途、铭牌规格、额定值等的使用说明。

（2）重点掌握设备使用的极限值。

使用仪器仪表等设备前，一定要了解并注意设备最大允许的输出值，避免设备被损坏。例如，调压器、稳压电源等有最大输出电流技术指标限制；信号源有最大输出功率和最大信号电流技术指标限制。

在测量实验数据前，一定要了解并注意测量仪器、仪表的最大允许输入量，避免仪表的损坏。如电流表、电压表、功率表等，要注意最大允许测量的电流值、电压值；万用表、示波器、数字频率计等，要注意输入端规定的最大允许输入值，不得超过该值，否则会损坏设备。

多量程仪表要正确使用量程，千万不能用不同的量程进行数据测量，因为仪器的不同测量量程的测量原理是不同的。例如，万用表的欧姆挡不能用来测量电压，电流挡不能用来测量电压。

（3）了解设备面板上各功能旋钮、输入和输出端的作用。使用前调节到正确位置，禁止无意识地乱拨动旋钮。

（4）在使用仪器、仪表前，利用所掌握的测量知识和相关的仪器、仪表性能技术指标，判断和检验实验设备是否正常。有自校功能的设备，可先通过自校信号对设备进行检查。例如，示波器有自校正弦波和方波；频率计有自校标准频率。

2. 按实验电路图正确接线

（1）合理安排仪器、仪表、元件等实验设备的位置；合理选择接线的长短和粗细。做到实验线路清楚，容易检查和处理故障，操作方便，测量数据易于读取。

（2）接线要牢固可靠，减少测量接线误差。

（3）实验电路接线技巧：一般实验电路接线时，先连接测量回路，再连接测量并联支路。对于测量电路主回路电流大的实验，用粗导线连接主回路；测量电路电流小的用细导线连接。

3. 正确读取实验数据，观察实验现象，测绘波形曲线

（1）合理读取数据点。应通过预操作，掌握被测曲线的变化趋势并找出特殊点；凡变化急剧的地方测量数据的采集点较多，变化缓慢处测量数据的采集点较少。在实验中，测量数据的采集点要合适，能真实反映客观情况即可。

（2）准确读取电表示值。为了减少测量误差，首先是合理选择测量仪器仪表的量程。实验前估算（或用最高量程进行估测）被测量数据，选择被测量数据大于仪器仪表 2/3 满量程的测量设备。在同一量程中，指针偏转越大越准确，即测量误差越小。

4. 实验数据

实验测量完成后，进行实验数据的整理、分析及误差计算，独立写出实验数据充分、论点

成立、条理清楚、文字整洁的实验报告。

5. 资料查询

学习查阅电工手册、电子元器件性能指标、实验电路设计的相关资料。查阅常用仪器、仪表、实验装置等的具体特性及操作基本常识。

1.2.2 实验前的准备工作

（1）阅读实验指导书，了解实验内容，明确实验目的，理解相关的实验原理。
（2）必须写出实验预习报告。
（3）查阅资料，掌握实验中使用的仪器、仪表的操作过程及测量方法。
（4）对实验数据进行分析和估算，确定测量仪器、仪表的量程。
（5）画出实验测试中所需要的测量数据、记录表格等。

1.3 实验规则

为了在实验中培养学生严谨的科学作风，确保人身和设备的安全，顺利完成实验任务，特制定以下实验规则：

（1）严禁在实验进行中带电接线、拆线或改接线路。
（2）测量线路接好后，要认真复查，确信无误后，经指导教师检查同意，方可接通电源进行实验。
（3）通电操作时，必须全神贯注观察电路、仪器仪表的变化，如有异常，应立即断电，检查故障产生的原因。如实验过程中发生事故，应立即关断电源，保持现场，报告指导教师。
（4）测量中应注意正确读出测量数据。实验完毕后，先由本人检查实验数据，分析判断测量数据是否正确，若有问题，分析问题的原因并解决。实验测量数据交指导教师检查，经教师认可后方可拆实验线路，并将实验器材、导线整理好。
（5）室内仪器设备不准任意搬动调换，非本次实验所用的仪器设备，未经教师允许不得动用。不会使用的仪器、仪表、设备等，不得贸然使用。若损坏仪器设备，必须立即报告指导教师，并作书面检查，责任事故要酌情赔偿。
（6）实验操作中要严肃认真，保持安静、整洁的实验学习环境。

1.4 实验故障处理

1. 故障原因

电路实验中故障的诊断、排除比电子实验中所发生的故障要容易处理。但不论何种故障，如不及时排除，都会直接影响实验测量数据的正确性或对实验仪器、仪表造成损坏。

电路实验中发生故障的原因大致有以下几种：

（1）实验线路连接有错，造成实验电路开路或短路故障，或连接成错误的测试实验系统。
（2）实验线路接触不良或导线损坏，造成实验电路开路。
（3）实验线路接触松动，产生很大的接触误差或测量数据不稳定，影响测量数据的准确性。
（4）仪器、仪表、实验装置、器件等发生故障。
（5）使用仪器、仪表测量时的方式方法或数据读取换算发生错误。

2．故障处理

电路实验中一般采用断电检查处理故障，操作顺序如下：

（1）切断电源，检查仪器、仪表、实验装置、器件等是否发生故障或使用的测量方式方法等是否正确。
（2）检查线路连接是否正确，线路接触是否松动。
（3）用万用表的欧姆挡测量实验导线是否损坏。
（4）根据故障现象，用所学的理论知识，判断故障发生的原因，确定故障发生处。
（5）通电后，从电源始端开始依次测量电压（或用示波器观测），综合判断分析故障发生处，缩小故障发生范围。

1.5 实验报告

一律用电工学规定的实验报告纸认真书写实验报告。实验报告的具体内容如下：

1．实验目的

通过实验需要掌握操作技能、测量方法、仪器、仪表使用原理、安全用电知识及相关的理论知识等。

2．实验器件

实验中所使用的主要仪器、仪表、设备的型号规格。

3．实验原理

分析实验电路原理，画出实验电路图，写出实验步骤。

4．实验预习

预习实验仪器仪表（见第6章）、相关器件及实验装置等的工作原理和使用方法，根据实验电路及实验器件参数，估算实验测量数据，制作实验数据记录表格，要特别注意实验注意事项，写出实验预习报告等。

5．实验数据分析及处理

根据实验测量的原始记录数据，进行数据分析和整理，分析测量数据产生误差的原因，提出测量方法的改进意见。

6．实验总结

对实验进行全面总结，分析实验数据、实验测量方法的正确性；讨论实验操作中出现的问题及产生的原因、解决的方式方法；结合理论知识论述实验收获与体会。注意：实验特性曲线必须用坐标纸绘出。

1.6 实验安全用电规则

安全用电是实验中始终需要注意的重要问题。为了很好地完成实验，确保实验人员的人身安全和实验仪器、仪表、设备等装置的完好，在电工实验中，必须严格遵守下列安全用电规则。

1. 断电操作

接线、改线、拆线操作都必须在切断电源的情况下进行，即先接线后通电，先断电再检查线路故障、改接线路、拆线等。

2. 绝缘测量

在电路通电的情况下，人体严禁接触电路中不绝缘的金属导线或连接点等带电部位。万一遇到触电事故，应立即切断电源，进行必要的处理。

3. 集中注意力

在实验测量中，特别是设备刚投入运行时，要随时注意仪器、设备等实验装置的运行情况，如发现有过载、超量程、过热、异味、异声、冒烟、火花等，应立即断电，并请指导教师检查。

4. 注意安全

电机转动时，防止导线、发辫、围巾等物品卷入，注意安全。

5. 额定值

了解有关电器设备的规格、性能及使用方法，严格按额定值使用。注意仪表的种类、量程和连接方法的区别。例如，不能用电流表测量电压值，不能用万用表的电阻挡测量电压值，功率表的电流线圈不能并联在电路中等。

1.7 电阻电路的基本测量

（1）用万用表测量电阻参数、交流电源参数和直流稳压稳流电源输出的电量值，并作测量数据、实验步骤及操作注意事项的记录。

（2）测量实验电路中各器件上的电压参数，并记录测量数据、测量方法及实验电路图。

（3）记录实验中出现的各种问题，并在实验报告中进行分析讨论。

第 2 章 电路基础实验

本章节是以"电路分析"理论为知识平台,通过一系列基础实验的逐步进行,掌握一些常用的仪器、仪表和测量设备的使用方法及基本原理;掌握电工学实验操作技能;学会判断、处理故障的基本方法;了解安全用电知识,为后续电工学教学及相关学科的学习、实验奠定基础。

2.1 实验一 伏安特性测量

2.1.1 实验目的

(1)掌握元件器件的伏安特性测量方法。
(2)加深对线性与非线性元件特性的理解。
(3)学会万用表、电磁式仪表、电动式仪表的基本测量方法。
(4)了解直流稳压电源的工作原理,掌握其使用方法。
(5)了解测量误差理论知识,学会分析实验数据产生误差的原因。

2.1.2 万用表的使用方法

万用表是一种多用途的电表,其类型很多,如按读取所测量数据的方式可分为指针式和数字式两种类型。一般万用表都包含以下几个基本的测量功能:测量直流电流、直流电压、交流电压、电阻等;有的万用表还具有测量音频电平、电容量、电感量以及半导体二极管、三极管的直流参数等功能,因此万用表的测量范围亦各有差异,形式多种多样,但使用方法大体相同。

1. 测量前的准备

(1)选择好测量挡的量程后,检查指针是否在机械零位上,如不指在零位时,可旋转表盖上的调零器,使指针指示在零位上。
(2)一般数据的测量,可将红、黑测试棒分别插入"+"、"-"插座中。但交、直流 2 500 V 挡测量时,红插头则应插入标有"2 500 V~"插座中;在直流 5 A 挡测量时,红插头则应插入标有"5 A"的插座中。

2. 测量方法

(1)直流电流测量。通过转动开关选择测量电流的量程,电流量程应大于被测量数据。测量时,将测试棒(又称测试笔)串接(串联)于被测电路中。

注意：

① 用测量电流功能挡测量电压数据，电表会被烧毁。

② 测量大电流时，为了测量安全和避免烧坏实验器件，应在切断电源的情况下，变换测量仪器、仪表的量程。

③ 如被测电流量未知，应先选择最高电流测量挡，根据第一次测量的数据确定测量电流的量程，这样可避免损坏电表。

（2）交直流电压测量。通过转动开关选择测量电压的量程，电压量程应大于被测量数据。测量时，将测试棒跨接（并联）于被测电路两端。

注意：

① 测量直流电压时，黑色测试笔应接低电位点，红色测试笔应接高电位点。

② 测量高电压时，为了测量安全和避免烧坏实验器件，应在切断电源的情况下，变换测量仪器、仪表的量程。

③ 测量未知量的电压时，应先选择最高电压测量挡，根据第一次测量的数据确定测量电压的量程，这样可避免损坏电表。

（3）电阻测量。转动开关至所需测量的电阻挡，将测量试棒两端短接，调节万用表上的调零器，使测量指针指示零欧姆。校好万用表后，分开测试棒进行测量。

注意：

① 欧姆挡测量数据的读数。万用表测量电阻时，根据被测量电阻值大小，分为×1、×10、×1k 等几种测量挡。测量数据等于指示刻度乘以测量挡的倍率值，即 1、10、1k 等数值是电阻Ω挡的倍率值。例如，转换开关旋在 10 倍率挡处，测试笔测量被测电阻 R_X，万用表指针若指在刻度盘上 25 Ω处，则测量电阻值为

$$R_X = 标度尺上的刻度 \times 倍率 = 25 \times 10 = 250 （Ω）$$

② 断电测量电阻值。测量电路中的电阻时，应先切断电源，如电路中有电容元件，则应对电容进行放电，绝对不能在带电线路上用万用表测量电阻值。因为这样做实际上是把欧姆表当作电压表使用，极易烧坏电表。

③ 万用表调零。万用表每换一次测量电阻的量程（倍率）时，都需要重新调零。

④ 测量误差。测量电阻时，指针越接近欧姆刻度中心读数，测量结果越准确，所以要选择适当的测量量程。

3. 万用表的使用步骤

万用表使用时要遵循一看、二扳、三试、四测 4 个步骤。

一看：测量前，看看仪表连接是否正确，是否符合被测量要求。测量电流数据时，仪表必须串联在被测的支路中；测量电压数据时，仪表必须并联在被测的电路两端。测量电阻数据时，被测的电路必须先断电。

二扳：按照被测电量的种类和估计出的测量值的大小，将仪表测量转换开关扳到对应的测量挡位上。

注意： 测量电阻挡，需先将仪表进行调零。

三试：先试测，用测试笔触碰被测试点，观看指针的偏转情况，如果指针快速偏转并超过仪表量程，应立即抽回测试笔，检查原因，予以改正。

四测：在无异常现象时，可进行测量，读取数据。

测量时，使用测试笔不要用力过猛，以免测试笔滑动碰到其他电路，造成电路短路或测量电压过高等事故。

2.1.3 预习内容

（1）阅读仪器仪表使用手册，了解万用表和直流稳压电源的工作原理及使用方法（见第6章）。

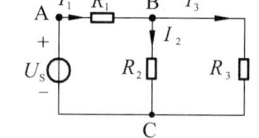

图 2.1.1 实验电路图

（2）预习实验电路图 2.1.1。计算电流 I_1、I_2、I_3 和电压 U_{AB}、U_{BC}、U_{CA}，并记录在表 2.1.1 中。

表 2.1.1

测量参数	$R_1 = 500\ \Omega$，$R_2 = 300\ \Omega$，$R_3 = 1\ 000\ \Omega$，$U_S = 10\ V$					
	I_1	I_2	I_3	U_{AB}	U_{BC}	U_{CA}
计算值						
最大相对误差						

（3）根据表 2.1.2 数据，选择合适的测量量程，并计算出由此产生的最大相对测量误差。将误差数据填入表 2.1.1 中。

（4）预习实验操作过程，确定测量数据的测试方法。

（5）明确实验中应注意的事项。

表 2.1.2

量　限　范　围		精　度
直流电流	0 ~ 0.05 mA ~ 0.5 mA ~ 5 mA ~ 50 mA ~ 500 mA ~ 5 A	2.5
直流电压	0 ~ 0.25 V ~ 1 V ~ 2.5 V ~ 10 V ~ 50 V ~ 250 V	2.5
	0 ~ 500 V ~ 1 kV ~ 2 500 V	5
交流电流	0 ~ 10 V ~ 50 V ~ 250 V ~ 500 V ~ 1 000 V ~ 2 500 V	5
直流电阻	$R \times 1$　$R \times 10$　$R \times 100$　$R \times 1k$	2.5

2.1.4 实验仪表和设备

请将实验中所使用的仪器、仪表、设备及实验装置的有关数据记录在表 2.1.3 中。

表 2.1.3

名　称	型号或规格	精度	数量	备　注
万 用 表				
直流稳压源				
可变电阻箱				
二 极 管				
开　关				

2.1.5 实验步骤

（1）测量交流电源插座的电压值。

注意：万用表的测量量程应选择在交流 500 V 挡上。

（2）可变电阻箱的参数选择：$R_1 = 500\,\Omega$，$R_2 = 300\,\Omega$，$R_3 = 1\,\text{k}\Omega$，再用万用表的欧姆挡测量可变电阻箱的电阻数据，记录在表 2.1.4 中。电阻箱待用。

表 2.1.4

测量项目	单位	标称值	测量值
R_1			
R_2			
R_3			

（3）将直流稳压源的电源接通交流 220 V 电压。打开稳压源的电源开关，调节稳压源输出电压旋钮，使 $U_S = 10\,\text{V}$。

注意：用万用表的直流电压挡测定 U_S 数值，然后关闭稳压源的电源，待用。

（4）将电阻箱按实验电路图 2.1.1 放置。先接由电阻 R_1、R_2 和电源 U_S 构成的回路线路，再并联 R_3 器件。经指导教师检查无误后，打开稳压电源，开始测量数据。将测量数据记录在表 2.1.5 中。

表 2.1.5

测试条件		$R_1 = 500\,\Omega$，$R_2 = 300\,\Omega$，$R_3 = 1\,\text{k}\Omega$，$U_S = 10\,\text{V}$	
测试项目	单位	用 10 V 挡测量	用 50 V 挡测量
U_{AB}	V		
U_{BC}	V		
U_{CA}	V		
I_1	mA		
I_2	mA		
I_3	mA		

（5）实验测量数据经指导教师检查后，关闭稳压电源和实验供电板开关，拆线。再按图 2.1.2 实验电路图接线。测量线性元件电阻特性。将测量数据记录在表 2.1.6 中。

（6）关闭稳压电源和实验供电板开关，拆线。再按图 2.1.3 实验电路图接线。测量非线性元件电阻特性。将测量数据记录在表 2.1.7 中。

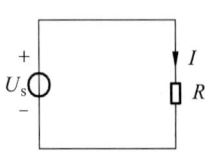

图 2.1.2　线性元件电阻特性测量电路

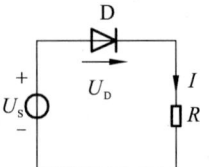

图 2.1.3　非线性元件电阻特性测量电路

表 2.1.6

测试条件	$R = 1\text{ k}\Omega$					
	电源 U_S 输出电压值					
测试项目	单位	10 V	7 V	5 V	3 V	2 V	1 V
I							

表 2.1.7

测试条件	$R = 1\text{ k}\Omega$，非线性元件 D								
	电源 U_S 输出电压值								
测试项目	单位	9 V	7 V	5 V	4 V	3.5 V	2 V	1.5 V	1 V	0.5 V
I										
U_D										

（7）实验测量数据经指导教师检查后，关闭稳压电源和实验供电板开关，拆线。将所用的实验仪器、仪表及器件整理放置好，将导线整理好。

（8）把所有仪器、仪表及器件的精度等参数记录在表 2.1.3 中。

2.1.6 实验数据分析及讨论

（1）根据测量数据表 2.1.5，计算测量最大误差和满度相对误差，填入表 2.1.8 中，并分析误差产生的原因。

（2）根据测量数据表 2.1.6，在坐标纸上画出电阻 R 特性曲线，说明元件电压与电流的特性。

（3）根据测量数据表 2.1.7，在坐标纸上画出非线性元件（二极管 D）的特性曲线，说明元件电压与电流的特性。

（4）总结测量电压与电流数据时，其测量方法上有什么不同？在选择测量量程时应注意什么问题，测量量程是否选择越大越好，测量精度是否选择越高越好，为什么？

（5）用万用表测量电阻时，应注意什么问题？

（6）使用稳压电源时，应注意什么问题？

表 2.1.8

测试条件	$R_1 = 500\text{ }\Omega$，$R_2 = 300\text{ }\Omega$，$R_3 = 1\text{ k}\Omega$，$U_S = 10\text{ V}$			
	10 V 量程时：满度相对误差 =			
	50 V 量程时：满度相对误差 =			
测试项目	单位	10 V 量程测量	最大相对误差	50 V 量程测量	最大相对误差
U_{AB}	V				
U_{BC}	V				
U_{AC}	V				
I_1	mA				
I_2	mA				
I_3	mA				

2.2 实验二 叠加原理

2.2.1 实验目的

（1）掌握证明定理的实验方式、方法及操作过程。
（2）加深叠加原理的理解。
（3）正确连接实验电路，掌握万用表、直流稳压电源及实验装置的使用。
（4）学会运用实验测量数据论证定理。
（5）学会合理运用电表测量数据，减小测量误差。
（6）学习实验电路设计的方式方法。

2.2.2 叠加原理

叠加原理：线性电路中，任意电压或电流等于电路中各个独立电源分别单独作用时，在该处产生的电压或电流的叠加。

注意：

（1）叠加原理适用于线性电路，不适用于非线性电路。例如，图 2.2.1 电路中电流 I，可用叠加原理进行分析、计算和测量；而图 2.2.2 电路中电流 I，不能用叠加原理进行分析、计算和测量。

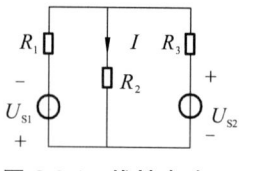
图 2.2.1 线性电路

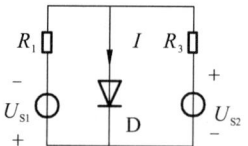
图 2.2.2 非线性电路

（2）在测量中，不作用的电压源，用短路导线代替，如图 2.2.3 所示。千万不可直接将电压源输出端口进行短路连接，否则会损坏设备。

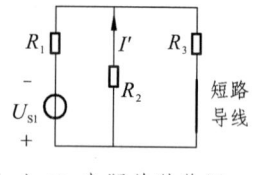
（a）U_{S1} 电源单独作用

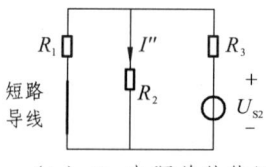
（b）U_{S2} 电源单独作用

图 2.2.3 叠加原理测量电路图

（3）用叠加原理测量电路时，只改动电源的连接方式，测量电路中的其他元器件及电路结构都不予变动，如图 2.2.3 所示。

（4）测量时注意电压和电流的参考方向，如图 2.2.3 所示。

$$I = -I' + I''$$

（5）叠加原理不适用于功率的分析计算。例如，电阻 R_2 上消耗的功率为

而不等于
$$P = I^2 R_2$$
$$P = I^2 R_2 \neq (I')^2 R_2 + (I'')^2 R_2$$

（6）实验测量中，在某一电压源单独作用时，若不作用的独立电源的内阻不能忽略，则其电源的内阻要用与之相等的电阻等效替代。否则，将产生较大的测量误差。

2.2.3 预习内容

（1）预习叠加原理和实验电路图。如果电路中含有受控电源，试问受控电源在实验测量中如何处理？试画出实验预习电路图 2.2.4 的实验测量电路原理图。

（2）分析实验电路图 2.2.5 的连接特点，计算电路中各种情况下的电流数据，并填入表 2.2.1 中。

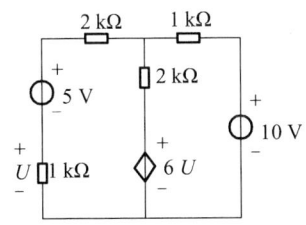

图 2.2.4 实验预习电路图

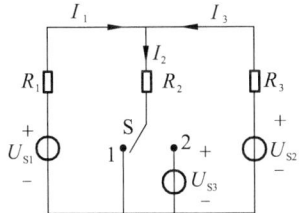

图 2.2.5 实验电路图

（3）预习实验操作过程，确定测量数据的测试方法。
（4）预习万用表的使用方法及其注意事项。
（5）明确实验中应注意的事项。

表 2.2.1

开关 S 连接位置	$R_1 = 500\ \Omega$，$R_2 = 300\ \Omega$，$R_3 = 1\ \mathrm{k\Omega}$，$U_{S1} = 10\ \mathrm{V}$，$U_{S2} = 6\ \mathrm{V}$，$U_{S3} =$		
	计算电流		
	I_1	I_2	I_3
接 1 点			
接 2 点			

2.2.4 实验仪表和设备

请将实验中所使用的仪器、仪表、设备及实验装置的有关数据记录在表 2.2.2 中。

表 2.2.2

名　　称	型号或规格	精度	数量	备　　注
万 用 表				
直流稳压源				
可变电阻箱				
直流电流表				
开　　关				

2.2.5 实验步骤

（1）可变电阻箱的参数选择：$R_1 = 500\ \Omega$，$R_2 = 300\ \Omega$，$R_3 = 1\ k\Omega$，再用万用表的欧姆挡测量可变电阻箱的电阻数据，记录在表 2.2.3 中。电阻箱待用。

表 2.2.3

测 量 项 目	单 位	标 称 值	测 量 值
R_1			
R_2			
R_3			

（2）将直流稳压源的电源接通交流 220 V 电压。打开稳压源的电源开关，调节稳压源输出电压旋钮，使 $U_{S1} = 10$ V，$U_{S2} = 6$ V。

注意：用万用表的直流电压挡测定 U_{S1}、U_{S2} 数值，然后关闭稳压源的电源，待用。

（3）将电阻箱按实验电路图 2.2.5 放置，先接由电阻 R_1、R_3 和电源 U_{S1}、U_{S2} 构成的回路线路，再并联中间电阻 R_2、开关 S 等器件线路。经指导教师检查无误后，打开稳压电源，开始测量数据。

（4）测量下列两种情况的各电流值，并将数据记录在表 2.2.4 中。

① 开关 S 拨向 1，即电压源 U_{S1}、U_{S2} 作用。测量电路中电流 I_1、I_2、I_3 的数据，在表 2.2.4 中记录为 I_1'、I_2'、I_3'。

表 2.2.4

测试条件		$R_1 = 500\ \Omega$，$R_2 = 300\ \Omega$，$R_3 = 1\ k\Omega$，	
		$U_{S1} = 10$ V，$U_{S2} = 6$ V，$U_{S3} =$	
测试项目	单 位	开关 S 连接 1	开关 S 连接 2
I_1'			
I_2'			
I_3'			
I_1''			
I_2''			
I_3''			

② 开关 S 拨向 2，即电压源 U_{S1}、U_{S2}、U_{S3} 作用。测量电路中电流 I_1、I_2、I_3 的数据，在表 2.2.4 中记录为 I_1''、I_2''、I_3''。

（5）实验测量数据经指导教师检查后，关闭稳压电源和实验供电板开关，拆线。将所用的实验仪器、仪表及器件整理放置好，将导线整理好。

（6）把所有仪器、仪表及器件的精度等参数记录在表 2.2.2 中。

2.2.6 实验数据分析及讨论

（1）根据实验测量的数据，计算电路图 2.2.6 中，当开关 S 连接 1、2、3 时电流的数据，并填入表 2.2.5 中。

（2）计算测量数据电流值的误差，并记录在表 2.2.5 中。根据计算的误差结果，分析误差产生的原因。

（3）试用实验数据说明叠加原理的正确性。

（4）试计算万用表测量电阻箱时产生的绝对误差，并记录在表 2.2.6 中，分析误差产生的原因。

（5）根据测量数据，计算 R_1、R_2、R_3 消耗的功率，并证明功率不能用叠加原理计算。

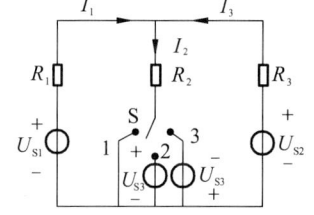

图 2.2.6　分析计算电路图

（6）要求运用叠加原理测量电路图 2.2.4 中的电压 U 的数据，画出实验测量电路图，写出实验操作步骤，设计实验数据记录表格，说明实验中的注意事项及怎样减小测量误差。

（7）试说明为什么叠加原理不能用于非线性电阻元件构成的电路参数测量，请举例说明。

表 2.2.5

测试条件			$R_1 = 500\ \Omega$，$R_2 = 300\ \Omega$，$R_3 = 1\ \text{k}\Omega$，$U_{S1} = 10\ \text{V}$，$U_{S2} = 6\ \text{V}$，$U_{S3} =$				
参数		单位	开关 S 连接 1	开关 S 连接 2	开关 S 连接 3 计算量	绝对误差	相对误差
测量数据	I'_1						
	I'_2						
	I'_3						
	I''_1						
	I''_2						
	I''_3						
计算量	I'_1						
	I'_2						
	I'_3						
	I''_1						
	I''_2						
	I''_3						

表 2.2.6

测量项目	单位	标称值	测量值	绝对误差
R_1				
R_2				
R_3				

2.3 实验三 戴维南定理及实验电路的设计

2.3.1 实验目的

（1）加深对戴维南定理的理解。
（2）加深对"等效"电路概念的理解。
（3）正确使用万用表和直流稳压电源。
（4）掌握用实验方法证明定理的操作技能。
（5）学会合理运用电表测量数据，减小测量误差。
（6）学习实验电路的设计方式方法。

2.3.2 戴维南定理

本定理的示意图如图 2.3.1 所示。

任何一个线性有源两端网络[见图 2.3.1（b）]，对外电路来说，可以用一个电压源 U_{OC} 和电阻的串联 R_0 组合置换[见图 2.3.1（c）]，此电压源的电压 U_{OC} 等于网络的开路电压 U_{OC} [见图 2.3.1（d）]，电阻 R_0 等于网络中全部独立电源置零后的等效电阻 R_0 [见图 2.3.1（a）]。

一个线性有源两端网络 N_S 的戴维南等效电路可以通过实验的方法测得。即：用电压表测量图 2.3.1（d）的开路电压 U_{OC}，可得到戴维南等效电路的等效电压值 U_{OC}。而戴维南等效电路的等效电阻 R_0 测量方法有三种，这三种测量方法是：

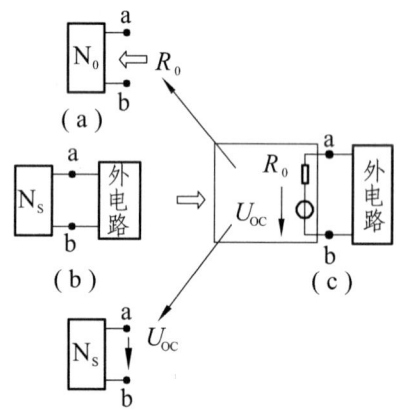

图 2.3.1 戴维南定理示意图

（1）用万用表的欧姆挡，测量线性无源两端网络 N_0 的等效电阻 R_0。测量电路如图 2.3.2 所示。

注意：

① "无源两端网络 N_0" 是将 "有源两端网络 N_S" 中所有的独立电源置零而得到的。实验中独立电源输出端千万不可短路。

② 独立电压源"置零"概念：在实验中用一根导线等效替代。

③ 独立电流源"置零"概念：在实验中直接用开路等效替代。

（2）对于线性有源两端网络 N_S，在有源两端网络 N_S 允许短路的条件下，测量网络 N_S 的短路电流 I_{SC}，如图 2.3.3 所示。

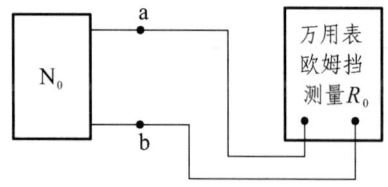

图 2.3.2 测量等效电阻 R_0 电路图

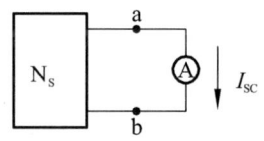

图 2.3.3 测量网络 N_S 的短路电流 I_{SC} 电路图

注意：

① 如果"短路线"直接将有源两端网络 N_S 中的独立电源设备短路，则这种方法在实验测量中决不能使用。

② "有源两端网络 N_S" 短路后，估算各独立电源端参数值，其数据的大小应小于设备提供的技术指标值。

计算戴维南等效电路的等效电阻 R_0：

$$R_0 = \frac{U_{OC}}{I_{SC}}$$

图 2.3.4 为测量戴维南等效电路开路电压 U_{OC}。

（3）对于线性有源两端网络 N_S，如果网络 N_S 不允许短路，可用外接已知电阻 R_L 元件进行间接测量等效电阻 R_0，测量原理电路如图 2.3.5 所示。

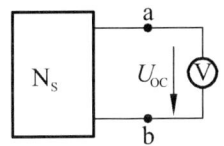
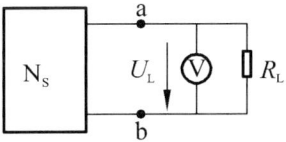

图 2.3.4　测量网络 N_S 开路电压 U_{OC}　　图 2.3.5　间接测量等效电阻 R_0 电路图

由测量数据 U_{OC}、U_L 及原理图 2.3.6 的分析可知：

$$U_L = \frac{U_{OC}}{R_0 + R_L} \cdot R_L$$

根据原理图 2.3.6，计算戴维南等效电路的等效电阻 R_0：

$$R_0 = \frac{U_{OC} - U_L}{U_L} \cdot R_L$$

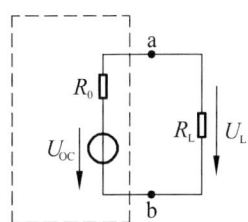

图 2.3.6　计算等效电阻 R_0 的原理电路图

2.3.3　预习内容

（1）预习戴维南定理和实验电路图 2.3.7。

（2）分析计算实验电路图 2.3.7 中戴维南定理参数，并填入表 2.3.1 中。

表 2.3.1

戴维南等效电路	参　数	单　位	计　算　值
	\multicolumn{3}{c}{$R_1 = 500\ \Omega$，$R_2 = 300\ \Omega$，$R_3 = 1\,000\ \Omega$，$U_{S1} = 8\ V$，$U_{S2} = 6\ V$}		
	U_{OC}		
	R_0		

（3）预习实验操作过程，确定测量开路电压的测试方法。

（4）设计两种测量等效电阻 R_0 的实验电路图，并在预习报告中画出实验测量电路图，写出测量操作步骤。

（5）预习万用表的使用方法和稳压源的操作过程，写出实验操作的注意事项。

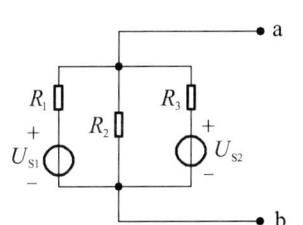

图 2.3.7　戴维南定理的实验电路图

2.3.4 实验仪表和设备

请将实验中所使用的仪器、仪表、设备及实验装置的有关数据记录在表 2.3.2 中。

表 2.3.2

名 称	型号或规格	精度	数量	备 注
万 用 表				
直流稳压源				
可变电阻箱				
直流电流表				
开 关				

2.3.5 实验步骤

（1）选择：$R_1 = 500\ \Omega$，$R_2 = 300\ \Omega$，$R_3 = 1\ 000\ \Omega$，再用万用表的欧姆挡测量可变电阻箱的电阻数据，记录在表 2.3.3 中。电阻箱待用。

表 2.3.3

测量项目	单 位	标 称 值	测 量 值
R_1			
R_2			
R_3			

（2）将直流稳压源的电源接通交流 220 V 电压。打开稳压源的电源开关，调节稳压源输出电压旋钮，使 $U_{S1} = 8$ V，$U_{S2} = 6$ V。

注意：用万用表的直流电压挡测定 U_{S1}、U_{S2} 数值，然后关闭稳压源的电源，待用。

（3）将电阻箱按实验电路图 2.3.7 放置，先接由电阻 R_1、R_3 和电源 U_{S1}、U_{S2} 构成的回路线路，再并联电阻 R_2 线路。经教师检查无误后，打开稳压电源，测量戴维南等效电路的开路电压。测量电压时注意电表的"＋"、"－"极性。测量数据记录在表 2.3.4 中。

表 2.3.4

	$R_1 = 500\ \Omega$, $R_2 = 300\ \Omega$, $R_3 = 1\ 000\ \Omega$, $U_{S1} = 8$ V, $U_{S2} = 6$ V		
	测量项目	单 位	测量数据
戴维南等效电路	U_{OC}		
	测量电路（1）	$R_{0(1)}$	
	测量电路（2）	$R_{0(2)}$	

（4）按照自己设计的两种测量戴维南等效电阻 R_0 实验测量图，分别接线测量。如是间接测量，则将测量数据记录在自己设计的表中，再通过计算填入表 2.3.4 中。

（5）测量戴维南等效电路的外特性曲线。调节电阻箱的参数为 R_0，调节稳压源输出值为 U_{OC}，按图 2.3.8 接线。测量在不同负载 R_L 的情况下，负载 R_L 端电压 U_L 和电流 I_L，记录在表 2.3.5 中。

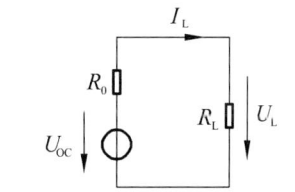

图 2.3.8 测量戴维南等效电路的外特性曲线电路图

表 2.3.5

项 目		单位	测 量 数 据						
			$R_0 =$			$U_{OC} =$			
可调参数	R_L	Ω	600	800	1 k	1.2 k	1.5 k	2 k	3 k
测量项目	U_L								
	I_L								

2.3.6 实验数据分析及讨论

（1）分析计算表 2.3.4 测量数据引起的绝对误差和最大相对误差，记录在表 2.3.6 中，并分析产生误差的原因。根据测量结果和你所掌握的知识，提出你认为能获得戴维南等效电阻 R_0 中最小相对误差的测量方法，同时给出充分的理论说明。

表 2.3.6

测量项目	单位	测量数据	计算数据	绝对误差	最大相对误差
\multicolumn{6}{c}{$R_1 = 500\ \Omega$，$R_2 = 300\ \Omega$，$R_3 = 1\ 000\ \Omega$，$U_{S1} = 8\ V$，$U_{S2} = 6\ V$}					
U_{OC}					
$R_{0(1)}$					
$R_{0(2)}$					

（2）根据表 2.3.5 的测量数据，在坐标纸上画出戴维南等效电路的外特性曲线。

（3）试用实验数据说明戴维南定理的正确性，并说明测量误差产生的原因。

（4）试计算万用表测量电阻箱时产生的绝对误差，并记录在表 2.3.7 中，分析误差产生的原因。

表 2.3.7

测量项目	单 位	标 称 值	测 量 值	绝对误差
R_1				
R_2				
R_3				

2.4 实验四 示波器的使用

2.4.1 实验目的

（1）了解示波器的工作原理，掌握示波器测量信号及电路参数的方式方法。
（2）了解低频信号发生器的工作原理，学习正确使用低频信号发生器。

2.4.2 示波器的工作原理简述

示波器是一种通过显示屏以图形方式反映测量结果的电子测量仪器，它能够直接显示和观测被测信号，因此被广泛地应用于许多领域。

1. 示波器的分类

根据示波器的性能和结构的不同，可将示波器分为模拟、数字、混合和专用 4 类。
1）模拟示波器
① 通用示波器：是采用单束示波管的示波器。
② 多束示波器：是采用多束示波管的示波器。屏上显示的每个波形都由单独的电子束产生，它能同时观测、比较两个以上的波形。
③ 取样示波器：它根据取样原理将高频信号转换为低频信号，然后再进行显示。
2）数字存储示波器
数字存储示波器是具有记忆、存储被观察信号功能的示波器。它可以用来观测和比较单次过程和非周期现象、低频和慢信号以及在不同时间或不同地点观测到的信号。
3）混合信号示波器
混合信号示波器是一种把数字示波器对信号细节的分析能力和逻辑分析仪多通道定时测量能力组合在一起的测量仪器。
4）专用示波器
专用示波器又称为特殊示波器，主要指一些不属于前三类示波器，但能满足特殊用途的示波器。
在电路实验教学中主要运用的是模拟式双通道示波器。因此，本书重点介绍模拟示波器的工作原理。

2. 模拟示波器工作原理

模拟示波器是示波器中应用最广泛的一种。它通常泛指除取样示波器、专用示波器以外的采用单束示波管的各种示波器。
（1）模拟示波器的构成。模拟示波器主要由示波管、垂直通道和水平通道三部分组成，此外还包括多种电源电路和校准信号发生器等电路系统。模拟示波器的主要组成部分如图 2.4.1 所示。
（2）阴极射线示波管。电子示波器的心脏是阴极射线示波管（CRT）。示波管主要由电子枪、偏转系统和荧光屏三部分组成。它们都被密封在真空的玻璃壳内，基本结构如图 2.4.2 所示。电子枪产生的聚焦良好的高速电子束射在荧光屏上，使后者在相应部位产生荧光，而偏转系统能改变电子束射到荧光屏上的位置。可以形象地把电子枪比作画图的笔,把荧光屏比作画图的纸,而偏转系统相当于握笔的手。

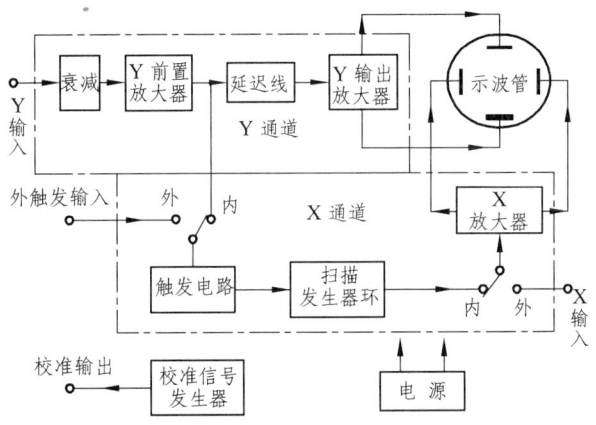

图 2.4.1 模拟示波器的主要组成图

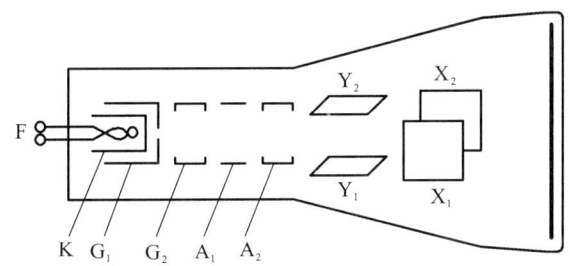

图 2.4.2 阴极射线示波管的基本结构图

在图 2.4.2 中,灯丝 F、阴极 K、栅极 G_1 和 G_2、阳极 A_1 和 A_2 组成阴极射线示波管的电子枪。其中:

灯丝 F:用于产生热量。

阴极 K:当灯丝 F 加热后,涂有氧化物的阴极 K 发射大量的电子。

控制栅极 G_1:起着调节电子密度进而调节光点亮度的作用,常被称为"辉度"调节旋钮;G_1 对 K 的负电位是可变的,G_1 的电位越负,射到荧光屏上的电子数越少,图形越暗。

第二栅极 G_2,阳极 A_1、A_2:它们与 G_1 组成聚焦系统,对电子束进行聚焦和加速,使得高速电子射到荧光屏上时恰好聚成很细的一束,如图 2.4.3 所示。

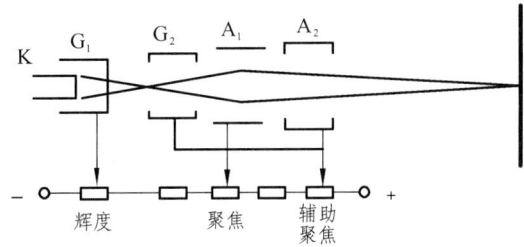

图 2.4.3 在聚焦系统作用下电子束的形状原理图

工作原理:K 发射大量电子,G_2 电位高于 G_1 电位,电子束运动趋势是聚拢;A_1 电位低于

G_2 电位，电子束运动趋势是发散；A_2 电位高于 A_1 电位，电子束运动趋势是聚拢。因此，调节 A_1 的电位，可以同时改变 G_2 与 A_1、A_1 与 A_2 之间的电位差，调节电子枪的聚焦系统，从而达到电子的焦点恰好落在荧光屏上的目的。

（3）图像显示原理。用示波器显示图像，基本上有两种类型：一种是显示随时间变化的信号；另一种是显示任意两个变量 X 与 Y 的关系。

① 显示随时间变化的图形。如果把一个随时间变化的被测电压信号，通过 Y 通道电路加到 Y 偏转板上，而在 X 偏转板间没加电压，则荧光屏上可看到一条垂直直线，这条直线是电子束在 Y 方向按信号变化的规律所运动的轨迹，如图 2.4.4 所示。

如果在 X 偏转板上加一个随时间而呈线性变化的电压（锯齿电压），而在 Y 偏转板间没加电压，则在荧光屏上会反映一条与时间成正比变化的直线（称为时间基线），如图 2.4.5 所示。当锯齿电压达到最大值时，荧光屏上光点在水平方向亦达到最大偏转（右端），随着锯齿波电压迅速返回起始点，光点也迅速返回最左端，再重复前面的变化。光点在锯齿波作用下扫动的过程称为扫描，能实现扫描的锯齿波电压叫扫描电压，光点自左向右的连续扫动称为扫描正程，光点自荧光屏的右端迅速返回扫描起点（左端）称为扫描回程。

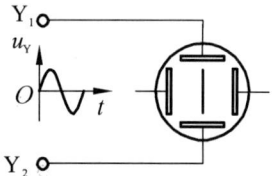
图 2.4.4　Y 偏转板加信号电压

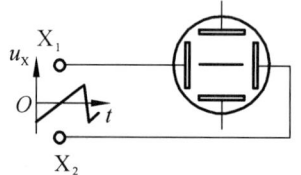
图 2.4.5　X 偏转板加锯齿电压

当 Y 偏转板被加上观测的信号，X 偏转板上加上扫描电压时，被测信号与扫描电压在荧光屏上合成的结果如图 2.4.6 所示。调节扫描电压的周期 T_X 是被观察信号周期 T_Y 的整数倍时，扫描的每一个周期所描绘的波形完全一样，荧光屏上则显示出清晰而稳定的波形，这叫信号与扫描电压同步。

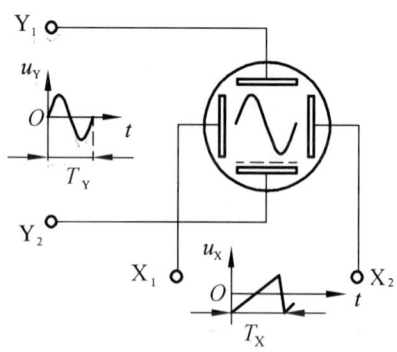
图 2.4.6　信号波形在时间轴上展开

② 显示任意两个变量之间的关系。在示波管中，电子束同时受 X 和 Y 两对偏转板上的电压信号 u_X、u_Y 作用，由 u_X、u_Y 共同决定电子束的运动轨迹（即决定光点在显示屏上的位置）。利用这种特点，可以把示波器变为一个 X-Y 图示仪，使示波器的功能得到扩展。

例如，图 2.4.7 所示的李沙育图形，如果两个电压信号为 $u_X = u_Y$，则在显示屏上显示为一条与横轴成45°角的直线，如图2.4.7（a）所示。

如果两个电压信号为 $u_X(t) = U_m \sin \omega t$，$u_Y(t) = U_m \sin(\omega t + 90°)$，则在显示屏上显示为一个圆，如图2.4.7（b）所示。

如果两个电压信号为 $u_X(t) = U_{mX} \sin \omega t$，$u_Y(t) = U_{mY} \sin(\omega t + 90°)$，则在显示屏上显示为一个椭圆，如图2.4.7（c）所示。

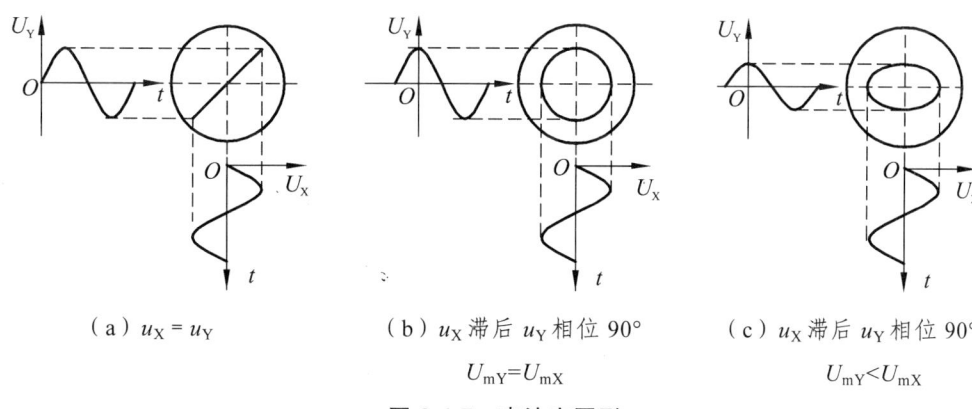

（a）$u_X = u_Y$　　　　　　（b）u_X 滞后 u_Y 相位 90°　　　　（c）u_X 滞后 u_Y 相位 90°

　　　　　　　　　　　　　　　　　$U_{mY} = U_{mX}$　　　　　　　　　　　$U_{mY} < U_{mX}$

图 2.4.7　李沙育图形

2.4.3　预习内容

（1）了解示波器的工作原理，预习本书第6章中有关示波器的技术指标及基本功能。

（2）掌握示波器各旋钮的测量功能和调节方法，了解正确读取荧光屏上测量数据的方式方法。

（3）预习本书第6章中有关函数发生器的基本性能指标和功能，掌握函数发生器的使用方法。

（4）了解使用示波器进行交流电压、频率、相位等的操作过程及测量方法，并写出下面各测量值的计算公式：

　　　　　有效电压值 =　　　　　　，频率 =　　　　　　，相位差 =

（5）了解实验电路及内容。

2.4.4　实验仪表和设备

请将实验中所使用的仪器、仪表、设备及实验装置的有关数据记录在表2.4.1中。

表 2.4.1

名　称	型号或规格	精度	数量	备　注
双踪示波器				
函数发生器				
可变电阻箱				
可变电容箱				

2.4.5 实验步骤

1. 示波器一般功能的检查

（1）调节示波器控制旋钮的位置：

"亮度（INTENSITY）"、"聚集（FOCUS）"、"垂直移位（VERTICAL POSITION）"控制旋钮为居中位置；

"垂直方式（MODE）"、"触发源（TRIGGER SOURCE）"按钮选择为 CH1 位置；

"电压衰减（VOLTS/DIV）"控制旋钮为 0.1 V（X）；

"输入耦合方式（AC-GND-DC）"按钮选择为 DC 位置；

"扫描方式（SWEEP MODE）"按钮选择为自动（AUTO）位置；

"扫描速率（SEC/DIV）"控制旋钮为 0.5 ms 位置；

"微调（VARIABLE）"控制旋钮为顺时针旋足位置；

"触发耦合方式（COUPLING）"按钮选择为 AC 常态位置。

（2）接通电源，分别调节亮度和聚集旋钮，使光迹的亮度适中、清晰。

（3）用测量电缆线将本机校准信号（PROBE ADJUST）输入 CH1 通道插座。

（4）调节电平旋钮使波形稳定，分别调节垂直移位和水平移位，校准信号波形（参考 6.9 节"双通道示波器使用说明"）。

（5）再用测量电缆线将本机校准信号换接至 CH2 通道插座，重复（4）操作。

2. 信号幅值、周期和频率的测量

（1）函数发生器。接通电源（为了保证设备工作性能稳定，可预热 15 分钟后使用）；衰减旋钮至 20 dB 位置；输出波形选择为正弦波（参考 6.8 节"函数发生器使用说明"）。

（2）观测波形。根据仪器设备使用说明，按图 2.4.8 接线。转动函数发生器频率（FREQUENCY、FINE）选择开关，使其输出信号的频率分别约为 0.5 kHz、1 kHz、1.5 kHz，观察示波器显示屏上的波形有什么变化；再改变函数发生器输出信号幅值，观察示波器显示屏上的波形又有什么变化。

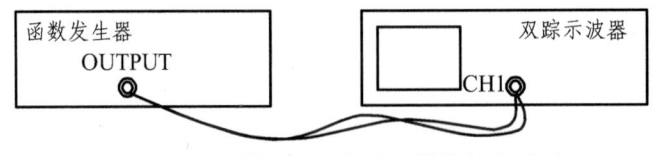

图 2.4.8 示波器观测函数发生器的输出波形

（3）根据表 2.4.2 中的函数发生器输出信号的频率数据，测量峰-峰电压测量值和周期测量值，测量数据记录在表 2.4.2 中。

表 2.4.2

函数发生器输出值		示波器测量数据		计算值	
电压有效值	频率	峰-峰电压	周期	有效电压	频率
	0.5 kHz				
	1 kHz				
	1.5 kHz				

注意：函数发生器输出的 3 种频率所对应的电压有效值，应调节成不同的电压输出值。

3. 相位差的测量

相位差的测量在示波器使用说明中介绍了两种测量方式：线性扫描法和李沙育图形法。

1）线性扫描法

线性扫描法测量相位差按图 2.4.9 接线。

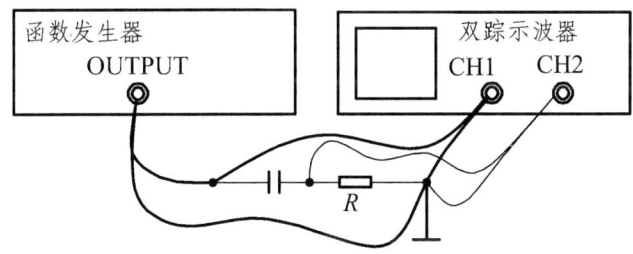

图 2.4.9　线性扫描法测量相位差的实验图

注意：

① 接线时必须特别注意示波器、函数发生器和实验电路的"共地"连接。
② 调整"VOLTS/DIV"，使屏幕显示合适的观察幅度，如图 2.4.10 所示。
③ 测量两个波形在上升或下降到同一幅度时的水平距离，如图 2.4.10 所示。

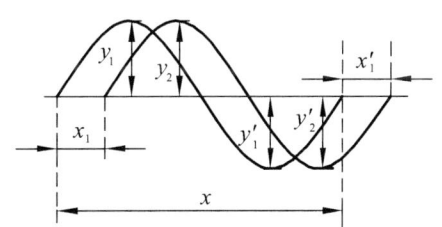

图 2.4.10　利用两个波形显示直接比较相位

④ 每个波形前半个周期与后半个周期的交界点要准确地与横轴重合，可通过 $y_1 = y_1'$，$y_2 = y_2'$ 来验证。
⑤ 测量中可适当增大信号的幅值，易于检测到信号与横轴的交界点。
⑥ 考虑扫描可能产生的非线性，测量水平距离（格）x_1 时，可用 x_1 与 x_1' 的平均值[即(x_1+x_1') / 2]替代，减小测量误差。

2）李沙育图形法测相位差

将扫描速率"SEC/DIV"控制旋钮逆时针方向旋足至"X-Y"位置，按图 2.4.9 接线。

测量原理：将两个相位不同的正弦波信号分别接至示波器的 X、Y 偏转板（参阅本实验原理中的"图像显示原理"），可在示波器显示屏上得到李沙育图形。

注意：两个正弦波信号的相位差不同，所得到的李沙育图形的"形状"不同。

【例 1】　设加在示波器 X、Y 偏转板的两个正弦波信号 u_X、u_Y 分别为

$$u_X(t) = U_{Xm} \sin(\omega t + \varphi_X)$$
$$u_Y(t) = U_{Ym} \sin \omega t$$

则可得到如图 2.4.11 所示的李沙育图形。通过调 X、Y 位移,使椭圆的中心处于示波器显示屏坐标原点位置,观测加在 X 偏转板上的电压和李沙育图形的关系,得

$$\sin\varphi_X = \frac{x_0}{x_m} = \frac{2x_0}{2x_m}$$

$$\varphi_X = \arcsin\frac{x_0}{x_m} = \arcsin\frac{2x_0}{2x_m}$$

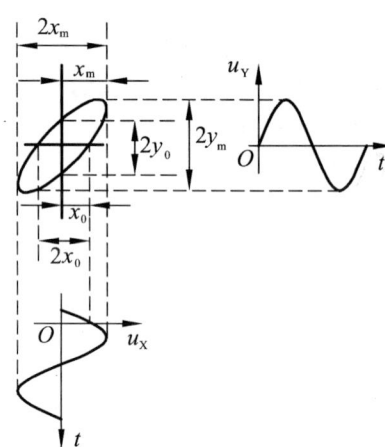

图 2.4.11 李沙育图形法测相位差

同理,由加在 Y 偏转板上的电压和李沙育图形的关系,可得相位差 φ_X 为

$$\varphi_X = \arcsin\frac{y_0}{y_m} = \arcsin\frac{2y_0}{2y_m}$$

式中　$2x_0$——椭圆形与横轴相切的距离,$2x_m$ 为显示屏上 x 方向的最大偏转距离;
　　　$2y_0$——椭圆形与纵轴相切的距离,$2y_m$ 为显示屏上 y 方向的最大偏转距离。

2.4.6　实验数据分析及讨论

(1)说明示波器一般功能的检查、实验内容、实验目的。

(2)对实验步骤"2. 信号幅值、周期和频率的测量"观测到的数据进行分析,并说明函数发生器的使用方法和双通道示波器对信号测量调试过程、操作方法及注意事项。

(3)用示波器观测正弦信号时,由于旋钮位置不正确,显示屏上产生了如表 2.4.3 所示的问题,试分析问题产生的原因,应如何操作才能得到较为理想的显示信号。

(4)分析实验步骤"3. 相位差的测量"的测量数据,如用李沙育图形法测量相位差,试绘出李沙育图形,并说明测量数据及各旋钮挡位。测量数据与估算数据进行比较,分析误差原因。

(5)请尽可能地收集一些关于示波器的信息资料,并从示波器功能的角度,总结性地进行性能论述。并选择一个你认为性价比较高的示波器,作使用说明介绍。

表 2.4.3

示波器显示屏图形	产生问题的原因	调整过程
图形不清晰		
图形为一条水平直线		
图形不稳定		
 (图形)		
 (图形)		
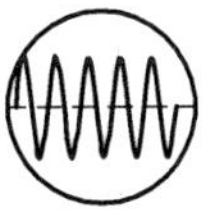 (图形)		

2.5 实验五 交流电路参数的测量及功率因数提高实验

2.5.1 实验目的

（1）掌握交流电路中元件参数和阻抗的测量方法。
（2）掌握调压器、交流电压表、交流电流表的测量方法。
（3）掌握示波器的测量方法。
（4）了解电路中电压、电流、功率与功率因数提高之间的变化规律。
（5）了解功率表的测量原理，掌握功率表的测量方法。
（6）初步掌握设计型实验方式方法。

2.5.2 实验原理

本实验中电压与电流之间的关系如表 2.5.1 所示。

表 2.5.1

时 域		复 数 域		
电 路	电量关系式	电 路	相量关系式	相量图
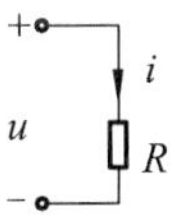 (电路图 u, i, R)	$u(t)=Ri(t)$ $p(t)=u(t)i(t)$ $P=UI$	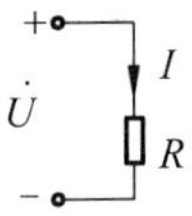 (电路图 $\dot{U}$, I, R)	$\dot{U}=R\dot{I}$ $P=UI$ $R=\dfrac{\dot{U}}{\dot{I}}=\dfrac{U}{I}$	 $\dot{I}$ $\dot{U}$ 电流与电压同相

续表 2.5.1

时 域		复 数 域		
电 路	电量关系式	电 路	相量关系式	相量图
u_L, i_L, L	$u_L(t) = L\dfrac{di_L}{dt}$ $p(t) = u_L(t)i_L(t)$ $Q_L = U_L I_L$	$\dot{U}_L$, $\dot{I}_L$, $j\omega L$	$\dot{U}_L = j\omega L \dot{I}_L$ $P = UI = 0$ $X_L = j\omega L$	$\dot{U}_L$, $\dot{I}_L$ 电流滞后 电压 90°
u_C, i_C, C	$i_C(t) = C\dfrac{du_C}{dt}$ $p(t) = u_C(t)i_C(t)$ $Q_C = U_C I_C$	$\dot{U}_C$, $\dot{I}_C$, $\dfrac{1}{j\omega C}$	$\dot{U}_C = \dfrac{1}{j\omega C}\dot{I}_C$ $P = UI = 0$ $X_C = \dfrac{1}{j\omega C}$	$\dot{I}_C$, $\dot{U}_C$ 电流超前 电压 90°

1. R、L、C 元件上的端电压与电流之间的关系

（1）电阻 R 表征的是：将消耗的电能转换成其他形式能量的物理特征。

（2）电感 L 表征的是：将电能转换成磁场能的形式储存起来的物理特征。

（3）电容 C 表征的是：将电能转换成电场能的形式储存起来的物理特征。

对电路中任意节点，有 KCL 定律：

$$\sum i = 0$$

当所有支电流都是同频率正弦量时，KCL 定律的相量形式为

$$\sum \dot{I} = 0$$

同理，对电路任意回路，有 KVL 定律：

$$\sum u = 0$$

由于所有回路电压都是同频率正弦量，则 KVL 定律的相量形式为

$$\sum \dot{U} = 0$$

2. R、L、C 元器件参数的测量

（1）电阻 R 元件参数的测量。测量电压 U、电流 I 和功率 P 三个参数中任意两个参数，可得知电阻 R 元件的参数。

$$P = RI^2 = \frac{U^2}{R}$$

$$R = \frac{U}{I}$$

（2）感性阻抗参数的测量。用电压表、电流表和功率表进行测量，如图 2.5.1 所示。应用电

路理论进行分析，计算出电路阻抗的大小。

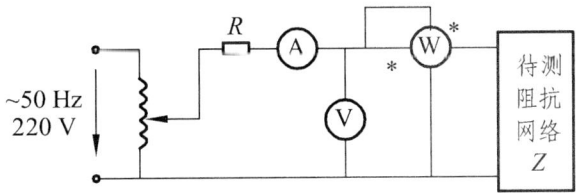

图 2.5.1 测量阻抗参数原理图

计算阻抗角 φ：

$$\cos\varphi = \frac{P}{UI}$$

设测量电压 $\dot{U}=U\underline{/0°}$，则 $\dot{I}=I\underline{/-\varphi}$，待测阻抗 Z 为

$$Z=\frac{\dot{U}}{\dot{I}}=\frac{U}{I}\underline{/\varphi}$$

3. 提高功率因数

在感性负载电路中，当其电路的功率因数较低时，可通过并联适量的电容器来改善电路的功率因数。并联电容后的电路，其总的功率因数得到了提高，但感性负载的原来工作状态仍保持不变，即利用电容器的储能特性来补偿电感性负载所需要的无功功率。图 2.5.2 为提高功率因数的原理图。

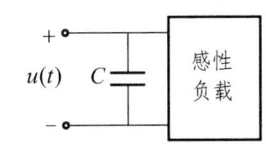

图 2.5.2 提高功率因数原理图

设感性负载的功率因数为 $\cos\varphi_1$，并联电容器 C 后，电路的总功率因数提高至 $\cos\varphi_2$，则所需并联电容器 C 的电容值为

$$C=\frac{P}{2\pi f U^2}\cdot(\tan\varphi_1-\tan\varphi_2)$$

当总电路的功率因数提高到 1（$\cos\varphi_2=1$）时，电路呈纯电阻性，并产生并联谐振，这时，电路的总电流值最小。

注意：感性负载的工作状态仍没有变。

2.5.3 预习内容

（1）了解电磁式仪表和电动式仪表的工作原理及使用方法，注意电压表、电流表在测量中的连接方式。

（2）注意功率表的电流测试端与电压测试端的区别及连接方式，电流、电压量程的选择，避免因线路的错误连接而烧毁功率仪表等设备。

（3）了解示波器的工作原理，预习用示波器测量实验参数的操作技能及使用步骤。

（4）预习单相交流电路的计算方法，写出实验中的估算表达式，以便在实验操作中运用。

（5）预习实验内容及实验原理，设计实验测量电路图。

(6)预习有关功率因数提高的理论知识。

(7)明确实验操作中的安全知识及注意事项,注意储能元件的放电。

2.5.4 实验仪表和设备

请将实验中所使用的仪器、仪表、设备及实验装置的有关数据记录在表 2.5.2 中。

表 2.5.2

名　　称	型号或规格	精度	数量	备　　注
示　波　器				
万　用　表				
交流电流表				
单相功率表				
可变电感箱				
可变电阻箱				
可变电容箱				
单相调压器				
开　　关				

2.5.5 实验步骤

1. 测量电阻 R 的功率

(1)按单相调压器的使用说明接通电源,注意调整调压器输出电压为 0 V,待用。

(2)根据选择的交流电压表、电流表及功率表的测量量程,确定测量电阻 R 的大小,待用。

注意:一定要选择好电阻 R 值和功率的大小,避免因线路短路或过载而烧毁仪器、仪表等设备。

(3)根据实验原理,设计实验电路图。

(4)根据实验数据表 2.5.3 的要求进行数据测量和波形观察。

2. 感性元件参数的测量

(1)注意调整调压器输出电压为 0 V,待用。

(2)根据交流电压表、电流表及功率表的测量量程,确定测量电阻 R 的大小,待用。

注意:一定要选择好电阻 R 值大小,避免因 R 值过小,使线路电流过大,烧毁仪器、仪表等设备。

（3）根据实验原理图 2.5.1 电路，设计测量感性元件参数 R_L、L 的实验电路图。
（4）根据实验数据表 2.5.4 的要求，进行测量数据和观察波形。

表 2.5.3

$R =$			
U/V	I/A	P/W	波形 $u(t)$

表 2.5.4

$R =$		$R_L =$	$L =$
U_{RL}/V	I_{RL}/A	P_{RL}/W	波形 $u_{RL}(t)$

3. 提高功率因数

（1）注意调整调压器输出电压为 0 V，待用。
（2）根据交流电压表、电流表及功率表的测量量程，确定测量电阻 R、L 的大小，待用。

注意：一定要选择好电阻 R 值大小，避免因 R 值过小，使线路电流过大，烧毁仪器、仪表等设备。

（3）根据实验原理图 2.5.3，设计实验测量电路图。
（4）根据实验数据表 2.5.5 的要求，进行测量数据和观察波形。

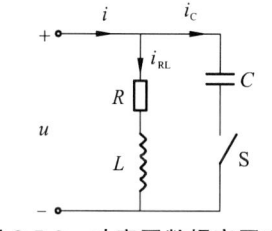

图 2.5.3 功率因数提高原理图

表 2.5.5

$R =$		, $L =$	, $C =$	
U/V	I/A	I_C/A	I_{RL}/A	P/W

2.5.6 实验数据分析及讨论

（1）根据表 2.5.3、表 2.5.4 和表 2.5.5 中的测量数据，分别计算各测量电路元器件参数 R、L、C 值和电路的功率因数 $\cos\varphi$ 值，并写出各测量电路中电压、电流的瞬时表达式，分析计算数据分别，填入表 2.5.6、表 2.5.7 和表 2.5.8 中。

（2）将测量计算的参数 R、L、C 值及电路的功率因数 $\cos\varphi$ 值，与已知的元器件数值进行比较，分析讨论误差产生的原因，并计算测量最大相对误差，分别填入表 2.5.6、表 2.5.7 和表 2.5.8 中。

表 2.5.6 电阻 R 测量数据分析表

$R =$	, $U =$	, $I =$	, $P =$	
计算	R	$\cos\varphi$	$i(t)$	$u(t)$
最大相对误差		—	—	—

表 2.5.7 感性元件参数测量数据分析表

	$R=$	, $R_L=$	, $L=$	, $U_{RL}=$	, $I_{RL}=$	, $P_{RL}=$
计算	R_L		L	$\cos\varphi$	$i_{RL}(t)$	$u_{RL}(t)$
最大相对误差				—	—	—

表 2.5.8 功率因数测量分析表

	$R=$, $L=$, $C=$, $U=$ $I=$, $I_C=$, $I_{RL}=$, $P=$								
计算	R	L	C	$\cos\varphi_{RL}$	$\cos\varphi$	$i(t)$	$i_C(t)$	$i_{RL}(t)$	$u(t)$
最大相对误差				—	—	—	—	—	—

(3) 在坐标纸上画出各实验电路中电压、电流的相量图。

(4) 写出实验体会。

2.6 实验六 RLC 串联谐振电路

2.6.1 实验目的

(1) 研究串联谐振电路的原理及特点。
(2) 掌握示波器的测试原理及测量方法。
(3) 掌握函数发生器的使用方法。
(4) 学会利用示波器观测串联谐振电路的频率特性,分析电路的性能指标。
(5) 初步掌握测试实验电路图的设计方法。

2.6.2 实验原理

对任意一个电路,总可找到一个角频率 ω_0 使电路的等效阻抗 Z(或电路的等效导纳 Y)的虚部为零。这个角频率 ω_0 是电路本身所具有的角频率,其大小是由电路的结构和参数决定的。当外加信号源角频率 $\omega=\omega_0$ 时,电路出现 $X(\omega_0)=0$ 或 $B(\omega_0)=0$ [$X(\omega_0)$、$B(\omega_0)$ 为虚部],端口上的电压与电流同相,工程上将电路的这种状况称为谐振,其角频率 ω_0 称为谐振角频率(又称电路的固有角频率)。

$\omega=2\pi f$, f 为频率。电路的频率性质反映了电路对于不同频率输入时,其正弦稳态响应的性质。当外加正弦交流电压的频率变化时,电路中的感抗、容抗、电抗及功率因数都随之而变,因而使电路中的电压、电流等各物理量也随着频率而变化。这种用曲线来描述这些物理量随频率变化的特性曲线称为频率特性曲线。频率特性曲线一般分为幅频特性曲线和相频特性曲线。

RLC 串联谐振电路如图 2.6.1 所示。

1. 谐振条件（$X = 0$）

设 $u_S = U_m \sin(\omega t + \varphi_u)$；$Z = R + j\left(\omega L - \dfrac{1}{\omega C}\right) = R + jX$

谐振频率 f_0 的计算公式（设 $X = 0$）：

$$\omega_0 L - \frac{1}{\omega_0 C} = 0$$

$$\omega_0 = \frac{1}{\sqrt{LC}}$$

$$f_0 = \frac{1}{2\pi\sqrt{LC}}$$

由此可见，谐振角频率 ω_0 取决于电路参数 L、C 的大小，随着电源频率的变化，电路呈现出不同的性质。当电源角频率 $\omega > \omega_0$ 时，电路呈感抗性；当 $\omega < \omega_0$ 时，电路呈容抗性；当 $\omega = \omega_0$ 时，电路呈电阻性，电路发生谐振，如图 2.6.2 所示。

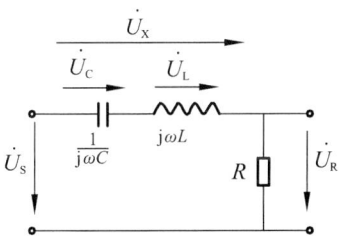

图 2.6.1 RLC 串联谐振电路图

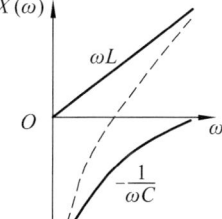

图 2.6.2 电抗随角频率变化的特性曲线

2. 谐振特点

（1）阻抗最小，电流 I 和电阻电压 U_R 最大，电流 i 与电压 u_S 同相。

$$\begin{cases} Z = R + j\left(\omega L - \dfrac{1}{\omega C}\right) = R \\ U_R = U_S \\ \cos\varphi = 1 \\ \dot{U}_L + \dot{U}_C = 0 \end{cases}$$

（2）电感（或电容）端电压是外加电源电压的 Q 倍（Q——品质因数）。

$$Q = \frac{U_L}{U_S} = \frac{U_C}{U_S} = \frac{\omega_0 L}{R} = \frac{1}{R}\sqrt{\frac{L}{C}}$$

（3）谐振时电感与电容之间周期性地进行磁场与电场的能量交换。

$$Q_L = \omega_0 L I^2, \quad Q_C = -\frac{1}{\omega_0 C} I^2, \quad Q_L + Q_C = 0$$

（4）R 的大小不影响 ω_0，但有控制和调节谐振时 I 和 U_S 的作用。

$$I = \frac{U_S}{R}$$

3. RLC 串联谐振电路的频率特性

频率特性为

$$H(\mathrm{j}\omega) = \frac{\dot{U}_R}{\dot{U}_S} = \frac{R}{R + \mathrm{j}\left(\omega L - \dfrac{1}{\omega C}\right)} = H(\omega) \underline{/\varphi(\omega)}$$

幅频特性为

$$H(\omega) = \frac{R}{\sqrt{R^2 + \left(\omega L - \dfrac{1}{\omega C}\right)^2}}$$

相频特性为

$$\varphi(\omega) = -\arctan\frac{\omega L - \dfrac{1}{\omega C}}{R}$$

当 $f \to 0$ 时，$H(\omega) \approx 0$，$\varphi(\omega) \approx 90°$，低频信号电压受到抑制。

当 $f \to \infty$ 时，$H(\omega) \approx 0$，$\varphi(\omega) \approx -90°$，高频信号电压受到抑制。

当 $f = \dfrac{1}{2\pi\sqrt{LC}} = f_0$ 时，$H(\omega) = 1$，$\varphi(\omega) = 0°$，$u_R = u_S$，输出电压最大，即输出电压等于输入电压。f_0 称为谐振频率。

RLC 串联谐振电路的幅频特性值为 $H(\omega) = \dfrac{1}{\sqrt{2}}$ 时，对应的两个频率 f_L、f_H 称为截止频率，f_L 为下限截止频率，f_H 为上限截止频率。f_L 与 f_H 之间的频带宽度 Δf 称为通频带。通频带越窄，电路的选频性能越好。

2.6.3 预习内容

（1）预习实验原理，了解频率特性的物理概念及串联谐振电路的特点。

（2）掌握函数发生器的输出信号的调试方法；掌握用双踪示波器观测两个信号间相位差的操作方法及数据的采集方法。

（3）掌握晶体管毫伏表测量方式及测量数据的读取方法；思考为什么用晶体管毫伏表测量电压数据，而不用万用表测量。

（4）设计实验中仪器、仪表及元器件的测试图。按实验内容的要求，完成图 2.6.3 中实验设备的测量接线图。

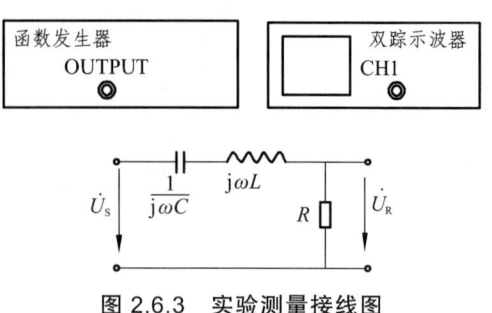

图 2.6.3　实验测量接线图

（5）预习实验参数（如截止频率、谐振频率）的计算方法。

（6）预习实验中的注意事项。

2.6.4 实验仪表和设备

请将实验中所使用的仪器、仪表、设备及实验装置的有关数据记录在表 2.6.1 中。

表 2.6.1

名 称	型号或规格	精 度	数 量	备 注
双踪示波器				
函数发生器				
晶体管毫伏表				
可变电容箱				
可变电阻器				
可变电感箱				
万 用 表				

2.6.5 实验任务

（1）谐振频率 f_0、下限截止频率 f_L、上限截止频率 f_H 的测量。

① 仪器、仪表、电阻、电容、电感等实验设备参数的选择、电压信号的调试。

② 按预习实验电路图 2.6.3 接线。

注意：双踪示波器、函数发生器、晶体管毫伏表等器件的接地端应连接在一起。

③ f_0、f_L、f_H 频率的测量。

· 用晶体管毫伏表测量。调节信号源的频率，当晶体管毫伏表测量电阻端电压值为最大时，信号源的频率为实际测量到的谐振频率 f_{01}。测量数据记录在表 2.6.2 中。

· 根据已知 R、L、C 参数计算谐振频率 f_0、下限截止频率 f_L、上限截止频率 f_H 的值。调节输入信号频率，用示波器观测这三个频率值。

注意：谐振 f_{02} 发生时输入电压与输出电压相位上同相，截止 f_L、f_H 发生时输出电压与输入电压的比值 $U_R/U_S = 0.707$。将测量数据记入表 2.6.2 中。

表 2.6.2

		$R = $	, $L = $	, $C = $	
	f/Hz	f_{01}	f_{02}	f_L	f_H
测量值	U_R/V				
	U_S/V				
	U_X/V				
	U_L/V				
	U_C/V				
计算值	频率				
	品质因数 Q		/		

（2）调节输入信号频率，测量幅频特性 $H(f)$、相频特性 $\varphi(f)$，并记录在表 2.6.3 中。

表 2.6.3

		R =			, L =			, C =			
测量值	f/Hz				f_L			f_0			f_H	
	U_R/V											
	U_S/V											
	波形周期 T 格											
	相位差 n 格											
计算值	幅频特性 $H(f)$											
	相频特性 $\varphi(f)$											

2.6.6 实验数据分析及讨论

（1）根据表 2.6.3 中的数据，在坐标纸上画出 RLC 串联谐振电路的幅频特性曲线和相频特性曲线；标明截止频率（f_L、f_H）和谐振频率 f_0。计算电路的品质因数 Q 和通频带。

（2）根据表 2.6.2 中的测量数据，说明 RLC 串联谐振电路的特点，并画出相量图。

（3）根据表 2.6.3 中的测量数据，说明 RLC 串联电路的选频特性。并讨论分析电路参数的大小与电路的选频特性好坏有什么关系。

（4）试分析讨论 R、L、C 参数的改变对截止频率（f_L、f_H）和谐振频率 f_0 有何影响。

（5）对测量数据进行误差分析。

2.7 实验七 RC 电路的频率特性

2.7.1 实验目的

（1）了解由 RC 元件构成的"高通电路"、"低通电路"和"RC 文氏电路"的特性。
（2）测量 RC 文氏选频电路的幅频特性和相频特性。
（3）掌握示波器的测试原理及测量方法。
（4）掌握函数发生器的使用方法。

2.7.2 实验原理

由电阻、电容元件所构成的网络中，输出电压 $\dot{U}_o$ 与输入电压 $\dot{U}_i$ 的相量比值随频率 ω 而变化，这种随频率变化的特性称为网络的频率响应特性，即

$$H(j\omega) = \frac{\dot{U}_o}{\dot{U}_i} = H(\omega)\underline{/\varphi(\omega)}$$

式中，$H(\omega)$ 称为幅频特性；$\varphi(\omega)$ 称为相频特性。

下面分别对"高通电路"、"低通电路"和"RC 文氏电路"进行频率响应特性分析讨论。

1. RC 高通电路

RC 高通电路如图 2.7.1（a）所示，其网络的频率响应特性为

$$H(j\omega) = \frac{\dot{U}_o}{\dot{U}_i} = \frac{R}{R + \frac{1}{j\omega C}} = \frac{j\omega RC}{1 + j\omega RC} = H(\omega)\underline{/\varphi(\omega)}$$

幅频特性为

$$H(\omega) = \frac{\omega RC}{\sqrt{1 + (\omega C)^2}}$$

相频特性为

$$\varphi(\omega) = 90° - \arctan(\omega RC)$$

当 $f \to \infty$ 时，$\frac{1}{j\omega C} = \frac{1}{j2\pi fC} \approx 0$，$H(\omega)=1$，$\varphi(\omega)=0°$，则 $u_o = u_i$，输出电压不受频率的影响，即高频信号电压 u_i 可顺利通过网络。

当 $f \to 0$ 时，$H(\omega) = 0$，$\varphi(\omega) = 90°$，$u_o \approx 0$，即低频信号电压 u_i 受到抑制，不能通过网络。

当 $f = \frac{1}{2\pi RC} = f_C$ 时，$H(\omega) = \frac{1}{\sqrt{2}}$，$\varphi(\omega) = 45°$，$\dot{U}_o = \frac{1}{\sqrt{2}}\dot{U}_i \underline{/45°}$，此时频率称为截止频率 f_C。

一般认为，当信号源频率 $f > f_C$ 时，高频信号电压 u_i 能通过网络；当 $f < f_C$ 时，信号电压 u_i 随频率 f 减小而衰减，这种能通高频信号抑制低频信号的电路称为高通电路。高通电路的频率特性如图 2.7.1（b）所示。

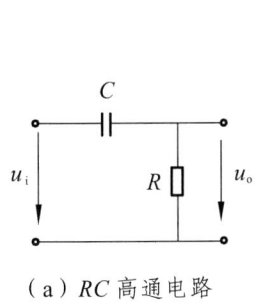
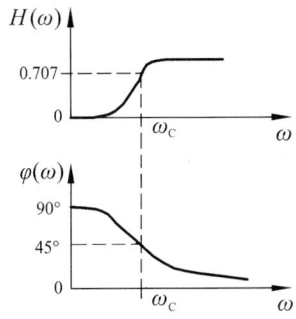

（a）RC 高通电路　　　　　　　（b）幅频特性和相频特性

图 2.7.1　RC 高通电路及频率特性

2. RC 低通电路

RC 低通电路如图 2.7.2 所示，其网络的频率响应特性为

$$H(\mathrm{j}\omega) = \frac{\dot{U}_\mathrm{o}}{\dot{U}_\mathrm{i}} = \frac{1}{1 + \mathrm{j}\omega RC} = H(\omega)\ \underline{/\varphi(\omega)}$$

幅频特性为

$$H(\omega) = \frac{1}{\sqrt{1 + (\omega C)^2}}$$

相频特性为

$$\varphi(\omega) = -\arctan(\omega RC)$$

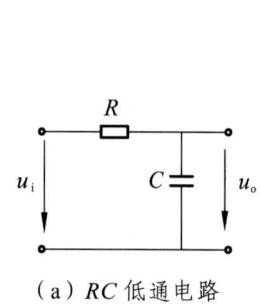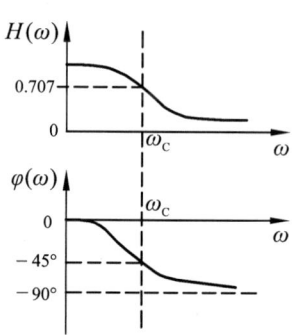

（a）RC 低通电路　　　　（b）幅频特性和相频特性

图 2.7.2　RC 低通电路及频率特性

当 $f \to 0$ 时，$\mathrm{j}2\pi fRC = 0$，$H(\omega) = 1$，$\varphi(\omega) = 0°$，则 $u_\mathrm{o} = u_\mathrm{i}$，输出电压 u_o 不受频率的影响，即低频信号可顺利通过网络。

当 $f \to \infty$ 时，$H(\omega) = 0$，$\varphi(\omega) = -90°$，即高频信号电压受到抑制，不能通过网络。

当 $f = \dfrac{1}{2\pi RC} = f_\mathrm{C}$ 时，$H(\omega) = \dfrac{1}{\sqrt{2}}$，$\varphi(\omega) = -45°$，$\dot{U}_\mathrm{o} = \dfrac{1}{\sqrt{2}}\dot{U}_\mathrm{i}\ \underline{/-45°}$，此时的频率称为截止频率 f_C。

一般认为，当信号源频率 $f > f_\mathrm{C}$ 时，高频信号电压随频率增加而衰减；当 $f < f_\mathrm{C}$ 时，信号电压能通过网络，这种能通低频信号抑制高频信号的电路称为低通电路。低通电路的频率特性如图 2.7.2（b）所示。

3. RC 文氏选频电路

正弦波振荡电路是一种低频振荡电路，其振荡频率一般可以从 1 Hz 到几千赫兹。RC 文氏电路（见图 2.7.3）是 RC 正弦波振荡电路中的选频网络，其频率响应特性为

$$H(\mathrm{j}\omega) = \frac{\dot{U}_\mathrm{o}}{\dot{U}_\mathrm{i}} = \frac{\dfrac{R}{1 + \mathrm{j}\omega RC}}{R + \dfrac{1}{\mathrm{j}\omega C} + \dfrac{R}{1 + \mathrm{j}\omega RC}} = \frac{1}{3 + \mathrm{j}\left(\omega RC - \dfrac{1}{\omega RC}\right)} = H(\omega)\ \underline{/\varphi(\omega)}$$

幅频特性为

$$H(\omega) = \frac{1}{\sqrt{3^2 + \left(\omega RC - \dfrac{1}{\omega RC}\right)^2}}$$

相频特性为

$$\varphi(\omega) = -\arctan \dfrac{\omega RC - \dfrac{1}{\omega RC}}{3}$$

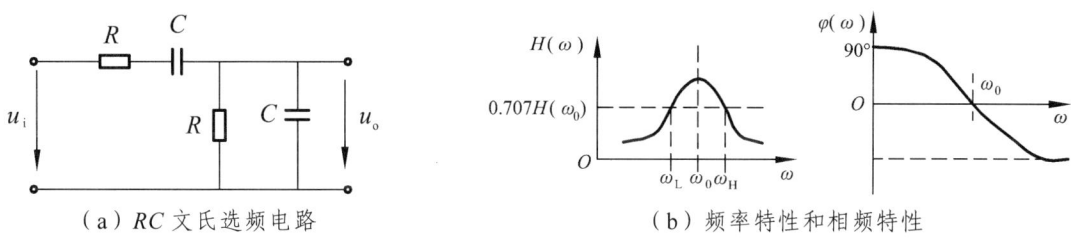

(a) RC 文氏选频电路　　　　　　　(b) 频率特性和相频特性

图 2.7.3　RC 文氏选频电路及频率特性和相频特性

当 $f \to 0$ 时，$H(\omega) \approx 0$，$\varphi(\omega) \approx 90°$，低频信号电压受到抑制。

当 $f \to \infty$ 时，$H(\omega) \approx 0$，$\varphi(\omega) \approx -90°$，高频信号电压受到抑制。

当 $f = \dfrac{1}{2\pi RC} = f_0$ 时，$H(\omega_0) = \dfrac{1}{3}$，$\varphi(\omega) = 0°$，电路输出信号电压最大，输出信号电压与输入信号电压同相，即 f_0 称为谐振频率。

RC 文氏选频电路有两个截止频率，f_L 为下限截止频率，f_H 为上限截止频率。当输入信号的频率在 f_L、f_H 截止频率之间时，信号能顺利通过，常称这种电路为"带通电路"。频率特性如图 2.7.3（b）所示。

2.7.3　预习内容

（1）预习实验原理及实验内容。

（2）掌握函数发生器的输出信号的调试方法；掌握晶体管毫伏表测量方式及测量数据的读取方法；掌握用双踪示波器观测两个信号间相位差的操作方法及数据的采集。

（3）设计实验中仪器、仪表及元器件的测试图。按实验任务 2 的要求，画出图 2.7.4 中实验设备的接线图。

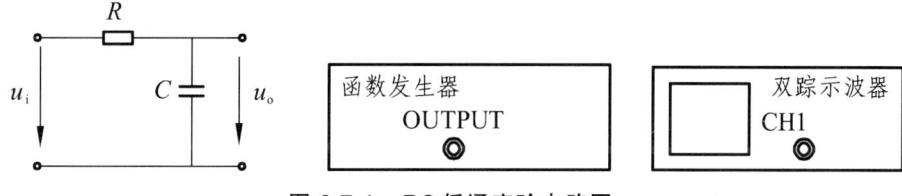

图 2.7.4　RC 低通实验电路图

（4）预习实验参数（如截止频率、谐振频率）的计算方法。

（5）预习实验中的注意事项。

2.7.4 实验仪表和设备

请将实验中所使用的仪器、仪表、设备及实验装置的有关数据记录在表 2.7.1 中。

表 2.7.1

名　称	型号或规格	精　度	数　量	备　注
双踪示波器				
函数发生器				
晶体管毫伏表				
可变电容箱				
可变电阻器				

2.7.5 实验任务

1. RC 低通电路的频率特性

（1）选择仪器、仪表、电阻、电容等实验设备的参数、调试信号。
（2）按预习实验电路图 2.7.4 接线。
注意：双踪示波器、函数发生器、晶体管毫伏表等器件的接地端应连接在一起。
（3）测量幅频特性、相频特性，并记录于表 2.7.2 中。

表 2.7.2

		$R=$		, $C=$		, $U_i=1$ V				
测量值	f/Hz					f_C				
	U_o/V									
	波形周期 T 格									
	相位差 n 格									
计算值	幅频特性 $H(f)$									
	相频特性 $\varphi(f)$									

注意：
（1）调节不同的输入频率时，必须保持输入信号电压 $U_i=1$ V，用晶体管毫伏表测量输入、输出电压。
（2）用示波器观测相频特性的同时，用毫伏表测量幅频特性。
（3）根据 RC 低通电路的频率特性，用示波器观测出其截止频率 f_C。

2. RC 文氏选频电路的频率特性

（1）根据实验原理图 2.7.3 设计测量仪器、仪表接线图。

注意：实验器件的接地端应连接在一起。

（2）根据已知 R、C 参数计算谐振频率 f_0、下限截止频率 f_L、上限截止频率 f_H 的值。用示波器观测这三个频率值。

注意：谐振时输入电压与输出电压相位上同相，截止时输出电压与输入电压的比值 $U_o/U_i = 0.707\,H(\omega_0)$。

（3）调节输入信号频率，测量幅频特性、相频特性，并记录在表 2.7.3 中。

表 2.7.3

	f/Hz	20		f_L			f_0			f_H		30 k
测量值	U_o/V											
	波形周期 T 格											
	相位差 n 格											
计算值	幅频特性 $H(f)$											
	相频特性 $\varphi(f)$											

2.7.6 实验数据分析及讨论

（1）根据表 2.7.2 和表 2.7.3 的数据，在坐标纸上，分别画出 RC 低通电路和 RC 文氏选频电路的幅频特性曲线和相频特性曲线。标明截止频率（f_C、f_L、f_H）和谐振频率 f_0。

（2）根据测量数据，说明 RC 文氏选频电路的通频带范围。

（3）试分析讨论 R、C 参数的改变，对截止频率（f_C、f_L、f_H）和谐振频率 f_0 有何影响。

2.8 实验八 三相交流电路

2.8.1 实验目的

（1）掌握三相四线制电源的构成和使用方法。了解三相四线制中线在供电中的作用。

（2）掌握对称三相负载的线电压与相电压、线电流与相电流的关系。

（3）学习使用二瓦特计法和三瓦特计法，测量三相负载的总功率。

（4）了解安全用电常识。

2.8.2 实验原理

在低压供电系统中，常采用对称三相交流电源对各种负载供电的方式。因此，负载与三相电源之间的正确连接是确保负载正常工作的首要条件。

1. 三相负载与电源的连接方式

对称三相交流电源具有以下特点：三相交流电源的各项电压幅值 U_m 大小相等，频率 f 相同，相位上相差 $120°$，如图 2.8.1 所示。

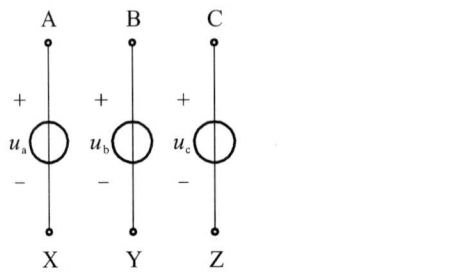
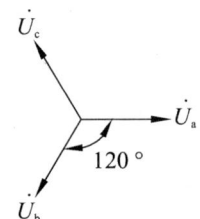

（a）三相交流电源电路图　　　　　（b）三相交流电源相量图

图 2.8.1　三相交流电源

$$u_a = \sqrt{2}U_p \sin \omega t$$
$$u_b = \sqrt{2}U_p \sin(\omega t - 120°)$$
$$u_c = \sqrt{2}U_p \sin(\omega t + 120°)$$

式中，U_p 表示相电压有效值。

电源供电方式常常有三相三线制、三相四线制，根据负载额定电压大小及三相负载是否相同等情况决定采用不同的连接方式。

一个对称的三相负载，不论是星形还是三角形连接，每相负载吸收的平均功率都相等，即三相总功率 P 为

$$P = 3P_p = 3U_p I_p \cos\varphi = \sqrt{3} U_L I_L \cos\varphi$$

式中，P_p 为三相电路中的其中一相功率。

2. 三相电路的有功功率的测量方法

（1）对称三相电路功率的测量。对于这种对称三相负载电路的功率测量可采用一瓦表法，即只用一个瓦特表测出任意一相负载功率 P_p。测量接线如图 2.8.2 所示。

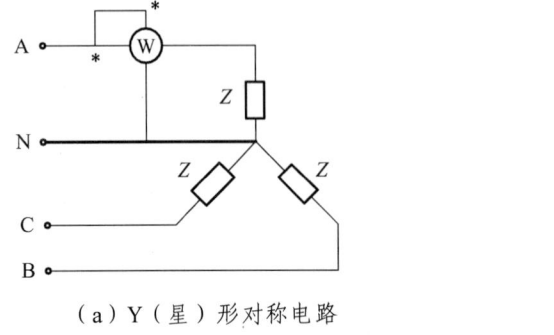
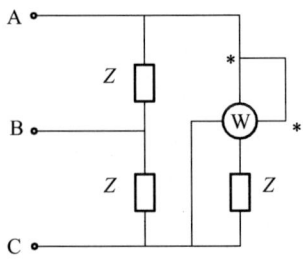

（a）Y（星）形对称电路　　　　　（b）△（三角）形对称电路

图 2.8.2　一瓦表法测量三相对称电路功率的测量图

测量图 2.8.2 不适用于任意三相对称电路，例如，对于一些整机装箱而又不便拆开的三相

三线制对称负载，相电流和相电压不易测量到，此种电路的总功率不能用一瓦表法测量，要采用二瓦表法测量。

一般在三相四线制中，对称三相负载的三相功率可用一瓦表法测量。

（2）二瓦表法测量三相电路的有功功率。

对三相三线电路系统，不论负载是否对称，不论电路采用 Y（星）形还是 △（三角）形连接，都可采用二瓦表法测量电路的总有功功率。

二瓦表法测量原理图如图 2.8.3 所示。三相电路的总功率等于两个功率表读数的代数和，即总功率为

$$P = \sum_{i=0}^{n} P_i$$

当负载的功率因数 $\cos\varphi < 0.5$ 时，测量时功率表指针会发生反偏，此时应拨动功率表面板上的极性开关（或调换功率表电流线圈的两个接线端），使指针正偏；此时功率表的测量值为负值。

（3）三瓦表法测量三相四线制三相电路的有功功率。无论对称负载或不对称负载都可以采用这种测量方法。三瓦表法测量原理图如图 2.8.4 所示，测量功率为

$$P = P_1 + P_2 + P_3$$

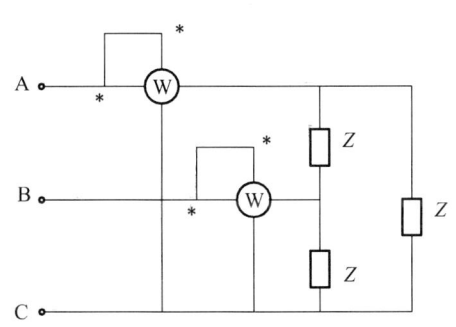

图 2.8.3　二瓦表法测量三相三线制三相电路功率

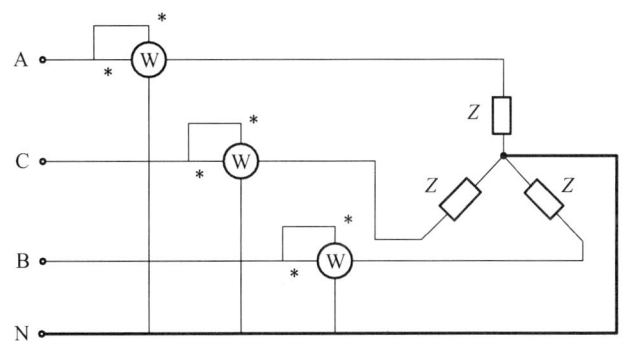

图 2.8.4　三瓦表法测量三相四线制三相电路功率

2.8.3　预习内容

（1）了解功率表的结构原理及使用方法。

（2）阅读实验原理，明确实验目的。

（3）阅读有关用电安全技术知识。

（4）根据实验步骤"1. 三相四线制电路系统的测量"的要求，设计出实验电路接线图 2.8.5。

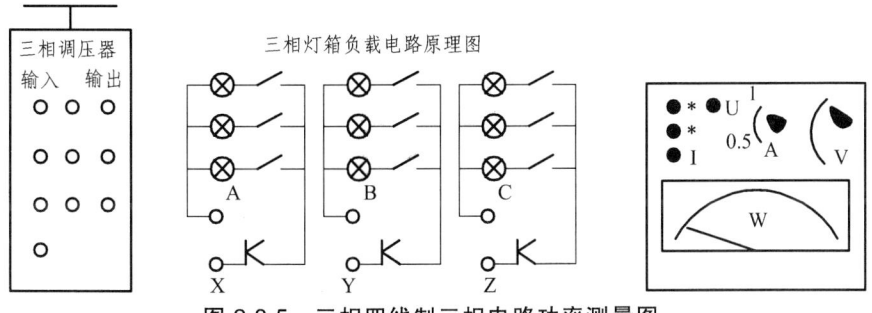

图 2.8.5　三相四线制三相电路功率测量图

（5）预习线电流、相电流、线电压、相电压的测量方法。

2.8.4 实验仪表和设备

请将实验中所使用的仪器、仪表、设备及实验装置的有关数据记录在表 2.8.1 中。

表 2.8.1

名　称	型号或规格	精　度	数　量	备　注
三相变压器				
功　率　表				
万　用　表				
三　相　负　载				
交流电流表				
电流表插座				
开　　关				

2.8.5 实验步骤

1. 三相四线制电路系统的测量

（1）三相变压器调零，待用。

（2）根据三相四线制测量原理图 2.8.1 和图 2.8.4 接线测量。按表 2.8.2 中的要求进行数据测量。

表 2.8.2

测量项目		线电流/A			线电压/V			相电压/V			功率/W		
		A	B	C	AB	BC	CA	AX	BY	CZ	A相	B相	C相
对称电路														
不对称	有中线													
	无中线													

注意：为了能方便地用一块电流表测量多处电流，线路中预先串入多个"电流表插座"。当"电流表插头"不插入电流表时，插座是连通的；当"电流表插头"插入电流表时，电流表便串入电路中，其原理如图 2.8.6 所示。

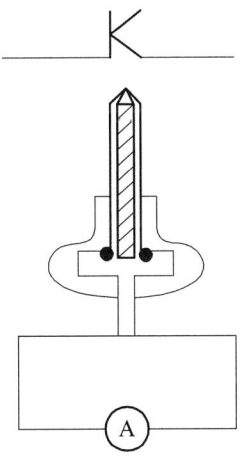

图 2.8.6 电流表插座、插头结构原理图

2. 三相三线制电路系统的测量

（1）三相变压器调零，待用。
（2）自己设计△形连接测量电路。要求用二瓦表法测量表 2.8.3 所示数据。

表 2.8.3

测量项目	线电流/A			相电流/A			线电压/V			功率/W	
	A	B	C	AB	BC	CA	AB	BC	CA	表一	表二
对称电路											
不对称											

2.8.6 实验数据分析及讨论

（1）用实验测量数据说明三相电路中线电压与相电压、线电流与相电流间的关系。
（2）说明三相四线制电路的中线作用。分析计算功率的测量误差。
（3）用电路原理说明二瓦表法的测量原理，并计算总功率。
（4）试定性地画出不对称 Y 形连接负载在无中线情况下的电压相量图、电流相量图，以及有中线情况下的电流相量图。

2.9 实验九 一阶电路的时域响应

2.9.1 实验目的

（1）用示波器观测一阶 RC、RL 电路的响应。
（2）掌握用实验测量数据写出一阶电路的时域响应表达式的方法。

（3）进一步了解储能元件的特性。
（4）学会用示波器测定时间常数。
（5）学会使用函数发生器。

2.9.2 实验原理

1. 矩形脉冲信号的响应

矩形脉冲信号在电子技术领域（特别是数字电子技术领域）中应用很广。本实验利用矩形脉冲信号的阶跃变化特性，模拟一阶电路中的信号电源和开关功能，在电路中发生零输入响应、零状态响应和完全响应。利用示波器可直接观测到储能元件的动态过程，并测量相应的参数值。

例如，RC 一阶时域电路如图 2.9.1 所示，当矩形脉冲信号 u_S 加在电压 u_C 初始值为零的 RC 电路上时，用示波器可观测到电容元件 C 上连续充、放电的 u_C 动态过程。通过调节输入矩形脉冲信号 u_S 的脉冲宽度 t_p [见图 2.9.2（a）]，可分别观测到电路 u_C 的零输入响应、零状态响应和完全响应[见图 2.9.2（b）]。

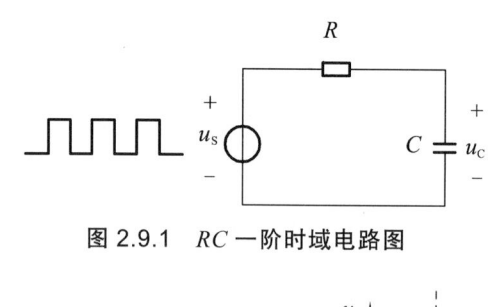

图 2.9.1　RC 一阶时域电路图

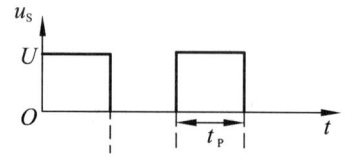

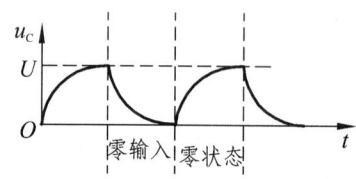

（a）矩形脉冲信号源的波形图　　　　　（b）u_C 动态响应过程图

图 2.9.2　矩形脉冲信号 u_S 激励下的 u_C 响应

零输入响应：当输入信号 u_S 为零时，由电容上的电压[初始状态值 $u_C(0_+)$]在电路中所产生的响应。
零状态响应：当电容上的电压[初始状态值 $u_C(0_+)$]为零时，由信号电源在电路中所产生的响应。
完全响应：零输入响应与零状态响应的代数和。

一阶电路实验中，在实验元件 R、C 参数不变的条件下，若想清晰地通过示波器观测到这三种响应，可通过调节矩形脉冲信号源的脉冲宽度 t_p 来实现。当 $t_p \geq 5\tau$（τ 是电路的时间常数）时，可观测到零状态响应与零输入响应的交替过程的波形，如图 2.9.2（b）所示；当 $t_p < 5\tau$ 时，观测到的波形为完全响应。

2. 时间常数 τ 的测量

时间常数的测量有多种方法，这里主要介绍一种用示波器测量时间常数 τ 的方法。测量原理可通过零输入响应或零状态响应的方程式推导出来。

电路图 2.9.1 的零输入响应为

$$u_C(t) = Ue^{-\frac{t}{\tau}} \quad (t_1 \leqslant t \leqslant t_2)$$

当 $t = \tau$ 时

$$u_C(\tau) = 0.368U$$

零状态响应为

$$u_C(t) = (1 - e^{-\frac{t}{\tau}})U \quad (t_2 \leqslant t \leqslant t_3)$$

当 $t = \tau$ 时

$$u_C(\tau) = 0.632U$$

也就是说,用双踪示波器的两个通道同时观测输入信号 u_S 和输出信号 u_C,调节示波器,使观测波形重叠成图 2.9.3 所示的图形。波形 u_C 上的 $0.368U$(或 $0.632U$)点所对应的时间,就是要测量的时间常数 τ。

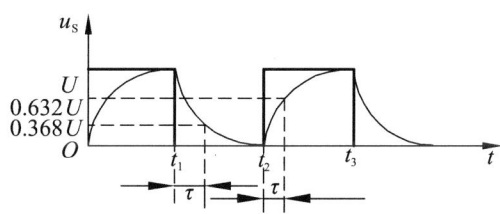

图 2.9.3 时间常数测量原理波形图

2.9.3 预习内容

(1)了解各项实验内容及电路原理,明确实验目的。
(2)根据实验要求,拟订出观测 RC 电路的仪器测量接线图。
(3)根据实验要求,拟订出观测 RL 电路的仪器测量接线图,如图 2.9.4 所示;写出测量 RL 电路时间常数 τ 测量原理及方式方法。定性地分析并画出矩形脉冲信号下 RL 电路的 u_R 响应波形图。
(4)掌握示波器测试的方式方法。
(5)掌握函数发生器输出信号的频率、幅值的调节方法。

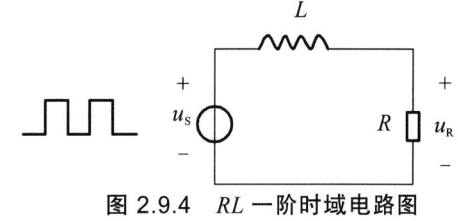

图 2.9.4 RL 一阶时域电路图

2.9.4 实验仪表和设备

请将实验中所使用的仪器、仪表、设备及实验装置的有关数据记录在表 2.9.1 中。

表 2.9.1

名　　称	型号或规格	精度	数量	备注
双踪示波器				
函数发生器				
万　用　表				
可变电阻器				
可变电容器				
可变电感器				

2.9.5　实验任务

1. *RC* 电路的测试

（1）调试好测试仪器，待用。

注意：在观察波形之前先将两条基线重合，并调至屏幕中的适当位置。

（2）选定 *R*、*C* 参数，按预习时拟订的测试实验接线图接线。

（3）观测电路的零输入响应、零状态响应和完全响应波形图，用示波器测量电路的时间常数 τ。如果改变电路参数，示波器观测到的时间常数 τ 如何变化？电路的过渡过程响应的时间向着什么趋势变化？

2. *RL* 电路的测试

RL 电路的测试过程及要求和 *RC* 电路的相同，即观测波形和测量时间常数 τ。

2.9.6　实验数据分析及讨论

（1）对时间常数 τ 的测量值与计算值进行比较，并作误差分析。

（2）在坐标纸上绘出电路各种响应的观测波形图。

（3）分别分析 *RC*、*RL* 电路中时间常数 τ 与电路参数间的关系；时间常数 τ 的大小与电路的过渡过程响应时间的关系。

2.10　实验十　谐振电路的设计

2.10.1　实验目的

（1）综合所学的电路理论知识，提高电路理论的应用能力。

（2）初步掌握设计电路的方式、方法及过程。

（3）培养学生独立设计、独立操作、独立创作及完成实验的能力，拓宽思路和知识的应用面，为后续课程学习奠定基础。

2.10.2 预习内容

（1）掌握实验仪器、仪表的使用及测试方法。
（2）按实验任务要求，设计出实验电路原理图及实验测试接线电路图，并提出实验所需要的仪器、仪表、器件、设备等详细清单，如有特殊要求，请在实验前与实验中心联系。
（3）拟订实验测试内容及实验操作步骤。
（4）制订实验数据记录表。
（5）写出实验操作过程中的安全注意事项。

2.10.3 实验仪表和设备

请将实验中所使用的仪器、仪表、设备及实验装置的有关数据记录在表 2.10.1 中。

表 2.10.1

名 称	型号或规格	精 度	数 量	备 注
双踪示波器				
函数发生器				
万 用 表				
可变电阻器				
可变电容器				
可变电感器				
电 阻 箱				

2.10.4 实验任务及报告要求

（1）设计一个能实现以下功能的电路图。

电路中的信号电源含有两种不同频率 f_1、f_2 的正弦交流信号：

$$u_1(t) = \sqrt{2}U_1 \sin(2\pi f_1 t + \varphi_1)$$

$$u_2(t) = \sqrt{2}U_2 \sin(2\pi f_2 t + \varphi_2)$$

要求：其中一个频率 f_1 的正弦交流量不得到达负载，而另一个频率 f_2 信号全部到达负载。

（2）用理论证明电路能实现上述要求的功能。
（3）画出实验测量时仪器测试接线电路图。
（4）拟订实验测试项目及内容；拟订实验中测量的数据记录表。
（5）用示波器观测和记录频率 f_1、f_2 信号源波形及参数；用示波器观测和记录负载上的参数。
（6）实验数据分析及讨论。
（7）实验中故障分析及体会。
（8）实验安全注意事项。

2.11 实验十一 简单移相电路设计

2.11.1 实验目的

(1) 综合所学的电路理论知识,提高电路理论的应用能力。
(2) 加强对电路元器件的性能及作用的认识,学会通过实践及参数的不断调试,改进设计方案,提高电路的性能指标。
(3) 初步掌握设计电路的方式、方法及过程。
(4) 培养学生应用所学知识设计电路的能力,拓宽知识面,为后续课程的学习奠定基础。

2.11.2 预习内容

(1) 预习电容 C、电感 L 元件的阻抗与频率之间的关系,了解通过调节频率从而调节相位的电路原理。
(2) 按实验任务要求,设计出实验电路原理图及实验测试接线电路图,并提出实验所需要的仪器、仪表、器件、设备等详细清单,如有特殊要求,请在实验前与实验中心联系。
(3) 拟订实验测试内容及实验操作步骤。
(4) 制订实验数据记录表,估算实验有关参数。
(5) 掌握实验仪器、仪表的使用及测试方法。
(6) 写出实验操作过程中的安全注意事项。

2.11.3 实验仪表和设备

请将实验中所使用的仪器、仪表、设备及实验装置的有关数据记录在表 2.11.1 中。

表 2.11.1

名 称	型号或规格	精 度	数 量	备 注
双踪示波器				
函数发生器				
万 用 表				
可变电阻器				
可变电容器				
可变电感器				

2.11.4 实验任务及报告要求

(1) 设计一个移相电路,其电路功能如下:

负载 R_L 上电压 $u_L = U_{Lm}\sin(\omega t + \varphi_L)$ 与输入信号 $u_S = U_{Sm}\sin(\omega t + \varphi_S)$ 电压的相位差 $\varphi = |\varphi_S - \varphi_L|$ 关系分别为 0°、60°和 180°的电路。

（2）通过改变电路参数的方式，实现移相电路的功能。
（3）说明实验电路的原理，并估算电路器件参数 R、C、L 及电压、电流。
（4）画出实验电路图。
（5）拟订实验测试过程及测量的数据记录表。
（6）进行实验数据分析及讨论。
（7）实验中故障分析及体会。
（8）实验安全注意事项。

2.12 实验十二 三相交流电路功率因数提高设计

2.12.1 实验目的

（1）通过此实验项目设计，使学生更灵活地掌握和应用功率因数提高的方式方法。
（2）培养学生应用所学知识设计电路的能力，拓宽知识面，为后续课程学习奠定基础。

2.12.2 预习内容

（1）预习功率及功率因数概念及有关知识。
（2）按实验任务要求，设计出实验电路原理图及实验测试接线电路图，并提出实验所需要的仪器、仪表、器件、设备等详细清单，如有特殊要求，请在实验前与实验中心联系。
（3）拟订实验测试内容及实验操作步骤。
（4）制订实验数据记录表，估算实验有关参数。
（5）掌握实验仪器、仪表的使用及测试方法。
（6）写出实验操作过程中的安全注意事项。

2.12.3 实验仪表和设备

请将实验中所使用的仪器、仪表、设备及实验装置的有关数据记录在表 2.12.1 中。

表 2.12.1

名　称	型号或规格	精　度	数　量	备　注
调 压 器				
可变电容箱				
万 用 表				
三相异步电动机				
功 率 表				
调 压 器				

2.12.4　实验任务及报告要求

（1）设计三相异步电动机功率因数提高电路，并画出实验测量电路图。
（2）拟订实验测试过程及测量的数据记录表。
（3）测量功率因数提高前、后的有功功率、线电流的值，并说明其原理。
（4）进行实验数据分析及讨论。
（5）实验中故障分析及体会。
（6）实验安全注意事项。

第 3 章 变压器与电机控制实验

3.1 实验一 单相变压器

3.1.1 实验目的

（1）了解变压器的结构和铭牌数据的意义。
（2）掌握变压器绕组极性的测定方法。
（3）学习测量变压器外特性的方式方法。
（4）学会单相自耦调压器的操作技能。

3.1.2 变压器工作原理

1. 铭牌数据

变压器的铭牌数据主要有额定电压、额定电流、额定频率和额定容量等。铭牌数据的作用是指导用户按技术指标要求，安全、合理地使用变压器。

额定电压：变压器的原边绕组正常工作时所加电源电压的有效值 U_{1N}。

额定电流：在额定电压、额定负载条件下，变压器原、副边绕组通过的电流有效值 I_{1N}、I_{2N}。

额定容量：变压器副边的额定电压与额定电流的乘积 S_N，即

$$S_N = U_{2N} I_{2N} = U_{1N} I_{1N}$$

2. 变压器绕组极性的测定

有些变压器的原、副绕组不止一个，当需要将它们串联或并联使用时，要特别注意绕组的正确连接。为此在使用前，必须判定绕组的同极性端。

同极性端测定原理：被测变压器原理电路如图 3.1.1（a）所示。从磁场理论分析，可用右手螺旋定则确定出电流产生的磁通方向。当电流从两个线圈的同极性端流入时，产生磁通的方向也相同，从而确定出两个电流的流入端为同极性端。磁通变化会引起电路中绕组的端电压变化。因此，变压器绕组极性的测定，可通过对绕组的端电压测量来判断。

同极性端（同名端）测定方法：首先，把变压器原理图 3.1.1（b）中的两绕组任意端点（如点 2 与点 4）相连，在点 1、2 两端加一个较低的交流电压 u_{12}，用电压表分别测量电压 U_{13}、U_{12} 及 U_{34}，若其测量的有效值之间关系为 $U_{13} \approx U_{12} + U_{34}$，则点 1 与点 4 是同极性端（或称同

名端），标以记号"＊"；若 $U_{13} \approx |U_{12} - U_{34}|$，则点 1 与点 3 是同极性端（点 1 与点 4 是异名端）。用同样的测量方法，可判定多绕组变压器各绕组的同名端。

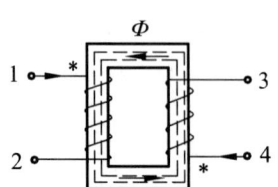
（a）变压器同极性端的磁路分析

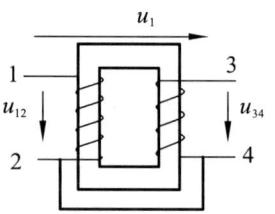
（b）变压器同极性端的测定

图 3.1.1 测定变压器绕组的同极性端

3. 变压器的外特性

当变压器带电阻负载后，由于原、副绕组存在电阻和漏磁感抗，使其输出电压 U_2 随负载电流 I_2 的增加而下降。当电源电压 U_1 和负载功率因数 $\cos\varphi_2$ 为常数时，U_2 随 I_2 的变化关系曲线称为变压器的外特性（见图 3.1.2），即

$$U_2 = f(I_2)$$

变压器从空载到额定负载，副绕组电压变化的程度用电压变化率 ΔU 表示

$$\Delta U = \frac{U_{20} - U_2}{U_{20}} \times 100\%$$

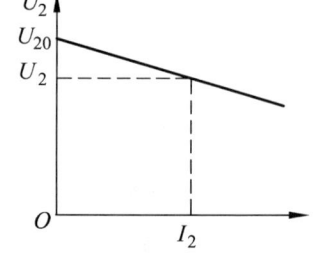

图 3.1.2 变压器的外特性曲线

其中，U_{20} 为空载时变压器副绕组的输出电压；U_2 为额定负载 I_{2N} 时变压器副绕组的输出电压。

一般变压器的电压变化率 ΔU 为 5%～10%。

3.1.3 预习内容

（1）预习相关的磁路知识，了解各项实验电路的内容及工作原理，明确实验目的。
（2）掌握变压器同极性端的含义及测定方法。
（3）说明为什么在单相变压器合闸瞬间会出现冲击电流，实验中应如何避免产生冲击电流。
（4）预习单相变压器空载时电压外特性实验接线图的测定方法。
（5）若在实验操作中，将自耦调压器的原、副绕组端点接错，会出现什么事故？自耦调压器用完后为什么须将手柄调到零位？
（6）预习实验中的注意事项。

3.1.4 实验仪表和设备

请将实验中所使用的仪器、仪表、设备及实验装置的有关数据记录在表 3.1.1 中。

表 3.1.1

名　　称	型号或规格	精　度	数　量	备　注
单相自耦调压器				
单 相 变 压 器				
万 用 表				
交 流 电 流 表				
功 率 表				
负 载				

3.1.5　实验任务

1. 单相变压器的同极性端测定

（1）确定自耦调压器的原、副边接线端，并将其输出电压值调到零，待用。

注意：自耦调压器的原、副边不能接错。

（2）按图 3.1.3 接线，将开关 K 断开（不接负载），使单相变压器的副边开路。

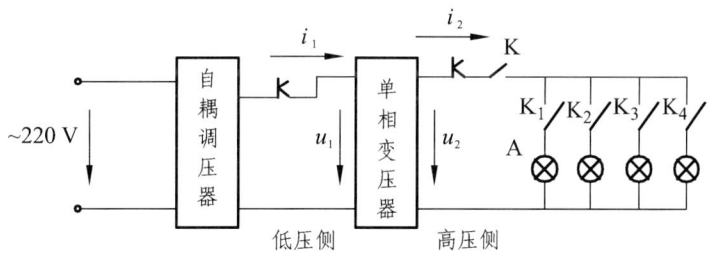

图 3.1.3　测量电路接线图

（3）调节自耦调压器输出端电压为 30 V，即单相变压器的原绕组电压 U_1 = 30 V。根据变压器的工作原理，判定原、副绕组的同极性端。

注意：

① 自耦调压器合闸前，拔出电表插头，并断开负载开关 K，以减小合闸时的电流冲击，避免冲击电流损坏电表。

② 调节自耦调压器升压时，必须用电压表监测输出电压 U_1。自耦调压器上手柄指示的刻度盘电压仅作参考电压值。

③ 参数测量完后，自耦调压器输出电压一定要调至零伏后，再进行下一个实验内容。不可带电进行实验线路的更换。

2. 单相变压器电压变比的测量

在实验任务 1 的基础上（开关 K 断开），单相变压器副边开路。调节自耦变压器手柄，使其输出电压 U_1 为待测单相变压器原边电压的额定值 U_{1N}，这时测量单相变压器副边的电压 U_2。

3. 单相变压器空载特性的测量

在实验任务 2 的基础上（开关 K 断开），按表 3.1.2 列出的电压 U_1 数值，调节自耦调压器的输出电压（变压器原边输入电压），测量单相变压器原边的空载电流 I_1，记入表中。

注意：接通电源，电路正常稳定工作后，再通过电流表插座接入电流表，测量电流参数 I_1。

表 3.1.2

变压器原边额定电压：$U_{1N}=$						
U_1/V	$0.2U_{1N}$					U_{1N}
I_1/mA						

4. 单相变压器外特性曲线的测量

（1）在实验任务 3 的基础上，自耦调压器输出电压调为零伏，开关 $K_1 \sim K_4$ 断开，K 闭合待用。

（2）合上开关 K_1，调节自耦变压器手柄，使其输出电压 U_1 为待测单相变压器原边电压的额定值 U_{1N}，测量 U_1、U_2、I_1 和 I_2，并记录在表 3.1.3 中。

（3）按表 3.1.3 要求，逐次合上开关 $K_1 \sim K_4$，测量各电压、电流数据。

注意：
① 每次增加负载后，单相变压器原边电压 U_1 保持为额定值 U_{1N}，如表 3.1.3 所示。
② 变压器从空载到负载，须注意电流表的量程。
③ 切换电路稳定后，再接入电流表测量。

表 3.1.3

灯泡数	U_1/V	I_1/A	U_2/V	I_2/A	P_1/W	P_2/W
0	U_{1N}					
1	U_{1N}					
2	U_{1N}					
3	U_{1N}					
4	U_{1N}					

3.1.6 实验数据分析及讨论

（1）根据单相变压器的同极性端测定数据，判断同名端。

（2）根据实验任务 2 的测量数据，计算单相变压器的电压变比，并与理论值对比，进行误差分析。

（3）在坐标纸上分别绘出单相变压器的空载特性曲线及外特性曲线。

（4）根据测量数据，计算单相变压器的电压变化率 ΔU、额定 U_{1N} 时的空载损耗功率 $\Delta P = P_1 - P_2$。

3.2 实验二 三相异步电动机的基本控制

3.2.1 实验目的

（1）理解三相异步电动机铭牌数据的意义。
（2）掌握三相异步电动机启动控制电路的接线、操作及故障判断与排除。
（3）掌握三相异步电动机延时控制电路的原理及实验操作、故障判断与排除。
（4）了解三相异步电动机绝缘电阻和转速的测量方法。

3.2.2 三相异步电动机工作原理

1. 铭牌数据

三相异步电动机铭牌上标明了电动机的额定数据和技术指标要求，这些内容是正确使用和检查、维修三相异步电动机的主要依据。

实验中主要关注额定电压、额定电流等技术指标，须特别注意三相异步电动机的启动电流，一般三相异步电动机的启动电流较高，为额定电流的 4~7 倍。

额定电压：指定子绕组按铭牌上规定的接法连接时，正常工作要求的电源额定线电压。如铭牌数据标出额定电压为 220 V/380 V、接法△/Y，表示三相异步电动机定子绕组△连接时，接入电压为 220 V；而三相异步电动机定子绕组 Y 连接时，接入电压为 380 V。

注意：错误的接线会使电动机过热或烧坏绕组线圈。

额定电流：三相异步电动机在额定电压、额定频率、额定负载运行下定子绕组的线电流。额定电流是三相异步电动机的最大安全运行电流。

2. 三相异步电动机的控制

三相异步电动机的启动、停止、正反转、制动、调速等控制，常采用继电器、接触器、按钮和自动空气开关等控制电器实现。无论多么复杂的控制线路，都是由基本控制线路组成的。

（1）三相异步电动机启动、停止控制原理。电动机启动、停止控制主要运用的器件有继电器、接触器、按钮开关和熔断器等，控制原理如图 3.2.1 所示，由主电路和控制电路两部分组成。主电路的主要任务是给电动机提供电能；控制电路的主要任务是按一定逻辑规律控制主电路。

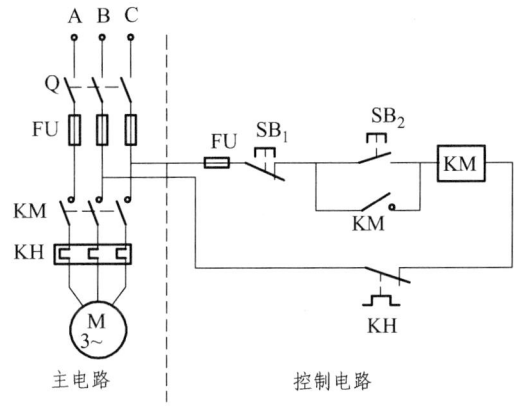

图 3.2.1 三相异步电动机控制原理图

电动机控制原理图 3.2.1 的工作过程：

闭合 Q，此时由于主电路接触器常开触点 KM 处于断开状态，电动机没有加电，电动机没启动→按下按钮 SB$_2$，控制电路接触器电磁线圈系统 KM 接通电源→主电路接触器常开触点 KM 闭合，电动机启动→控制电路触点 KM 闭合，使松开控制电路按钮 SB$_2$ 后，电动机仍转动（长动）→按下按钮 SB$_1$，切断控制电路电磁系统 KM 电源，常开触点 KM 断开，电动机停止工作。

FU：熔断器，主要起短路保护作用，保护用电设备及电源免于因电路短路而引起损坏。

KH：热继电器，主要起过载保护作用，保护电动机免于因长期过载运行而引起损坏。

KM：接触器，主要起零压（欠压）保护作用。当电源突然断电或电压严重下降时，控制电路接触器电磁线圈自动断电，导致电动机自动停机。当电源恢复正常时，电动机不会自动启动，避免事故的发生。

（2）三相异步电动机延时启动控制原理。三相异步电动机延时启动控制，是在三相异步电动机启动、停止控制电路中再加入延时控制功能，如图 3.2.2 所示。

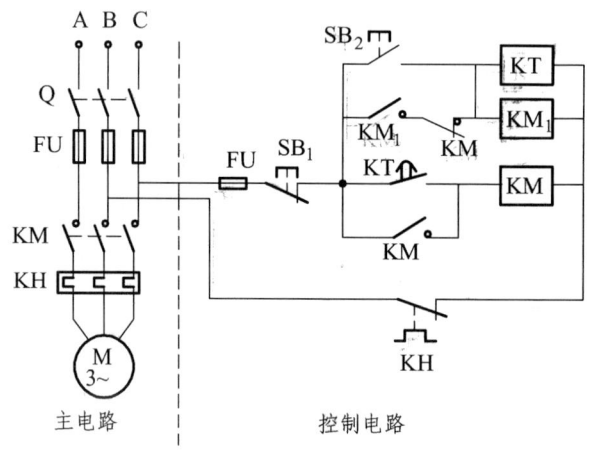

图 3.2.2 三相异步电动机延时控制原理图

工作过程：

闭合 Q，此时电动机没启动→按下按钮开关 SB$_2$，控制电路系统接触器 KM$_1$ 和时间继电器 KT 接通电源→经过一定延时，常开延时闭合触点 KT 闭合→接触器 KM 接通电源，常开触点 KM 闭合，电动机转动；同时，常闭触点 KM 断开，切断接触器 KM$_1$ 和时间继电器 KT 的电源→按下按钮开关 SB$_1$，切断整个控制电路（电磁系统 KM）的电源，常开触点 KM 断开，电动机停止工作。

测量异步电动机转速的方法很多，实验中常用离心式转速表、闪光测速仪及数字测速仪等。

3.2.3 预习内容

（1）预习三相异步电动机的结构、工作原理及铭牌数据。

（2）了解控制器件、实验控制板的结构及工作原理。

（3）了解实验内容，明确实验目的。
（4）写出实验中的注意事项。

3.2.4 实验仪表和设备

请将实验中所使用的仪器、仪表、设备及实验装置的有关数据记录在表 3.2.1 中。

表 3.2.1

名　　称	型号或规格	精　　度	数　　量	备　　注
三相调压器				
万 用 表				
按钮开关				
接 触 器				
延时继电器				
熔 断 器				
三相异步电动机				

3.2.5 实验任务

（1）在实验控制板上确认出接触器、热继电器、按钮开关、熔断器等器件，根据器件结构原理，找到相对应的接线柱（在断开电源条件下，可用万用表判断各器件的常开、常闭等功能触点）。
（2）根据三相异步电动机铭牌数据连接电动机线路，待用。
（3）三相调压器输出电压调到 0 V，待用。
（4）进行三相异步电动机的启动、停止和控制实验。按图 3.2.1 接线，根据实验原理进行启动、停止操作；若实验正常，就切断电源，将三相调压器输出电压调至 0 V。

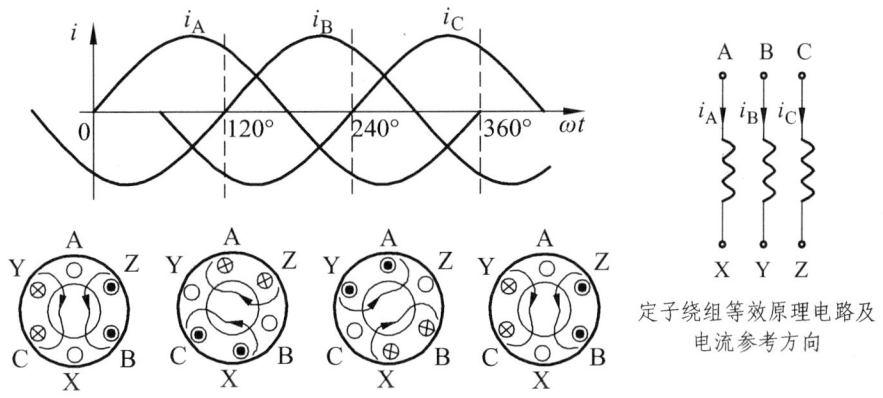

图 3.3.1 三相异步电动机旋转磁场的产生

（5）进行三相异步电动机延时控制实验。按图 3.2.2 接线，观察电动机工作情况，若正常，可按停止按钮，切断电源，将三相调压器输出电压调至 0 V。

注意：实验中若出现故障或更改实验线路，一定要首先切断电源，将三相调压器输出电压调至 0 V，再检查控制线路和主电路，千万不可带电操作。

3.2.6 实验数据分析及讨论

（1）总结实验中故障产生的原因及检查、排除故障的方法。

（2）举例说明万用表在实验中的作用及使用方法。

（3）设计一个三相鼠笼式异步电动机在启动一定时间后，自动切断电源、自动停止运转的控制电路图，并拟出实验操作步骤。要求控制电路具有短路保护、过载保护和零压保护功能。

3.3 实验三　三相异步电动机的正反转控制

3.3.1 实验目的

（1）了解交流接触器、按钮开关、热继电器在电动机控制电路中的作用。

（2）了解三相异步电动机正反转工作原理及技术指标。

（3）掌握三相异步电动机正反转控制电路的工程实践的过程、方法及故障的判断与排除。

（4）学会用万用表检查各控制器件和控制电路的方法，提高分析和排除故障的技能。

3.3.2 实验原理

1. 三相异步电动机正反转工作原理

当三相异步电动机的三相定子绕组中通过三相对称正弦交流电流时，产生旋转磁场，如图 3.3.1 所示。转子切割旋转磁场，在转子绕组中感应出电流，此感应电流与旋转磁场相互作用，产生使转子转动起来的电磁转矩，电动机转子沿旋转磁场方向转动，如图 3.3.2 所示。

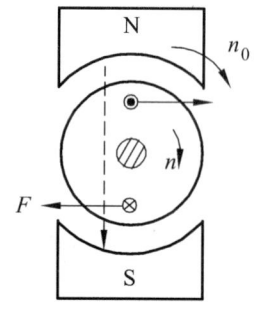

图 3.3.2　异步电动机的工作原理

n_0—旋转磁场转速及旋转方向；
n—转子转速及旋转方向；
F—转子绕组受到的电磁力及方向

旋转磁场转动的方向由三相对称交流电源的相序决定（图 3.3.1 中，三相电源的相序 A-B-C 与三相异步电动机的相序 A-B-C 相同，旋转磁场方向为顺时针）。当三相异步电动机接线端中任意两相接线端对调后再接上三相对称交流电源，在定子绕组中，所产生的旋转磁场方向与接线端对调前（若顺时针旋转）的磁场旋转方向相反（则为逆时针旋转），从而改变了三相异步电动机的转动方向。

2. 正反转控制

利用继电器、接触器、按钮开关等器件控制异步电动机，实现异步电动机的正反转控制，如图 3.3.3 所示。

图 3.3.3 的工作过程：

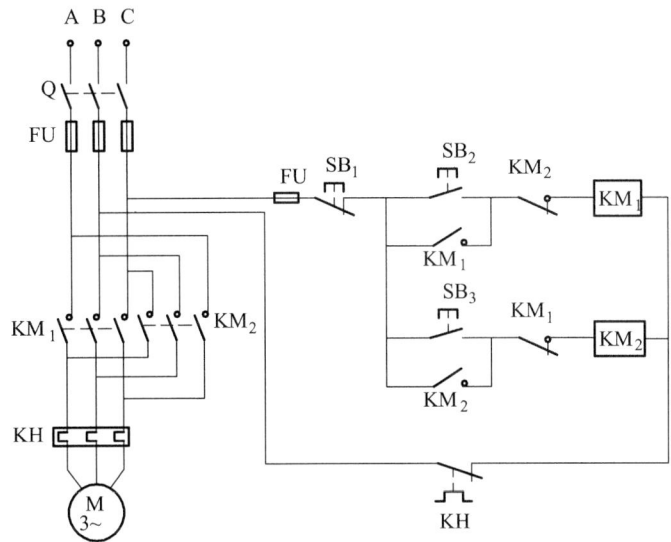

图 3.3.3 三相异步电动机正反转控制原理电路图

闭合 Q，此时电动机没启动→按下按钮开关 SB_2，控制电路系统接触器 $\boxed{KM_1}$ 接通电源→常开触点 KM_1 闭合，常闭触点 KM_1 断开（切断 $\boxed{KM_2}$ 电磁系统的接通电源），电动机正转；按下 SB_1 切断接触器 $\boxed{KM_1}$ 电源，常开触点断开，常闭触点闭合，电动机停止工作。

同理，按下按钮开关 SB_3，控制电路系统接触器 $\boxed{KM_2}$ 接通电源→常开触点 KM_2 闭合，常闭触点 KM_2 断开（切断 $\boxed{KM_1}$ 电磁系统的接通电源），电动机反转；按下 SB_1 切断接触器 $\boxed{KM_2}$ 电源，常开触点断开，常闭触点闭合，电动机停止工作。

接触器可起到欠压保护作用。选用接触器时，应注意它的额定电流、额定电压及触点数量。

热继电器主要由发热元件、感受元件和触点组成。发热元件接在主电路中，触点接在控制电路中。当电动机长期过载时，主电路中的发热元件通过感受元件控制触点的"开"或"合"，从而控制电动机的工作状态。

3. 故障分析方法

（1）若三相异步电动机接通电源后，接触器动作，而电动机不转，说明主电路有故障；如果电动机伴有嗡嗡声，则可能有一相电源断开。切断电源，检查主电路的熔断器、主触点接触情况、热继电器是否正常、导线有无断线、三相电源是否对称等。

（2）控制电路接通电源后，若接触器不动作，说明控制电路有故障。检查控制电路的熔断器、热继电器复位按钮、停止按钮、接触导线等。

3.3.3 预习内容

（1）了解三相异步电动机正反转的工作原理及铭牌数据。
（2）了解控制器件的结构及工作原理。
（3）预习实验控制板的结构及实际器件与实验原理图的对应关系。

（4）预习实验内容，明确实验目的。
（5）写出实验中的安全注意事项。

3.3.4 实验仪表和设备

请将实验中所使用的仪器、仪表、设备及实验装置的有关数据记录在表 3.3.1 中。

表 3.3.1

名　　称	型号或规格	精　度	数　量	备　注
三相调压器				
万　用　表				
按 钮 开 关				
接　触　器				
延时继电器				
熔　断　器				
三相异步电动机				

3.3.5 实验任务

（1）在实验控制板上确认接触器、热继电器、按钮开关、熔断器等器件。根据器件结构原理，找到相对应的接线柱（在断开电源条件下，可用万用表判断各器件的常开、常闭等功能触点）。

（2）根据三相异步电动机的铭牌数据连接电动机线路，待用。

（3）三相调压器输出电压调到 0 V，待用。

（4）按原理图 3.3.3 先接通电动机正转电路线，再慢慢调节三相调压器的输出电压（不能大于电动机的额定电压），观察电动机运行情况。若电动机正转实验正常，可切断电源，将三相调压器输出电压调至 0 V。若有故障，分析检查电路，尽量独立判断出故障原因，并独立排除故障。

（5）按原理图 3.3.3 接通电动机正反转电路。根据实验原理，慢慢调节三相调压器的输出电压，进行电动机的正转、反转实验，观察电动机运行情况。若实验正常，可切断电源，将三相调压器输出电压调至 0 V。

注意：实验中若出现故障或更改实验线路，一定要首先切断电源，将三相调压器输出电压调至 0 V，再检查控制线路和主电路，千万不可带电操作。

3.3.6 实验数据分析及讨论

（1）总结实验中故障产生的原因及检查、排除故障的方法。
（2）举例说明万用表在实验中的作用及使用方法。

（3）在三相异步电动机正反转实验中应注意什么问题。

3.4 实验四 电动机点动与长动控制电路设计

3.4.1 实验目的

（1）了解并掌握接触器、继电器、按钮等器件的结构及控制原理。
（2）能运用掌握的知识，较灵活地应用于实际设计中。
（3）培养独立思考、独立操作、独立解决问题的能力，提高综合实验的设计水平。
（4）了解简单的工程实践设计、实施的过程，掌握工程实践技能。

3.4.2 预习内容

（1）预习三相异步电动机的结构、工作原理及启动控制原理。
（2）预习接触器、继电器、按钮等控制器件的结构及控制原理。
（3）根据实验设计要求，拟订出三相异步电动机的点动、长动（连续）控制电路。
（4）拟订出实验操作步骤及实验中的注意事项。

3.4.3 实验仪表和设备

请将实验中所使用的仪器、仪表、设备及实验装置的有关数据记录在表 3.4.1 中。

表 3.4.1

名　　称	型号或规格	精　度	数　量	备　注
三相调压器				
万 用 表				
按 钮 开 关				
接 触 器				
延时继电器				
熔 断 器				
三相异步电动机				

3.4.4 实验任务及报告要求

（1）设计三相异步电动机既能连续（长动）工作又能点动工作的控制实验线路图。
（2）控制电路应具有短路保护、零压（欠压）保护和过载保护。
（3）控制电路应具有锁定功能，不允许两种工作状态同时出现，发生短路事故。
（4）说明设计控制实验线路的特点及工作原理。

(5)说明实验操作过程、步骤及实验电路运行情况。

(6)写出体会和收获。

3.5 实验五 电动机 Y-△ 启动控制电路设计

3.5.1 实验目的

(1)了解并掌握接触器、热继电器、时间继电器、按钮等器件的结构及控制原理。

(2)能将掌握的知识较灵活地应用于实际设计中。

(3)培养独立思考、独立操作、独立解决问题的能力,提高综合实验的设计水平。

(4)了解简单的工程实践设计、实施过程,掌握工程实践技能。

3.5.2 预习内容

(1)预习三相异步电动机的结构工作原理及电动机的 Y-△ 启动控制原理。

(2)预习接触器、继电器、按钮等控制器件的结构及控制原理。

(3)根据实验设计要求,拟订出三相异步电动机 Y-△ 启动的控制线路。

(4)拟订出实验操作步骤及实验中的注意事项。

3.5.3 实验仪表和设备

请将实验中所使用的仪器、仪表、设备及实验装置的有关数据记录在表 3.5.1 中。

表 3.5.1

名 称	型号或规格	精 度	数 量	备 注
三相调压器				
万 用 表				
按 钮 开 关				
接 触 器				
延时继电器				
熔 断 器				
三相异步电动机				

3.5.4 实验任务及报告要求

(1)设计一个能自动完成三相异步电动机 Y-△ 降压启动的控制实验线路。

(2)控制电路 Y-△ 降压启动自动转换时间,建议用 35 s 左右。

(3)控制电路应具有短路保护、零压(欠压)保护和过载保护。

（4）控制电路应具有锁定功能，不允许Y形电路与△形电路同时工作，避免发生短路事故。
（5）说明设计的控制实验线路的特点及工作原理。
（6）说明实验操作过程及实验电路的运行情况。
（7）写出体会和收获。

3.6 实验六 电动机自动正反转控制电路设计

3.6.1 实验目的

（1）学会选择实验控制元器件及相关技术指标，了解所选择器件的结构及控制原理。
（2）能运用掌握的知识，较灵活地设计出电动机自动正反转控制实验电路图。
（3）全面培养学生的综合实验、设计及操作能力。
（4）学会自己拟订实验原理、器件、步骤、内容及所要分析讨论的问题。
（5）了解简单的工程实践设计、实施过程，掌握工程实践技能。

3.6.2 预习内容

（1）预习三相异步电动机的结构、工作原理及电动机的正反转控制原理。
（2）预习接触器、继电器、按钮等控制器件的结构及控制原理。
（3）根据实验设计要求，拟订出三相异步电动机自动正反转控制线路。
（4）拟订出实验操作步骤及实验中的注意事项。

3.6.3 实验任务及报告要求

（1）设计一个能自动完成三相异步电动机自动正反转的实验控制电路。
（2）控制电路正转、反转时间运行时间建议为 50 s 左右。
（3）控制电路应具有短路保护、零压（欠压）保护和过载保护。
（4）控制电路应具有锁定功能，不允许正转、反转控制电路同时工作，避免发生短路事故。
（5）说明控制电路的工作原理及特点。
（6）说明实验操作步骤、电路运行情况及实验安全注意事项。
（7）写出体会和收获。

3.7 实验七 多台电动机的综合控制电路设计实验（1）

3.7.1 实验目的

（1）选择控制元器件，了解其控制器件的结构及工作原理。
（2）掌握多台电动机工作状态的控制电路设计与实施。

（3）学会综合运用电路知识，设计电动机控制电路中的故障报警电路。
（4）学会拟订实验原理、器件、步骤、内容等。

3.7.2　预习内容

（1）预习三相异步电动机的结构、工作原理及多电动机的控制原理。
（2）预习接触器、继电器及时间继电器等控制器件的结构及工作原理。
（3）根据实验任务要求，设计实验电路图。
（4）撰写所设计电路图的工作原理、实验操作步骤及实验中的注意事项。

3.7.3　实验任务及报告要求

（1）设计一个两台三相异步电动机（即用 M_1、M_2 表示两台三相异步电动机）的实验控制电路。其要求如下：
① 开机控制要求：M_1 开机 20 s 后 M_2 才允许开机。
② 停机控制要求：先停 M_2，M_2 停机 10 s 后 M_1 自动停机。
③ 如不满足电动机的起、停顺序要求，用指示灯发出报警信号。
④ 控制电路应具有短路保护、零压（欠压）保护和过载保护。
（2）报告要求：
① 撰写设计原理，画出实验电路图及控制过程。
② 说明实验操作步骤，实验过程及电路运行情况和实验安全注意事项。
② 写出体会和收获。

3.8　实验八　多台电动机的综合控制电路设计实验（2）

3.8.1　实验目的

（1）选择控制元器件，了解其控制器件的结构及工作原理。
（2）掌握多台电动机工作状态的控制电路设计与实施。
（3）学会综合运用电路知识，设计电动机控制电路中的故障报警电路。
（4）学会拟订实验原理、器件、步骤、内容等。

3.8.2　预习内容

（1）预习三相异步电动机的结构、工作原理及多电动机的控制原理。
（2）预习接触器、继电器及时间继电器等控制器件的结构及工作原理。
（3）根据实验任务要求，设计实验电路图。
（4）撰写所设计电路图的工作原理、实验操作步骤及实验中的注意事项。

3.8.3 实验任务及报告要求

（1）设计一个两台三相异步电动机（即用 M_1、M_2 表示两台三相异步电动机）的实验控制电路。其要求如下：

① 开机控制要求：M_1 开机 20 s 后 M_2 自动启动。

② 停机控制要求：M_2 启动后 M_1 立即停机。

③ 如不满足电动机的启、停顺序要求，用指示灯发出报警信号。

④ 控制电路应具有短路保护、零压（欠压）保护和过载保护。

（2）报告要求：

① 撰写设计原理，画出实验电路图及控制过程。

② 说明实验操作步骤，实验过程及电路运行情况和实验安全注意事项。

③ 写出体会和收获。

第4章 仿真与综合设计实验

课程学习的目的是为了更好的应用,电工技术实验课的学习更是如此。本章重点是应用 Multisim 软件进行设计与综合电路的实验。

1. 实验综合

已知一个由一些器件组成的特定电路(或特定的系统、器件),利用实验测试手段和方法,了解、掌握、研究电路(或器件)的特性、功能、工作状态、技术参数、应用范围等,并对其做出正确的评估,这样的过程称为**实验综合**。

实验综合可以解决定量分析时所遇到的难题,特别是非线性系统。不管是一阶电路还是高阶电路,不管是线性电路还是非线性电路,借助于电子仪器仪表,借助于测量方式方法,都可以很容易地测量电路电压、电流、波形图及各种网络函数曲线等,从而了解和掌握电路的各种特性、功能、工作状态、技术参数等。因此,实验综合是从事工程技术工作不可缺少的能力。

1)实验项目

一般,电路实验综合有以下 4 种情况。

① 研究验证:对某个电路或器件的功能、特性、工作技术指标等缺乏足够的认识,需要进行做进一步了解与研究。

② 设计评估:用实验方式来评估一个设计的电路系统是否达到设计要求,能否满足实际需要。通过对电路系统进行综合测试及实验验证,如果各项技术指标满足设计要求,则设计是成功的;如果不满足设计要求,就需要根据测试结果分析其问题所在,并做出必要的调整、调试或改进,直到达到要求。

③ 故障诊断:用实验测量方法,对发生故障的电路进行诊断,找出故障并加以排除,恢复电路原有的功能和特性。

④ 设备维护:通过对电器设备、仪器仪表的检修、调试和校正,保证其工作在最佳状态。

2)实验方法

当实验综合项目确认后,其实验步骤为:

① 选定测试内容:一般测试内容为:电压、电流、波形、频率等。

② 制订操作步骤:注意测试项目先后顺序和测量方法,一般测量时,先静态后动态、先时域后频域、先局部后整体、先重点后一般,由输入到输出逐项逐级检测。

③ 确定仪器仪表。根据测试内容及要求确定实验仪器仪表,一般要注意仪器仪表的精度、内电阻、量程大小、频率范围等。

④ 做出实验报告。当实验过程结束时,其实验任务并未完成,还须进行整理、分析测试结果,并做出符合实验要求,与理论一致的结论。如果测试结果不符合要求,与理论分析发生矛盾,则需要分析原因所在,排除问题,重新测试实验,直至问题解决。

2. 电路设计

根据所提出的设计要求和目标,设计一个实际电路来实现其功能,达到预定目的和技术指标,这样的过程称为**电路设计**。

完成一项新的设计,除了具有一定的系统性理论知识外,还须掌握常用器件的功能和特性,关注新技术、新器件的发展,灵活运用,巧妙组合,不断创新。一般完成一项设计通常的步骤如图 4.1 所示。

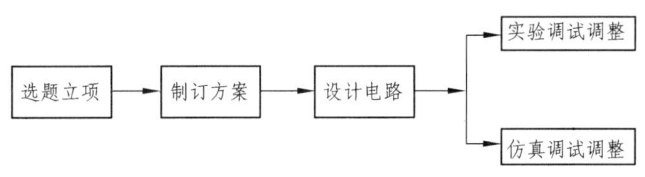

图 4.1 电路设计步骤

3. 电路仿真

用 Multisim 软件仿真电路成为电路设计中的重要环节。电路仿真不仅可以直接测量电路电压、电流、波形特性等,还可以快速发现设计中不合理的地方,无论是调试还是测试电路,电路仿真都是一个非常好的辅助工具。

4.1 实验一 电压源内阻对测量数据的影响

4.1.1 实验目的

(1)熟悉 Multisim 的使用方法,并用其进行仿真电路实验。
(2)了解电源表内阻对测量数据的影响。
(3)掌握 KVL 不同形式的分析方法。

4.1.2 预习内容

(1)预习 Multisim 软件的主菜单和工具栏,了解元件箱和选择元件的方法;熟悉万用表、电压表、电流表、信号发生器、直流稳压电源、示波器等仪器,仪表的使用方法。
(2)预习电压表测量精度的概念。
(3)预习实验内容及要求,并画出实验测量原理电路图,写出测量数据记录表。

4.1.3 实验内容

1. 直流电路

(1)实验电路如图 4.1.1(a)所示,设 $U_S = 5$ V,$R_1 = 1$ kΩ,用电压表测量 $R_2 = 20$ kΩ 电阻上的电压。
(2)改变电压源的内阻 R_1,使其分别为 20 kΩ、5 kΩ 或实验教学给定的数据等,仔细观察

电压表测量电阻 R_2 上的电压数据的变化,并记录实验数据及结果。

2. 交流电路

(1) 实验电路如图 4.1.1 (b) 所示。先调节函数发生器输出信号为 1 kHz、2 V (或自设定有效值电压参数 U_S) 正弦信号 $u_S(t)$。

(2) 将调节好的正弦信号与电阻、电容电路连接后,测量电阻 R、电容 C 上电压,并记录实验数据及结果。

(3) 用示波器分别观测电阻 R、电容 C 上的波形,并调节正弦信号 $u_S(t)$ 的频率,从示波器上观察波形的变化,并记录下来。

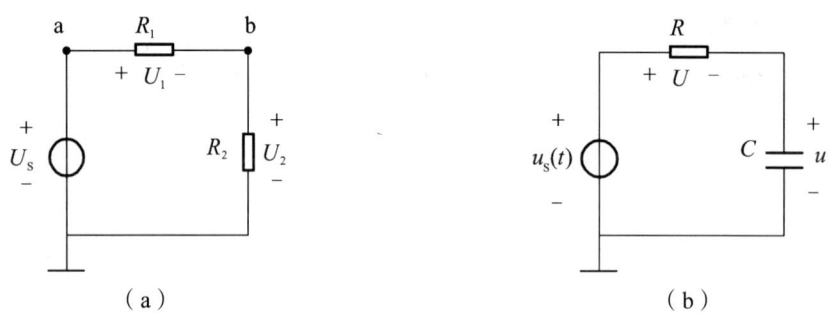

图 4.1.1 测量电路

4.1.4 实验数据分析及讨论

(1) 根据直流电路实验内容,研究电压表内阻对测量结果的影响,并作误差数据分析。

(2) 根据交流电路实验内容,将实验电压测量数据与理论分析计算数据进行比较并分析。

(3) 根据示波器上所观察到的波形随频率变化的特征,论述电阻 R、电容 C 上电压随频率变化的结果。

4.2 实验二 RC 选频电路的研究

4.2.1 实验目的

(1) 通过实验,了解选频电路的工作原理,并推出频率特性表达式 $H(j\omega)$。

(2) 研究 RC 选频电路的幅频特性和相频特性。

(3) 掌握用示波器测试电路频率的一般方法。

4.2.2 预习内容

(1) 预习实验内容,理解正弦交流电路的分析原理,掌握应用示波器测量两个电压量之间的相位差方法。

（2）分析电路图 4.2.1 的实验原理（预习"4.7 实验七"的实验原理内容）。

① 什么叫网络的频率响应特性、幅频特性和相频特性？

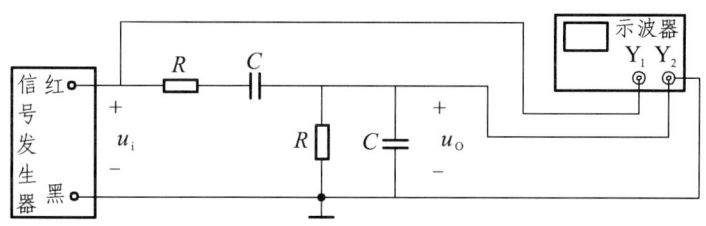

图 4.2.1　RC 文氏选频电路

② 写出图 4.2.1 电路所示的频率特性表达式：

$$H(j\omega) = H(\omega)\angle\varphi(\omega) = \frac{\dot{U}_o}{\dot{U}_i}$$

以及幅频特性表达式 $H(\omega)$ 和相频特性 $\varphi(\omega)$ 的表达式。

③ 写出 $H(f)$ 为最大值时所对应的频率 f_o，并了解频率 f_o 的性质，即：是截止频率还是谐振频率。

④ 写出幅频特性 $H(f)$ 的上、下限截止频率 f_H、f_L 的表达式。

（3）预习相频特性 $\varphi(f)$ 的测量方法。

（4）预习图 4.2.2 所示的电路，并写出频率特性表达式 $H(j\omega)$。

$$H(j\omega) = H(\omega)\angle\varphi(\omega) = \frac{\dot{U}_o}{\dot{U}_i}$$

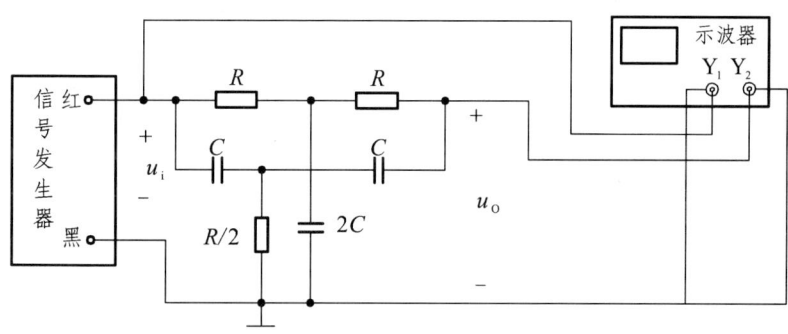

图 4.2.2　RC 双 T 选频电路

4.2.3　实验内容

1. 图 4.2.1 所示电路实验

（1）按图 4.2.1 接线，其中，$R = 1\text{k}\Omega$，$C = 1\mu\text{F}$，$U_i = 1\text{V}$（或直接由实验教师指定各电量参数），调节信号发生器输出频率 f，测量参数如表 4.2.1 所示。

表 4.2.1

f/Hz	$0.2f_0$	$0.3f_0$	f_L	$0.7f_0$	$0.8f_0$	f_0	$1.2f_0$	$1.7f_0$	f_H	$3.5f_0$	$4f_0$
U_o/V											
$H(f)$											
$\varphi(f)$											

① f_0 的测量方法。

将信号发生器的频率调成预习内容中的 f_0 值,再微调信号发生器频率,使示波器 Y_1、Y_2 的两波形重合,即同相,此时所对应的信号发生器频率为 f_0。

② $\varphi(f)$ 的测量方法。

将示波器 Y_1、Y_2 的波形进行比较,由显示屏上两波形相位差的刻度,估算出不同频率下的相位差 φ。

2. 图 4.2.2 所示电路实验

按图 4.2.2 接线,调节信号发生器输出频率 f,测量参数如表 4.2.2 所示。

表 4.2.2

f/Hz					$f_0=$					
U_o/V										
$H(f)$										

4.2.4 实验数据分析及讨论

(1) 根据表 4.2.1 中的实验数据,画出图 4.2.1 电路的幅频特性 $H(f)$ 曲线和相频特性 $\varphi(f)$ 曲线。

(2) 根据表 4.2.2 中的实验数据,画出图 4.2.2 电路的幅频特性 $H(f)$ 曲线。

(3) 在图 4.2.1 电路的幅频特性 $H(f)$ 曲线上,估算带宽 Δf,并与理论值比较。

4.3 实验三 非正弦周期信号的谐波分析与研究

4.3.1 实验目的

(1) 掌握非正弦周期信号的谐波电路分析方法。
(2) 了解电路发生谐振时,电路中电压、电流的特点与应用。
(3) 学会对非正弦周期信号的谐波分析测试。

4.3.2 预习内容

(1) 预习电路谐振概念,当电路发生基本的串联谐振和并联谐振时,其谐振的条件、谐振频率和谐振时的电路特性。

（2）根据实验内容要求，写出求解电感 L_1 和电容 C_2 的表达式。

（3）根据实验电路图及实验数据要求，拟定实验方案。

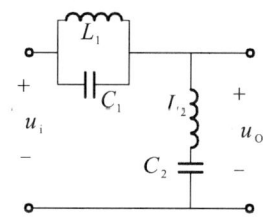

图 4.3.1 谐波分析与研究电路

4.3.3 实验内容

（1）电路图如图 4.3.1 所示，已知电路器件参考值为 $C_1 = 100\ \mu F$，$L_2 = 0.2\ H$，输入电压 u_i 为含有基波 ω_1、三次谐波 ω_3 和七次谐波 ω_7 的非正弦周期信号源，其基波为 $\omega_1 = 100\ rad/s$，欲使输出电压 u_o 中不含有三次谐波 $\omega_3 = 3\omega_1$ 和七次谐波 $\omega_7 = 7\omega_1$ 的信号，试用实验方式得出电感 L_1 和电容 C_2 的值。

（2）用示波器观测输入电压 u_i 和输出电压 u_o 波形。

（3）改变电容 C_1 的值，重新测量输出电压 u_o 中无谐波 ω_3、ω_7 的信号时的电感 L_1 和电容 C_2 的值。

（4）在 $C_1 = 100\ \mu F$，$L_2 = 0.2\ H$ 不变的条件下，改变基波频率为 $\omega_1 = 300\ rad/s$，重新再测量输出电压 u_o 中无谐波 ω_3、ω_7 的信号时的电感 L_1 和电容 C_2 的值。

4.3.4 实验设计内容

（1）根据实验内容，设计和确定实验测试用的仪器、仪表，并画出实验电路图。

（2）写出实验原理、计算电感 L_1 和电容 C_2 的表达式及实验操作步骤。

（3）拟定实验数据记录表。

4.3.5 实验报告

根据实验内容、设计要求、测量数据和实验原理及操作过程等，撰写一份完整的实验报告。

4.4 实验四 三相交流电路的对称性研究

4.4.1 实验目的

（1）了解三相交流电路对称性的概念。
（2）掌握对称三相交流电路的线电压与相电压、线电流与相电流之间的关系。
（3）掌握三相交流电路的功率测量方法。
（4）研究对称与非对称三相交流电路的区别。

4.4.2 预习内容

（1）预习 Y 形、△形连接对称性三相交流电路的电压、电流和功率的对称性。

（2）预习 Y 形连接三相三线制与三相四线制交流电路的特点，即分"对称性"和"不对称性"讨论。

（3）预习实验内容和三相交流电路的功率测量方法（参阅"2.8 实验八"的内容），并画出实验测量电路图。

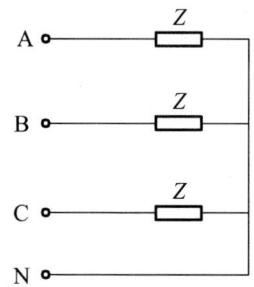

图 4.4.1　Y 形三相交流电路

4.4.3　实验内容

（1）测量电路图 4.4.1 中的电压、电流及有功功率，其测量数据要求如表 4.4.1 所示。

注意： 图中阻抗 Z 参数由实验老师指定。

表 4.4.1

测量项目		线电流/A			线电压/V			相电压/V			功率/W		
		A	B	C	AB	BC	CA	A相	B相	C相	A相	B相	C相
对称电路														
A 相断开	有中线													
	无中线													

（2）测量电路图 4.4.2 中的电流和有功功率，其中，图 4.4.2 中的电压 U_{AN} 为表 4.4.1 中的 A 相电压。

（3）测量电路图 4.4.3 中的电压、电流及有功功率，其测量数据要求如表 4.4.2 所示。

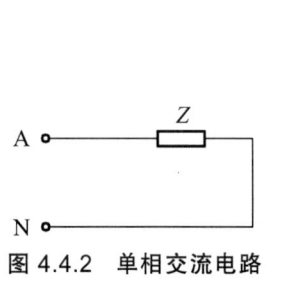

图 4.4.2　单相交流电路

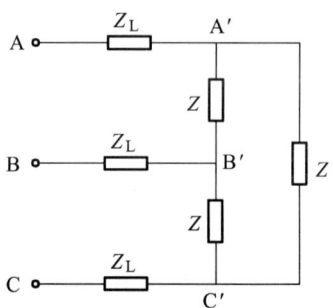

图 4.4.3　△形三相交流电路

注意： 图中阻抗 Z、Z_L 参数由实验老师指定。

表 4.4.2

测量项目	线电流/A			相电流/A	线电压/V		功率/W	
	A			B′C′	BC	B′C′	一表	二表
对称电路								
AA′线断开	A	B	C	B′C′	BC	B′C′	一表	二表

4.4.4 实验数据分析及讨论

（1）通过图 4.4.1 电路的"对称"条件下的测量数据，讨论 Y 形连接电路对称情况下的线电压与相电压的关系；通过图 4.4.2 电路的测量数据，讨论对称 Y 形连接的三相交流电路的分析方法。

（2）通过图 4.4.1 电路的"不对称"条件下的测量数据，讨论"中线"的作用。

（3）通过图 4.4.2 电路的"对称"条件下的测量数据，讨论△形连接电路对称情况下的线电流与相电流的关系。

（4）通过图 4.4.2 电路的"不对称"条件下的测量数据，分析"线电流"、"相电流"的变化，为什么？

4.5 实验五 三相交流电路的综合分析、设计与研究

4.5.1 实验目的

（1）学习用虚拟仪器测量电路的各电量，观测交流信号的波形图。
（2）学习用电路仿真调试元件参数方法，达到提高电路功率因数的目的。
（3）掌握三相四线制和三相三线制对称电路功率因数的提高方法。
（4）掌握测量三相电路的有功功率、无功功率的方法。

4.5.2 预习内容

（1）预习三相交流电路的工作原理，并推导出实验内容中所要求测量的各电量计算表达式，其实验电路如图 4.5.1 所示。

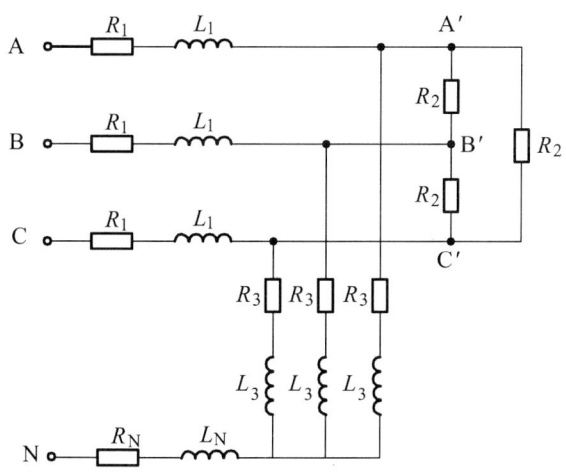

图 4.5.1 Y-△形连接三相交流电路图

（2）预习实验内容，设计实验各电量测量电路图；设计三相交流电路功率因数提高的实验电路图。

（3）根据实验测量电量要求，拟定记录实验测量数据表格。
（4）根据实验要求，拟定实验操作步骤。

4.5.3　实验内容

（1）测量图 4.5.1 中 △ 形连接电路的相电流、线电流和相电压。
（2）测量图 4.5.1 中 Y 形连接电路的相电流、中线电流、相电压和相电流与相电压的相位差（即 RL 负载的功率因数）。
（3）测量图 4.5.1 电路输入端线电压、线电流和三相电路总有功功率。
（4）通过实验方式提高图 4.5.1 电路总的功率因数为 0.95，并记录其电容值 C。

4.5.4　实验报告

根据实验内容、设计要求、测量数据和实验原理及操作过程等，撰写一份完整的实验报告，其中报告内容还需对电路的视在功率和无功功率进行分析讨论。

4.6　实验六　一阶 RC 电路的时域分析与研究

4.6.1　实验目的

（1）学习用虚拟示波器测试和分析电路的时域特性方式方法。
（2）掌握时间常数 τ 的变化对电路时域响应的影响。
（3）了解一阶电路过渡过程的变化规律。

4.6.2　预习内容

（1）预习实验要求与内容。
（2）预习一阶电路的初始值、稳态值、时间常数 τ 的基本概念。
（3）预习一阶直流电路的时域响应及其解 $y(t) = y(\infty) + [y(0_+) - y(\infty)]e^{-\frac{t}{\tau}}$，$t \geq 0$ 的变化规律。
（4）预习观测一阶电路时间常数的基本方法，并拟定实验操作步骤和测试方案。

4.6.3　实验内容

1. 一阶 RC 时域电路的时间常数 τ 对电路输出电压 u_o 的影响

（1）实验电路如图 4.6.1 所示。观测电路激励信号 u_i 为方波信号（见图 4.6.2）。

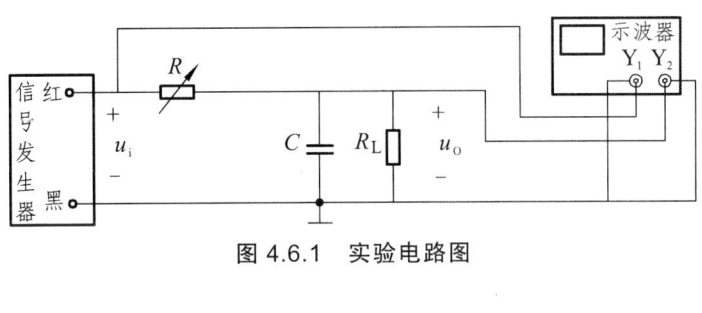

图 4.6.1 实验电路图

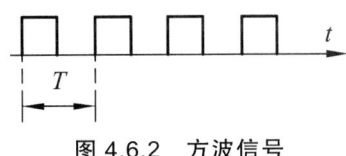

图 4.6.2 方波信号

（2）调节实验电路图 4.6.1 中的电阻 R 值或电容 C 大小，使示波器上观测到的电路输出 u_o 波形分别如图 4.6.3 所示，并将其对应相的相关数据和波形记录到表 4.6.1 中。

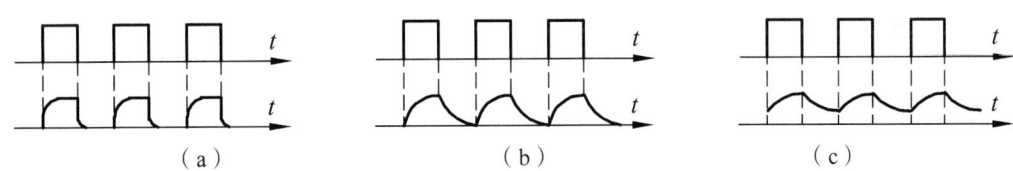

图 4.6.3 时间常数 τ 的变化对输出 u_o 波形的影响

表 4.6.1

项目	调节电阻 R 值或电容 C 值	观测波形（标定坐标参数值）
图 4.6.3（a）		
图 4.6.3（b）		
图 4.6.3（c）		

2. RC 一阶电路时间常数 τ 的测量

测量 RC 一阶电路时间常数 τ 时，图 4.6.1 电路中激励信号 u_i 应为方波信号，其方波信号（见图 4.6.2）的周期 T 须满足 $\dfrac{T}{2} \geqslant 5\tau$，使在示波器上可观测到稳定的响应波形。

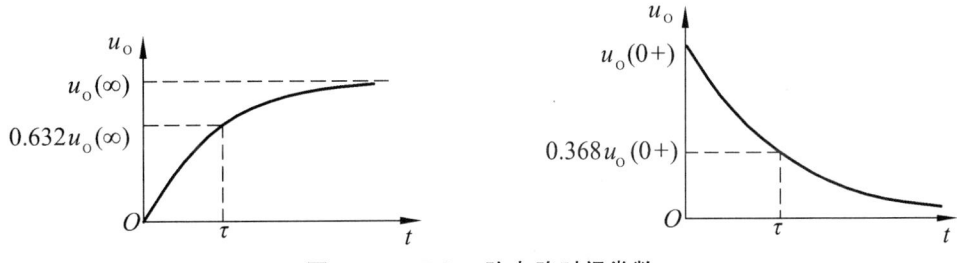

图 4.6.4 RC 一阶电路时间常数 τ

4.6.4 实验报告

（1）画出实验仿真电路图，并说明方波信号发生器和示波器的设置情况，如频率、占空比、电压等。

（2）在怎样的信号电压波形下，能够比较准确地测量出一阶 RC 电路的时间常数 τ 值。

（3）将一阶 RC 电路的时间常数 τ 值与理论值分析比较，并分析当 RC 与周期 T 之间满足什么条件时，电容电压的波形近似为方波；当 RC 与周期 T 之间满足什么条件时，电容电压的波形近似为三角波。

4.7 实验八 最大功率传输条件的研究

4.7.1 实验目的

（1）理解负载匹配概念，掌握最大功率传输的条件。

（2）掌握电路定律、定理和分析方法的应用，拓展实验测量技术及能力。

（3）根据等效电压源的外特性，理解电压源内阻的大小对外电路的影响。

4.7.2 预习内容

（1）预习实验内容，了解负载匹配概念，推导最大功率传输条件的表达式。

（2）预习戴维南定理及实验测量原理，拟定实验操作步骤。

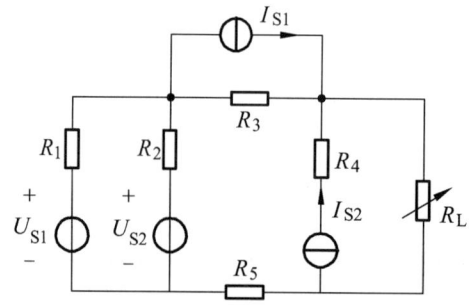

图 4.7.1 直流电路最大功率传输电路图

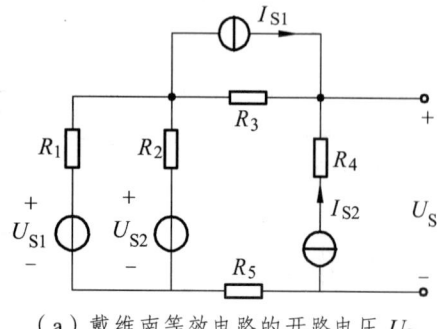 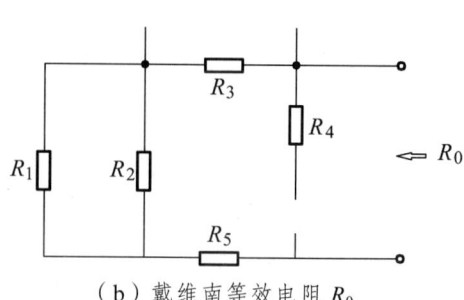

（a）戴维南等效电路的开路电压 U_S （b）戴维南等效电阻 R_0

图 4.7.2 直流电路最大功率传输电路图

4.7.3 实验内容

1. 实验要求

在图 4.7.1 所示电路中,测量电阻 R_L 能从电路中吸收最大功率的阻值,并测量其最大功率值。
注:电路参数由实验老师直接给出。
(1) 测量图 4.7.2 开路电压 U_S 和戴维南等效电阻 R_0;
(2) 图 4.7.3 所示电路为图 4.7.1 的戴维南等效电路图,调节电阻 $R_L = R_0$ 值,测量测量电阻 R_L 上的功率。

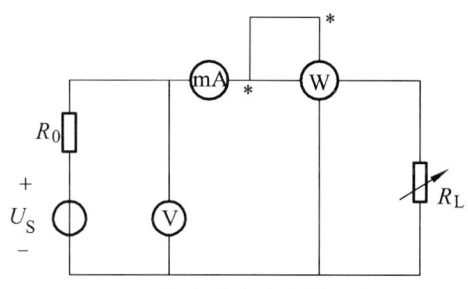

图 4.7.3 最大功率传输等效电路图

2. 电压源模型的外特性测量

电压源模型的外特性测量电路如图 4.7.3 所示(注:可改变电路电压源 U_S 和电源内阻 R_0 的参数),改变电阻 R_L 值,测量表 4.7.1 中的数据,并记录入表中。

减小电源内阻 R_0 参数,调节电阻 R_L 值,测量电阻 R_L 端电压 U 和电流 I 值,将其测量值记录表 4.7.2 中。

表 4.7.1

R_L/Ω	0	$\dfrac{R_0}{3} \approx$	$\dfrac{3}{5}R_0 \approx$	$R_L = R_0 =$	$1.4R_0 \approx$	$1.8R_0 \approx$	$2R_0 \approx$	∞
U/V								
I/A								
P_L/W								
$\eta = \dfrac{P_L}{U_S I}/(\%)$								

表 4.7.2

R_L/Ω	0							∞
U/V								
I/A								

4.7.4 实验数据分析及讨论

(1) 论述电路传输最大功率的原理,并推导出计算最大功率传输和效率的表达式。

（2）根据表 4.7.1、表 4.7.2 中电压 U、电流 I 的测量数据，分别画出电压源的外特性曲线 U-I，并讨论电源内阻 R_0 的大小对外电路的影响。

（3）根据表 4.7.1 中功率 P_L、电阻 R_L 的测量数据，画出负载功率 P_L 随负载电阻 R_L 变化的曲线，证明传输最大功率的条件。

（4）根据表 4.7.1 实验数据，计算出对应的效率 $\eta = \dfrac{P_L}{U_S I}$。

第 5 章 基于 Multisim 的电路仿真

EDA 工具层出不穷,目前进入我国并具有广泛影响的 EDA 软件有 EWB、PSPICE、ORCAD、PCAD、PROTEL、MATLAB、VIEWLOGIC、MENTOR、GRAPHICS、SYNOPHICS、CADENCE 等,这些软件大部分都同时具备原理图设计、仿真和 PCB 制作功能。其中用于电子电路仿真的 EDA 软件主要是 PSPICE、EWB、MATLAB、SYSTEMVIEW、MMICAD 等。应用仿真软件参与设计,克服了传统的电子产品设计受实验室客观条件限制的局限性。用虚拟元件搭建各种电路、用虚拟仪表测试各种参数和性能指标,大大地提高了产品开发的效率。下面主要介绍 EWB 仿真软件。

5.1 Multisim 仿真软件

5.1.1 概 述

电子工作台(Electronics Workbench, EWB)是由加拿大 IIT(Interactive Image Technologies)公司在 20 世纪 90 年代初推出的专门用于电子电路设计与仿真的软件,又称为"虚拟电子工作台",主要用于模拟和数字电路的仿真。从 EWB6.0 版本开始,将专用于电路仿真与设计的模块更名为 Multisim,意为"万能仿真"。相对其他的 EDA 软件来说,Multisim 还提供了万用表、示波器、信号发生器等多种虚拟仪器仪表。

5.1.2 Multisim 特点

与其他的电路仿真软件相比,EWB 具有以下特点。

1. 系统集成度高,界面直观,操作方便

Multisim 软件把电路图的创建、电路的测试分析和仿真结果等内容都集成到一个电路窗口。操作界面就像一个试验平台。创建电路所需的元器件、仿真电路所需的测试仪器均可以直接从电路窗口中选取,并且这些虚拟元器件、仪器仪表与实物的外形几乎完全相同,仪器的操作开关、按键与实际仪器也极为相似。

2. 具备模拟、数字及模拟/数字混合电路的仿真

在电路窗口中既可以对模拟或者数字电路进行仿真,还可以对模拟数字混合电路进行仿真。

3. 提供了丰富的元件库

Multisim 的元件库提供数千种类型的元器件及各类元件的理想参数。用户甚至可以根据需要自行修改参数或者创建新的元件。

4. 电路分析手段完备

Multisim 除了提供常用的测试仪表对仿真电路进行测试外,还提供了电路的直流工作点分析、瞬态分析、傅里叶分析、噪声分析和失真分析等 18 种常用的分析方法。这些分析方法基本能够满足常用的电子电路的分析和设计要求。

5. 输出方式灵活

对电路进行仿真时,它可以储存测试点的数据、测试仪器的工作状态、显示波形以及电路元件的统计清单等内容,便于分析使用。

6. 兼容性好

Multisim 的元件库与 SPICE 的元件库完全兼容,电路文件可以直接输出到常见印制板设计软件中,如 Protel、OrCAD 等。

5.1.3 Multisim 的结构

Multisim 软件由五部分组成:输入模块、器件模型处理模块、分析模块、虚拟仪器模块、后续处理模块。各部分功能如下:

(1) 输入模块:用户以图形方式输入电路图。

(2) 器件模型处理模块:Multisim 软件提供了丰富的元件库,并且可以对元器件属性进行编辑,还可以创建新的元件。

(3) 分析模块:Multisim 软件共有近 20 种分析方法,分析方法比较丰富。除了具有 SPICE 的基本分析方法外,还有一些独有的分析方法,如零极点分析等。

(4) 虚拟仪器模块:该模块是 Multisim 软件最有特色的部分。虚拟仪器种类多,使用操作方便。

(5) 后续处理模块:该模块可以进行电路分析结果的后续处理,包括与多种软件的转换。

其中分析模块和虚拟仪器构成了强大的分析与仿真功能。

下面主要以 Multisim 版本为例介绍其仿真功能。

5.2 Multisim 的基础知识

5.2.1 Multisim 的基本界面

1. 主界面

Multisim 主界面如图 5.2.1 所示。

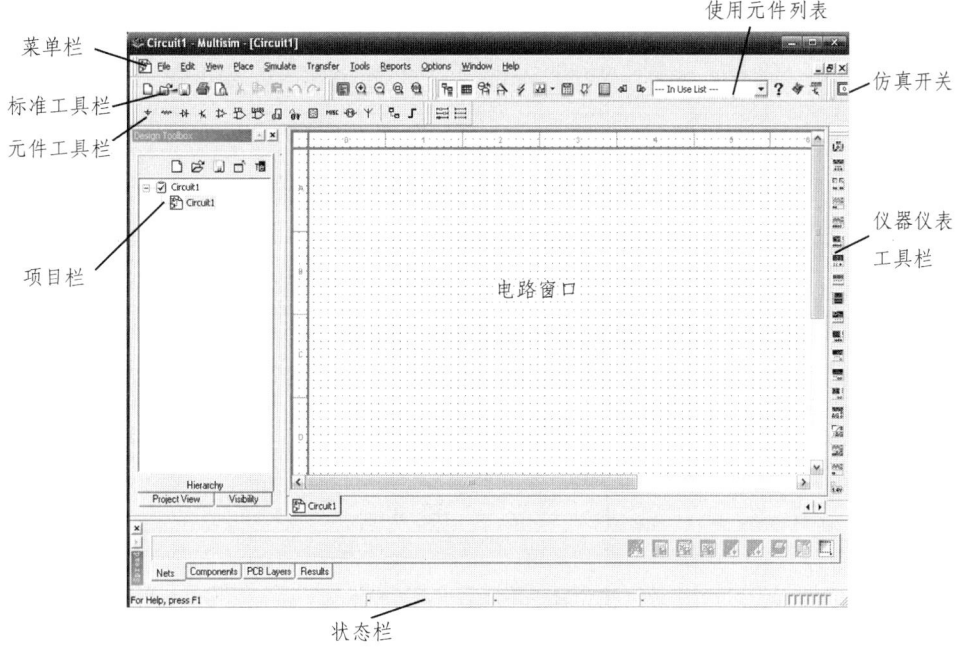

图 5.2.1 主界面

Multisim 的用户界面主要由菜单栏（Menu Bar）、标准工具栏（Standard toolbar）、使用的元件列表（In Use list）、仿真开关（Simulation Switch）、图形注释工具栏（Graphic Annotation Toolbar）、项目栏（Project Bar）、元件工具栏（Component Toolbar）、虚拟工具栏（Virtual Toolbar）、电路窗口（Circuit Windows）、仪表工具栏（Instruments Toolbar）、电路标签（Circuit Tab）、状态栏（Status Bar）和电路元件属性视窗（Spreadsheet View）等组成。

2. 菜单栏

与其他 Windows 应用程序相似，Multisim 软件的菜单栏提供了绝大多数的功能命令，如图 5.2.2 所示。

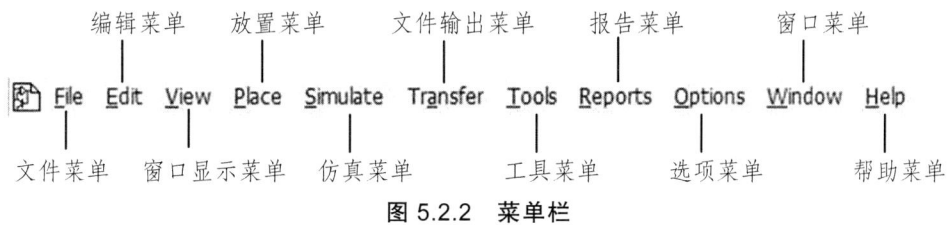

图 5.2.2 菜单栏

菜单栏共 11 个主菜单。菜单中有一些与大多数 Windows 平台上的应用软件一致的功能选项，如 File、Edit、View、Options、Help 等。此外，还有一些 EDA 软件专用的选项，如 Place、Simulation、Transfer 以及 Tool 等。下面对菜单栏逐项进行介绍。

1）File 菜单

File 菜单用于 Multisim 所创建电路文件的管理，如图 5.2.3 所示。其命令与 Windows 下的其他应用软件基本相同，见表 5.2.1。

图 5.2.3 File 菜单

表 5.2.1 File 菜单

命 令	功 能
New	建立新文件
Open	打开文件
Open Samples	打开实例
Close	关闭当前文件
Close All	关闭所有文件
Save	保存
Save As	另存为
Save All	保存所有文件
New Project	建立新项目
Open Project	打开项目
Save Project	保存当前项目
Close Project	关闭项目
Version Control	版本管理
Print	打印
Print Preview	打印预览
Print Option	打印操作
Recent Circuits	最近编辑过的电路
Recent Project	最近编辑过的项目
Exit	退出 Multisim

2）Edit 菜单

Edit 菜单见图 5.2.4，主要对电路窗口中的电路或元件进行删除、复制或选择等操作，见表 5.2.2。

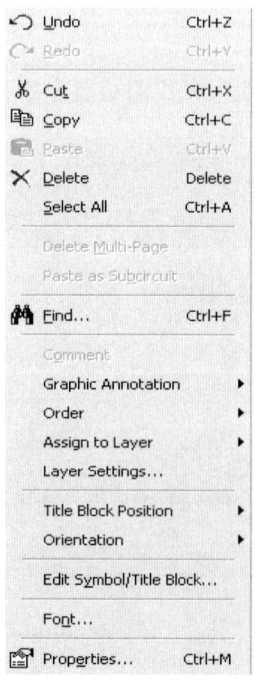

图 5.2.4 Edit 菜单

表 5.2.2 Edit 菜单

命 令	功 能
Undo	撤销编辑
Redo	重做
Cut	剪切
Copy	复制
Paste	粘贴
Delete	删除
Select All	全选
Delete Multi-Page	删除多页
Paste as Subcircuit	作为子电路粘贴
Find	查找
Comment	注释
Graphic Annotation	绘图注释
Order	叠放顺序
Assign to Layer	指定层
Layer Setting	设置层
Title Block Position	标题模块位置
Orientation	方向调整
Edit Symbol/Title Block	编辑符号/标题模块
Font	字体
Properties	属性

3）View 菜单

View 菜单如图 5.2.5 所示，用于显示或隐藏电路窗口中的某些内容（如工具栏、栅格、纸张边界等），见表 5.2.3。

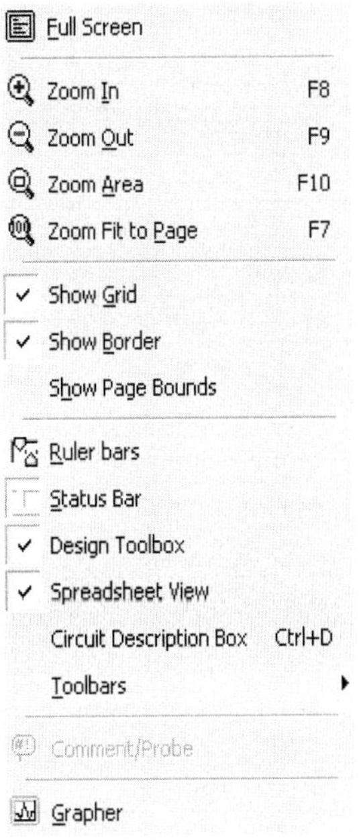

表 5.2.3　View 菜单

命　令	功　能
Full Screen	全屏
Zoom In	放大显示
Zoom Out	缩小显示
Zoom Area	按区域放大
Zoom Fit to Page	按页放大
Show Grid	显示栅格
Show Border	显示边框
Show Page Bounds	显示页边界
Ruler Bars	标尺栏
Status Bars	显示状态栏
Design Toolbox	设计工具箱
Spreadsheet View	电子数据表
Circuit Description Box	电路设计窗口
Toolbars	显示工具栏
Comment/Probe	注释/探针
Grapher	绘图器

图 5.2.5　View 菜单

4）Place 菜单

Place 菜单如图 5.2.6 所示，用于在电路窗口中放置元件、节点、总线、文本或图形等，见表 5.2.4。

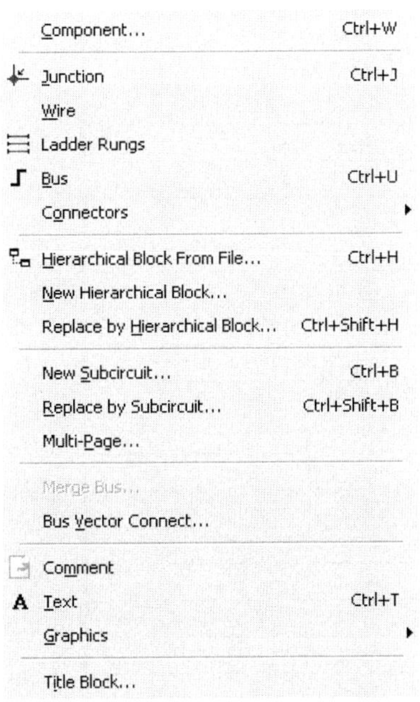

表 5.2.4　Place 菜单

命　令	功　能
Component	元器件
Junction	连接点
Wire	导线
Ladder Rungs	梯形图
Bus	总线
Connectors	连接器
Hierarchical Block From File	文件层次模块
New Hierarchical Block	新层次模块
Replace By Hierarchical Block	层次模块替换
New Subcircuit	新子电路
Replace by Subcircuit	子电路替代
Multi-Page	多页
Merge Bus	合并总线
Bus Vector Connect	总线矢量连接
Comment	注释
Text	文字
Graphics	绘图工具
Title Block	标题模块

图 5.2.6　Place 菜单

5）Simulate 菜单

Simulate 菜单如图 5.2.7 所示，主要用于仿真的设置与操作，见表 5.2.5。

表 5.2.5 Simulate 菜单

命　令	功　能
Run	执行仿真
Pause	暂停仿真
Instruments	虚拟仪器
Interactive Simulation Settings	交互仿真设置
Digital Simulation Settings	设定数字仿真参数
Analyses	选用各项分析功能
Postprocessor	启用后处理
Simulation Error Log/Audit Trail	仿真错误报告
XSpice Command Line Interface	XSpice 命令行
Load Simulation Settings	加载仿真设置
Save Simulation Settings	保存仿真设置
Auto Fault Option	自动设置故障选项
VHDL Simulation	VHDL 仿真
Probe Properties	探针属性
Reverse Probe Direction	交换探针方向
Clear Instrument Data：	清除仪器数据
Global Component Tolerances	设置所有器件的误差

图 5.2.7　Simulate 菜单

Multisim 提供了 18 种基本仿真分析方法。单击 Simulate 菜单，在下拉菜单中选择 Analyses 命令，将出现 18 种基本仿真分析法，各名称如图 5.2.6 所示，功能见表 5.2.12。

表 5.2.6

命　令	功　能
DC Operating Point	直流工作点分析
AC Analysis	交流分析
Transient Analysis	暂态分析
Fourier Analysis	傅里叶分析
Noise Analysis	噪声分析
Noise Figure Analysis	噪声系数分析
Distortion Analysis	失真分析
DC Sweep	直流扫描分析
Sensitivity	灵敏度分析
Parameter Sweep	参数扫描分析
Temperature Sweep	温度扫描分析
Pole Zero	零极点分析
Transfer Function	传递函数分析
Worst Case	最坏情况分析
Monte Carlo	蒙特卡罗分析
Trace Width Analysis	扫描幅度分析
Batched Analysis	批处理分析
User Defined Analysis	用户自定义分析
Stop Analysis	停止分析
RF Analysis	射频分析

图 5.2.8　Instrument 工具栏

6) Transfer 菜单

Transfer 菜单如图 5.2.9 所示，用于将 Multisim 的电路文件或仿真结果输出到其他应用软件，详细功能见表 5.2.7。

表 5.2.7 Transfer 菜单

命　令	功　能
Transfer to Ultiboard	将所设计的电路图转换为 Ultiboard 的文件格式
Transfer to other PCB Layout	将所设计的电路图转换为其他的电路板文件格式
Forward Annotate to Ultiboard	将修改标记到 Ultiboard
Backannotate from Ultiboard	Ultiboard 中的修改标记到正在编辑的电路中
Highlight Selection in Ultiboard	在 Ultiboard 高亮显示
Export Netlist	输出电路网表文件

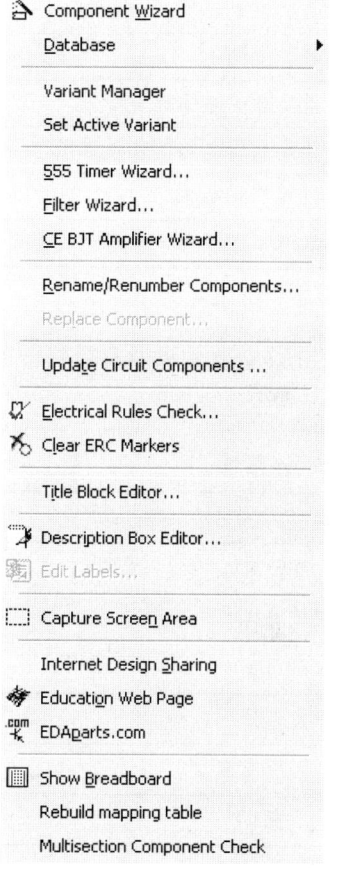

图 5.2.9　Transfer 菜单

7) Tools 菜单

Tools 菜单如图 5.2.10 所示，用于编辑或管理元件库或元件，见表 5.2.8。

表 5.2.8 Tools 菜单

命　令	功　能
Component Wizard	元器件向导
Database	数据库
Variant Manager	变量管理器
Set Active Variant	设置活动变量
555 Timer Wizard	555 定时器向导
Filter Wizard	滤波器向导
CE BJT Amplifier Wizard	共射极放大器向导
Rename/Renumber Components	重命名元器件
Replace Component	置换元器件
Update Component	更新元器件
Electrical Rules Check	电气规则检查
Clear ERC Markers	清除 ERC 标志
Title Block Editor	标题栏编辑器
Description Box Editor	说明工具箱编辑器
Edit Labels	编辑标签
Capture Screen Area	抓屏区域
Internet Design Sharing	网络共享
Education Web Page	访问 EWB 网页
EDAparts.com	访问 EDAparts.com 网站
Show Breadboard	显示面包板
Rebuild mapping table	重建规划表
Multisection Component Check	多选元件检查

图 5.2.10　Tools 菜单

8）Report 菜单

Report 菜单如图 5.2.11 所示，用于产生当前电路的各种报告，功能见表 5.2.9。

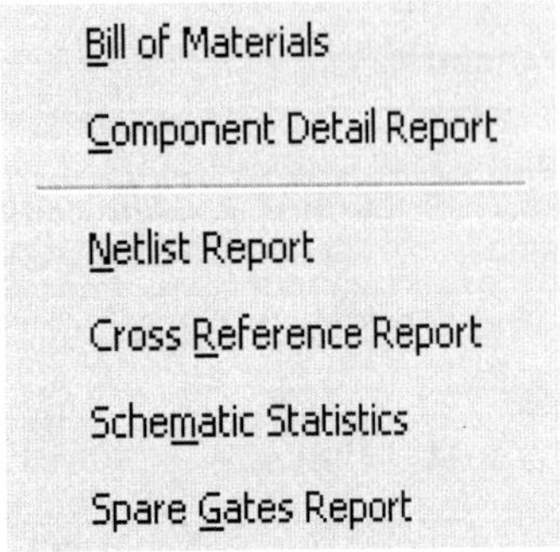

表 5.2.9　Report 菜单

命　令	功　能
Bill of Materials	元件清单
Component Detail Report	元件详细报告
Netlist Report	网络表报告
Cross Reference Report	参考报告
Schematic Statistics	原理图统计表
Spare Gates Report	剩余门报告

图 5.2.11　Report 菜单

9）Options 菜单

Options 菜单如图 5.2.12 所示，用于定制电路的界面和某些功能的设置，功能见表 5.2.10。

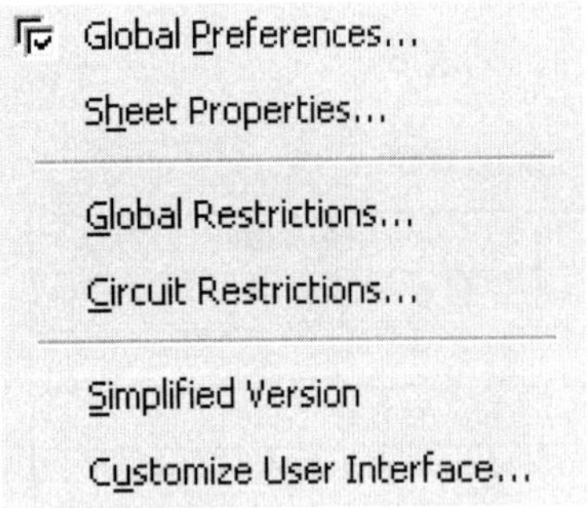

表 5.2.10　Options 菜单

命　令	功　能
Global reference	全局参数
Sheet Properties	表格属性
Global Restrictions	设定软件整体环境参数
Circuit Restrictions	设定编辑电路的环境参数
Simplified Version	设置简化版本
Customize User Interface	定制用户界面

图 5.2.12　Option 菜单

10）Window 菜单

Window 菜单如图 5.2.13 所示，用于控制 Multisim 窗口显示的命令，并列出所有被打开的文件，见表 5.2.11。

表 5.2.11　Window 菜单

命　令	功　能
New Window	新建窗口
Cascade	层叠式样
Tile Horizontal	水平平铺
Tile Vertical	垂直平铺
Close All	关闭所有窗口
Windows	显示窗口
1 circuit1	已打开文件

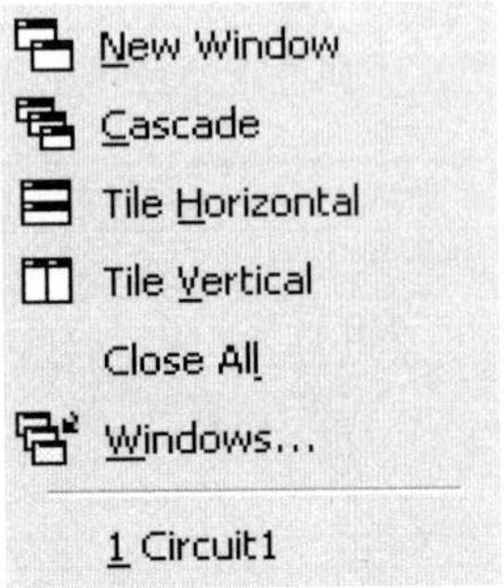

图 5.2.13　Window 菜单

11）Help 菜单

Help 菜单如图 5.2.14 所示，为用户提供在线技术帮助和使用指导，见表 5.2.12。

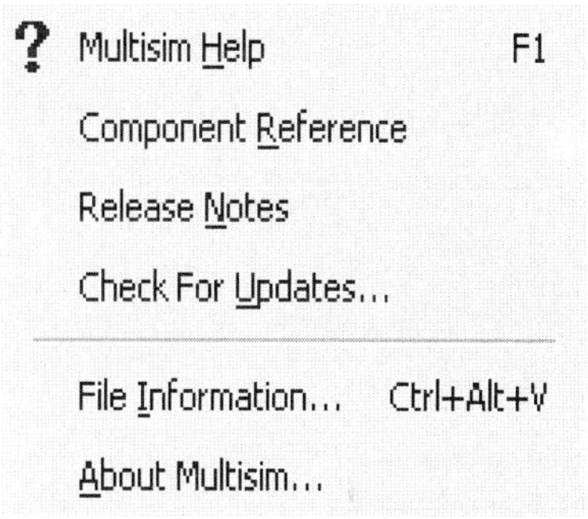

表 5.2.12　Help 菜单

命　令	功　能
Multisim Help	Multisim 帮助文件
Component Reference	元件参数
Release Note	Multisim 的发行申明
Check For Updates	升级检查
File Information	文件信息
About Multisim	Multisim 的版本说明

图 5.2.14　Help 菜单

5.2.2　工具栏

Multisim 提供了多种工具栏，并以层次化的模式加以管理，用户可以通过 View 菜单中的选项方便地将顶层的工具栏打开或关闭，再通过顶层工具栏中的按钮来管理和控制下层的工具栏。通过工具栏，用户可以方便直接地使用软件的各项功能。

1. 标准工具栏

标准工具栏提供了 Multisim 的基本功能，如图 5.2.15 所示。标准工具栏包含了常见的文件操作和编辑操作。

图 5.2.15　标准工具栏

- 新建文件
- 打开
- 保存
- 打印
- 预览
- 剪切 
- 复制
- 粘贴
- 撤销上一步
- 不撤销

2. 视图（View）工具栏

View 工具栏提供了视图选择功能，如图 5.2.16 所示。视图工具栏包含了放大、缩小、100%放大、全屏显示等功能。

图 5.2.16　View 工具栏

全屏

放大

缩小

调整到选定区域大小

调整到适合页面大小

3. 主要（Main）工具栏

Main 工具栏如图 5.2.17 所示。

图 5.2.17 Main 工具栏

层次项目按钮（Show or Hide the Design Toolbox）：用于显示或隐藏层次项目栏。

层次电子数据表按钮（Show or Hide the Spreadsheet Bar）：用于开关当前电路的电子数据表。

数据库按钮（Databasa Manager）：用于开启数据库管理对话框，以便对元件进行编辑。

元件编辑器按钮（Create Component）：用于调整、增加或创建新元件。

仿真（Run/Stop the Simulation）：开始或结束电路仿真，也可通过"F5"键实现该功能。

图形编辑器/分析按钮（Grapher/Analysis）：在出现的下拉菜单中可选择将要进行的分析方法。

后分析按钮（Postprocessor）：用于进行对仿真结果的进一步操作。

电气性能测试（Electrical Rules Checking）。

打开 Ultiboard Log File。

打开 Ultiboard 7 PCB。

帮助按钮，也可通过快捷键"F1"实现，其功能与 Help 菜单中的帮助相同。

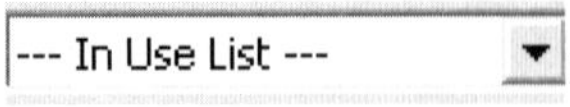

--- In Use List ---：当前所使用的所有元件列表。

4. 元件（Components）工具栏

Multisim 把所有的元件分成 13 类库，再加上放置分层模块、总线。Components（元件）工具栏如图 5.2.18 所示。

图 5.2.18 Components 工具栏

第 5 章 基于 Multisim 的电路仿真

- ╤ 电源按钮（Source）
- ∿ 基本元件按钮（Basic）
- ⊬ 二极管按钮（Diode）
- ⊬ 晶体管按钮（Transistor）
- 模拟元件按钮（Analog）
- TTL 元件按钮（TTL）
- CMOS 元件按钮（CMOS）
- 其他数字元件按钮（Miscellaneous Digital）
- 模数混合元件按钮（Mixed）
- 指示器按钮（Indicator）
- MISC 混合项元件库按钮（Miscellaneous）
- 电机元件按钮（Electromechanical）
- 射频元件按钮（RF）
- 设置层次栏按钮（Place Hierarchical Block）
- 放置总线按钮（Place Bus）

单击每个元件库按钮都会显示出元件库界面，以电源按钮为例，打开电源元件库，如图 5.2.19 所示。

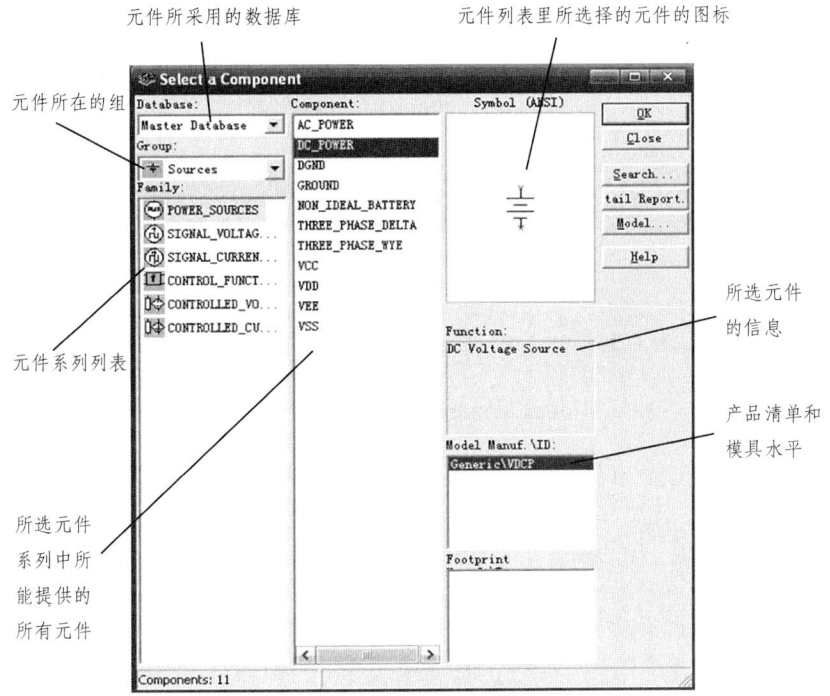

图 5.2.19　电源文件库

注意：在元件组界面中，主数据库（Master Database）是默认的数据库，如果希望从 Corporate Database 或者 User Database 中选择一个元件，必须单击数据库下拉菜单中的数据库，并选择一个元件。一旦数据库发生了改变，其之后的元件放置都将保存为改变后的数据。

5. 仪器（Instrument）工具栏

Multisim 提供了 19 种仪表，仪表工具栏通常位于电路窗口的右边，也可以用鼠标将其拖至菜单的下方，Instrument（仪表）工具栏如图 5.2.20 所示。

图 5.2.20　Instrument 工具栏

仪表工具栏从左向右依次是数字万用表（Multimeter）、函数信号发生器（Function Generation）、瓦特表（Wattmeter）、双踪示波器（Oscilloscope）、4 通道示波器（4 Channel Oscilloscope）、波特图仪（Bode Plotter）、频率计数器（Frequency Counter）、字信号发生器（Word Generator）、逻辑分析仪（Logic Analyzer）、逻辑转换器（Logic Converter）、IV 分析仪（IV-Analysis）、失真分析仪（Distortion Analyzer）、频谱分析仪（Spectrum Analyzer）、网络分析仪（Network Analyzer）、安捷伦函数信号发生器（Agilent Function Generation）、安捷伦数字万用表（Agilent Multimeter）、安捷伦示波器（Agilent Oscilloscope）、泰克示波器（Tektronix Oscilloscope）和动态测量探针（Dynamic Measurement Probe）。

在本书 5.5 节"虚拟仿真仪器"中，会更加详细地介绍每一种仪器仪表。

6. 虚拟元件工具栏

为了仿真方便，Multisim 还提供了各种虚拟元件，虚拟元件工具栏如图 5.2.21 所示。虚拟元件工具栏由 10 个按钮组成，单击每个按钮可以打开相应的工具栏，利用工具栏可以放置各种虚拟元件。

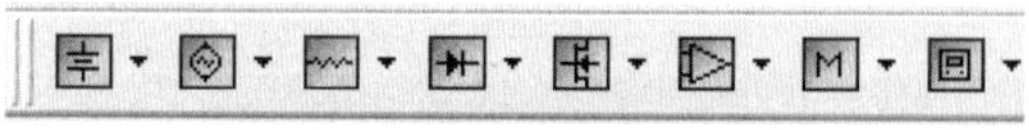

图 5.2.21　虚拟元件工具栏

电源元件工具栏（Power Source Components Bar）

信号源元件工具栏（Signal Source Components Bar）

基本元件工具栏（Basic Components Bar）

二极管元件工具栏（Diodes Components Bar）

晶体管元件工具栏（Transistors Components Bar）

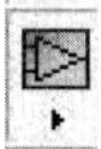

模拟元件工具栏（Analog Components Bar）

其他元件工具栏（Miscellaneous Components Bar）

额定元件工具栏（Rated Components Bar）

如果需要任意更改元件参数，可以选择虚拟器件。选择菜单 View/Toolbars/Virtual 即会弹出虚拟仪器工具栏。

7. 电源按钮（Power Source Components Bar）工具栏

电源按钮工具栏如图 5.2.22 所示。

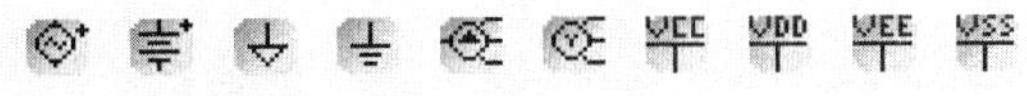

图 5.2.22　电源按钮工具栏

交流电压电源		3PH　Y	
直流电压电源（电池）		VCC 电压电源	
数字接地		VDD 电压电源	
接地		VEE 电压电源	
3PH　△		VSS 电压电源	

8. 信号源按钮（Signal Source Components Bar）工具栏

信号源按钮工具栏如图 5.2.23 所示。

图 5.2.23　信号源按钮工具栏

交流电流源	直流电流源	分段线性电流源
交流电压源	指数电流电流源	分段线性电压源
调幅电压源	指数电压电流源	脉冲电流源
时钟脉冲电流源	调频电流源	脉冲电压源
时钟脉冲电压源	调频电压源	白噪声电压源

9. 基本元件按钮（Basic Components Bar）工具栏

基本元件按钮工具栏如图 5.2.24 所示。

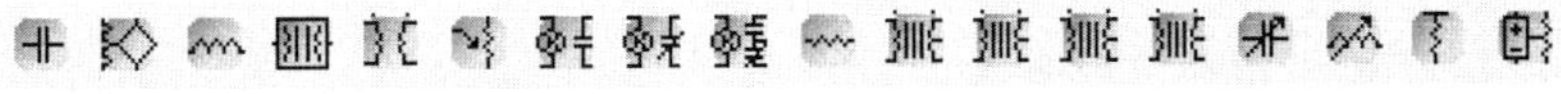

图 5.2.24　基本元件按钮工具栏

电容器	继电器	电源变压器
无芯线圈	继电器	变压器
理想感应器	磁性继电器	可变电容器
磁芯线圈	电阻	可变电感线圈
非线性变压器	音频变压器	上拉电阻
电位器	Misc 变压器	压控电阻

10. 二极管按钮（Diodes Components Bar）工具栏

二极管工具栏如图 5.2.25 所示。二极管工具栏包含了两种二极管：普通二极管和稳压二极管。

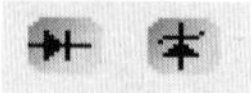

图 5.2.25　二极管按钮工具栏

11. 晶体管按钮（Transistor Components Bar）工具栏

晶体管按钮工具栏如图 5.2.26 所示。

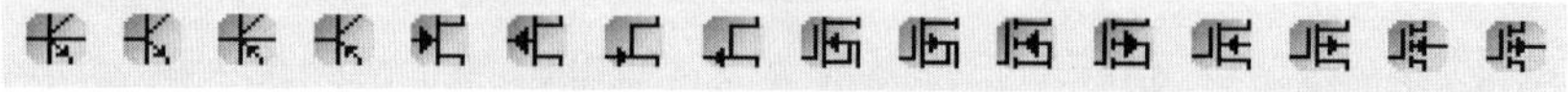

图 5.2.26　晶体管按钮工具栏

- 4 端 NPN 三极管
- NPN 三极管
- 4 端 PNP 三极管
- PNP 三极管
- N 沟道砷化镓场效应晶体管
- P 沟道砷化镓场效应晶体管
- N 沟道结型场效应晶体管
- P 沟道结型场效应晶体管
- N 沟道耗尽型金属氧化物半导体场效应晶体管
- P 沟道耗尽型金属氧化物半导体场效应晶体管
- N 沟道增强型金属氧化物半导体场效应晶体管
- P 沟道增强型金属氧化物半导体场效应晶体管
- N 沟道耗尽型金属氧化物半导体场效应晶体管
- P 沟道耗尽型金属氧化物半导体场效应晶体管
- N 沟道增强型金属氧化物半导体场效应晶体管
- P 沟道增强型金属氧化物半导体场效应晶体管

12. 模拟元件按钮（Analog Components Bar）工具栏

模拟元件按钮工具栏如图 5.2.27 所示。

图 5.2.27　模拟元件按钮工具栏

- 限流器
- 3 端理想运算放大器
- 5 端理想运算放大器

13. 杂列元件按钮（Miscellaneous Components Bar）工具栏

杂列元件按钮工具栏如图 5.2.28 所示。

图 5.2.28　杂列元件按钮工具栏

　　555 定时器　　　　　　　　　　　单稳态虚拟器件

　　四千门系列集成电路系统　　　　　直流电动机

　　晶体振荡器　　　　　　　　　　　光耦器件

　　七段数码管　　　　　　　　　　　锁相环

　　保险丝　　　　　　　　　　　　　七段译码显示管

　　指示灯　　　　　　　　　　　　　七段译码显示管

14. 测量元件按钮（Measurement Components Bar）工具栏

测量元件按钮工具栏如图 5.2.29 所示。

图 5.2.29　测量元件按钮工具栏

4 种极性方向不同的电流表：

　　直流电流表　　　　　　　　　　　直流电流表

　　直流电流表　　　　　　　　　　　直流电流表

5 种不同颜色的探测针：

　　探测针（发光二极管）　　　　　　探测针（发光二极管）

　　探测针（发光二极管）　　　　　　探测针（发光二极管）

　　探测针（发光二极管）

4 种极性连接方向不同的电压表：

　　直流电压表　　　　　　　　　　　直流电压表

　　直流电压表　　　　　　　　　　　直流电压表

15. 额定虚拟元件按钮（Rated Virtual Components Bar）工具栏

额定虚拟元件按钮工具栏如图 5.2.30 所示。

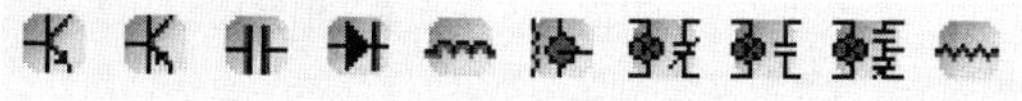

图 5.2.30　额定虚拟按钮工具栏

额定虚拟元件按钮工具栏从左到右依次是 NPN 三极管、PNP 三极管、电容、二极管、电感、电动机、3 种继电器和电阻。

16. 3维元件按钮（3D Components Bar）工具栏

3维元件按钮工具栏如图 5.2.31 所示

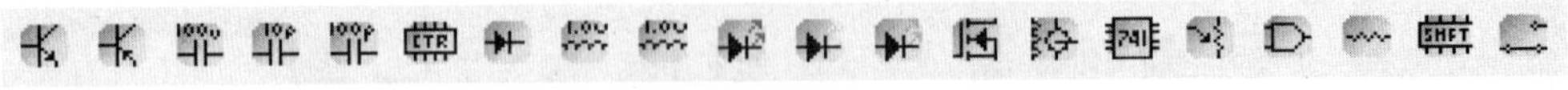

图 5.2.31 3D 元件按钮工具栏

3维元件按钮工具栏从左到右依次是 NPN 三极管、PNP 三极管、100 μ电容、10 p 电容、100 p 电容、十进制计数器、二极管、2种电感、3种发光二极管（仅颜色不同）、场效应晶体管、直流电动机、理想运放、可变电阻、与非门、电阻和移位寄存器。

其他有关的菜单及工具栏可以查询在线技术帮助和使用指导，此处不再介绍。

5.3 Multisim 的基本操作

对 Multisim 的基本界面和常用功能了解之后，下面将通过具体的仿真实例逐步介绍其使用方法。

5.3.1 操作实例：戴维南定理

戴维南定理：
对于线性有源的二端网络，均可用实际理想电压源串电阻进行等效替换。
要求：
① 理想电压源的电压为此二端网络的开路电压；
② 串联电阻应为此二端网络两端的等效电阻。
下面借助 Multisim 来验证戴维南定理。

1. 打开、新建和保存

首先打开 Multisim 应用程序，打开如图 5.3.1 所示的主界面。

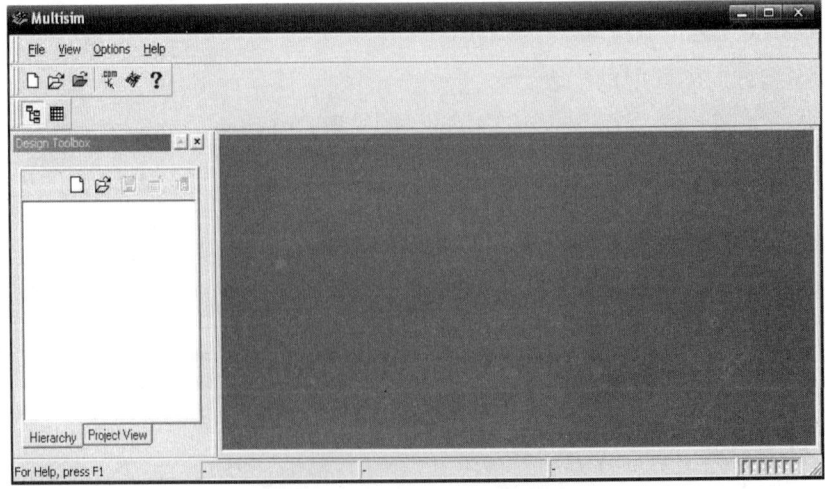

图 5.3.1 Multisim 主界面

新建文件：File 下拉菜单中选择 New 命令（或点击标准工具栏中的"新建"图标 ），此时 Multisim 会自动将新建文件命名为 Circuit1，显示界面如图 5.3.2 所示。

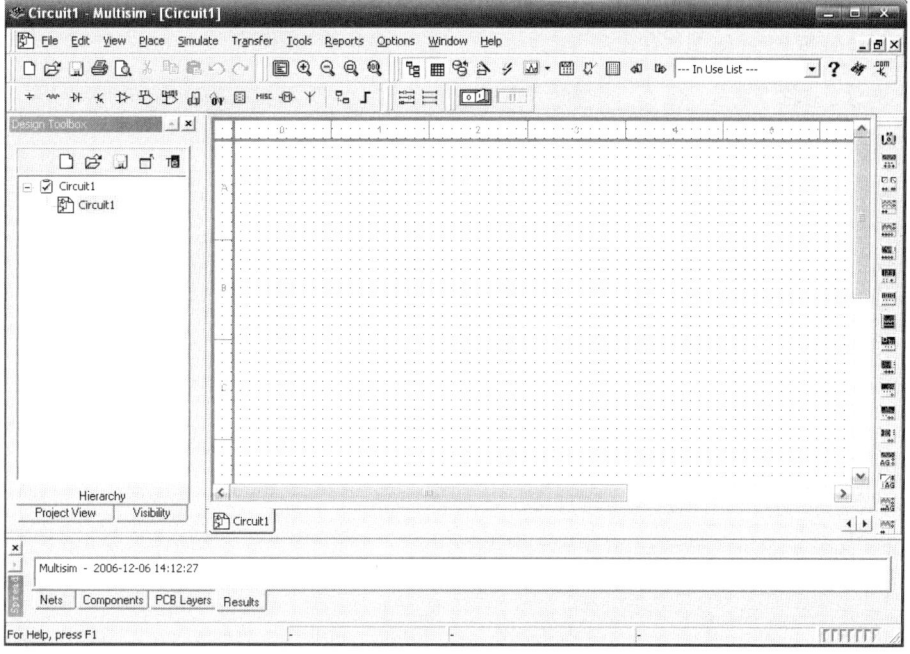

图 5.3.2　Circuit1 界面

若想要改变文件名，可以用下面的保存方法。

文件保存：点击 File 下拉菜单，选择 Save 命令（或点击标准工具栏中的"保存"按钮 ）即可保存文件。对于新建文件，保存时会弹出保存对话框，如图 5.3.3 所示。

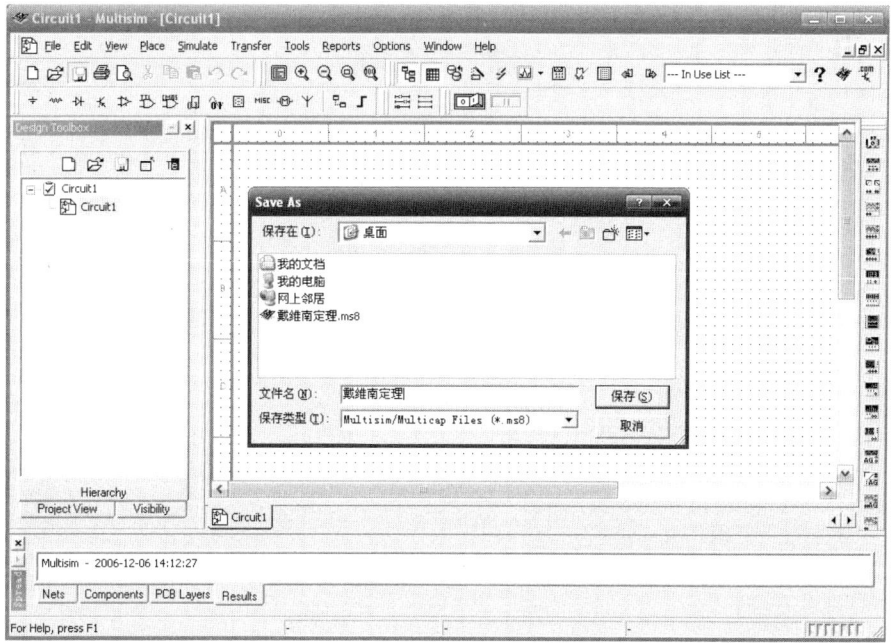

图 5.3.3　文件保存对话框

通过此对话框，可以改变新建文件名，还可以根据设计要求将新建文件保存到指定位置。此处，我们将文件名改为"戴维南定理"，保存位置为"桌面"。点击保存，将在桌面上建立了一个"戴维南定理"的文件。

保存后的运行界面如图 5.3.4 所示。

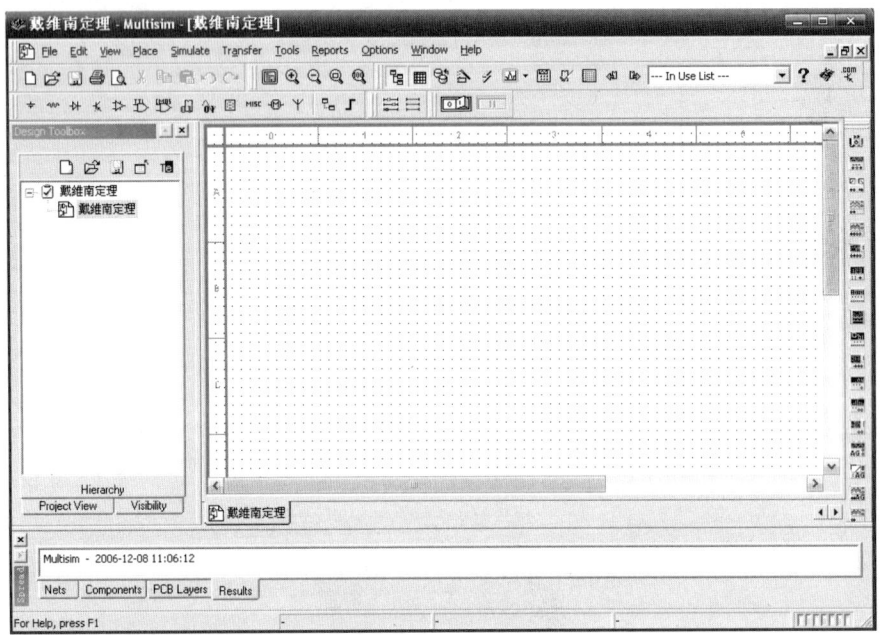

图 5.3.4　运行界面

另外，要改变文件名，也可以点击 Design Tools（设计工具箱）中的重命名按钮 直接修改。点击后出现的对话框如图 5.3.5 所示。

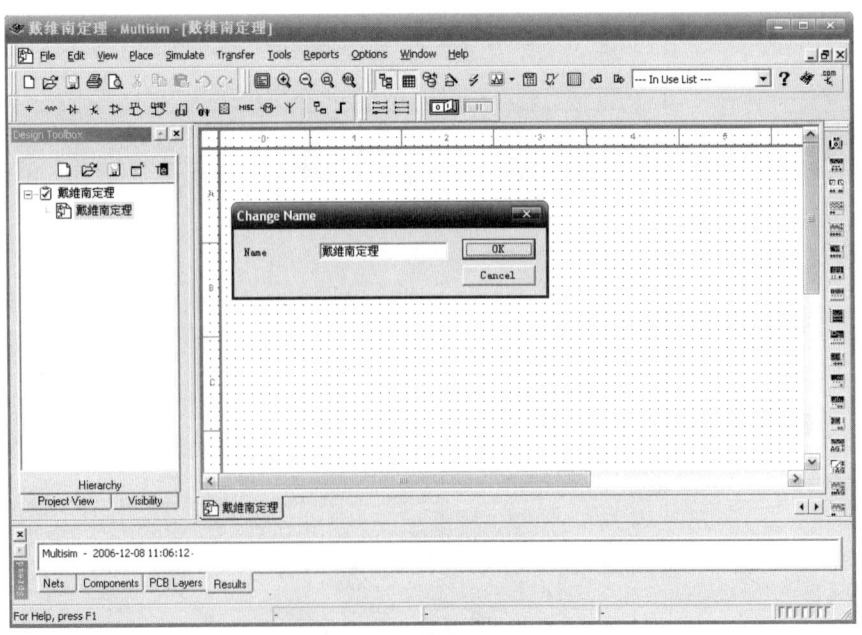

图 5.3.5　文件更名对话框

其他的新建、保存、重命名方法可参考常用的 Windows 应用元件。

2. 连接电路图

借助 Multisim 验证戴维南定理时，需在 Multisim 的电路窗口中连接如图 5.3.6 所示的电路图。

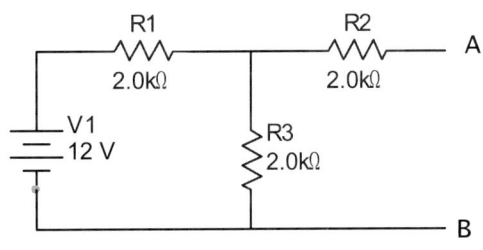

图 5.3.6　戴维南定理电路图

放置及更改元器件的具体步骤如下：

首先放置直流电源：点击 Place 菜单，弹出下拉菜单，选择 Place Component…命令（或在电路窗口中右击鼠标，在快捷菜单中选择 Place Component），这时弹出元件放置菜单如图 5.3.7 所示。

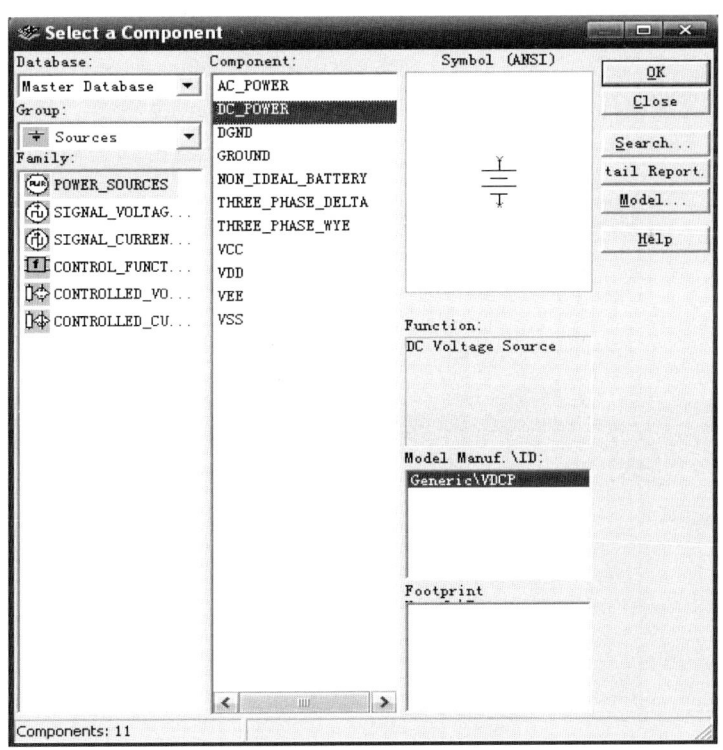

图 5.3.7　元件放置对话框

在 Database 下拉列表中选择 Master Database 选项，并在 Group 下拉列表框中选择 Sources 选项，此时在 Family 列表框中就出现了 Sourses 中的几个组件，选中其中的 POWER_SOURCES，在 Component 列表框中有相应的电源器件供用户选择。

选中 DC_POWER 器件后，在右侧会出现器件相应的属性。单击 OK 按钮，在电路窗口中就会出现一个跟随鼠标移动的直流电压源器件,在电路窗口中的适当位置单击鼠标左键,就完成了在指定位置放置直流电压源的任务,如图 5.3.8 所示。

图 5.3.8 放置直流电源

鼠标右键点击直流电压源图标,在快捷菜单中选择 Properties 命令,就会弹出直流电压源属性菜单,如图 5.3.9 所示。通过此菜单就可以修改直流电压源的相关参数。

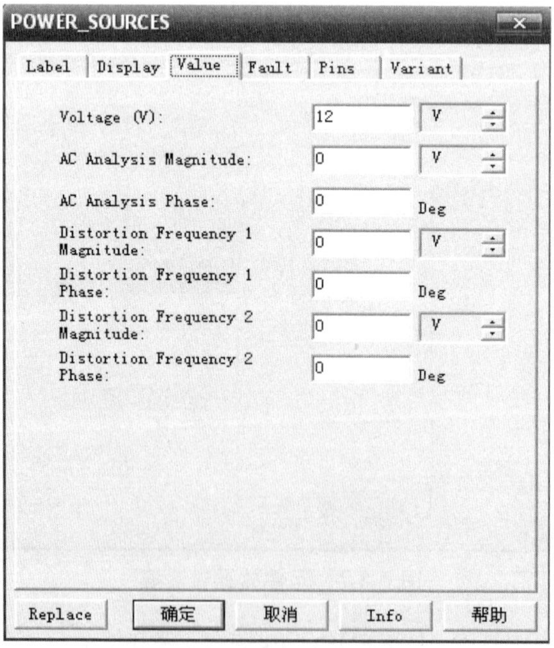

图 5.3.9 直流电压源设置

按照上述方法,在图 5.3.10 所示的 Group 下拉列表框中选中 Basic,依次在 Family 和 Component 列表框中进行选择,找到电阻 R1、R2、R3 并按照图 5.3.6 放置即可。

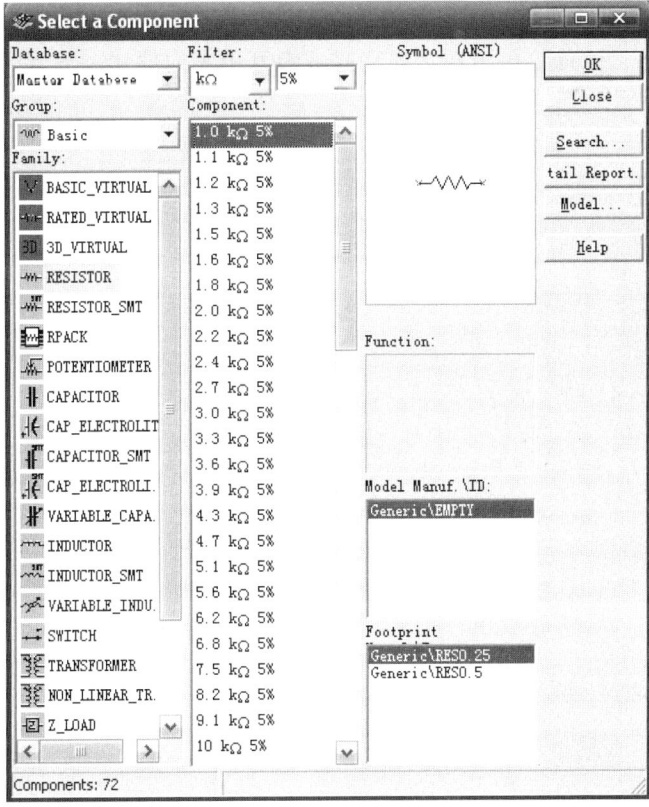

图 5.3.10 放置电阻元件

Multisim 放置的元器件均有默认的方向,鼠标右键点击元器件会弹出快捷菜单,如图 5.3.11 所示。通过此快捷菜单可以实现元器件的翻转、旋转以及更改参数的功能。通过类似的过程,我们可以任意放置所需的元器件,由于放置的元件库里的元件均为实际的标称原件,不能更改其标称参数。

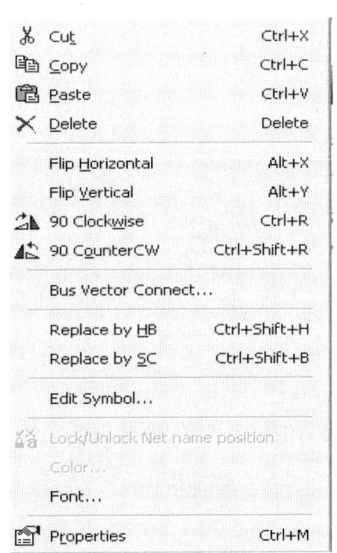

图 5.3.11 元件快捷菜单

最后,我们验证戴维南定理时还需要放置虚拟万用表。在虚拟仪器组件工具栏上单击　图标,在电路窗口的适当位置再单击左键即完成虚拟万用表的放置。放置完器件的电路图如图 5.3.12 所示。

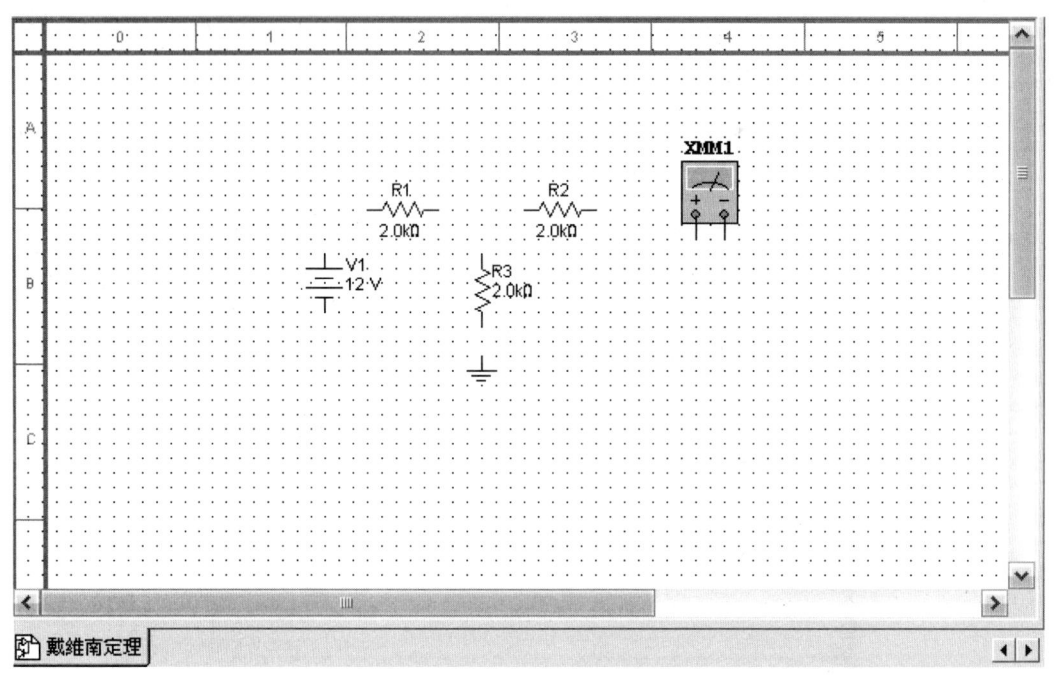

图 5.3.12　元件放置电路图

放置好所需器件后,开始进行电气连接。方法同其他的电路设计软件类似。在 Place 菜单中选择 Wire 命令,鼠标就会变成"十"字光标,将光标移至器件引脚单击鼠标左键(或只需在将要连接的器件引脚端点上鼠标单击),这时将会出现一条与鼠标同步运动的导线,如图 5.3.13 所示,移动鼠标至另一器件的引脚上。

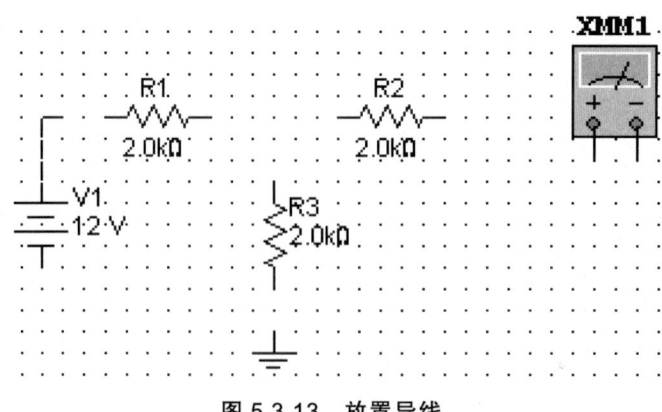

图 5.3.13　放置导线

当引脚上出现红色小圆点时,表明导线即将连上,这时单击鼠标,完成器件之间的电气连接,如图 5.3.14 所示。

第 5 章 基于 Multisim 的电路仿真

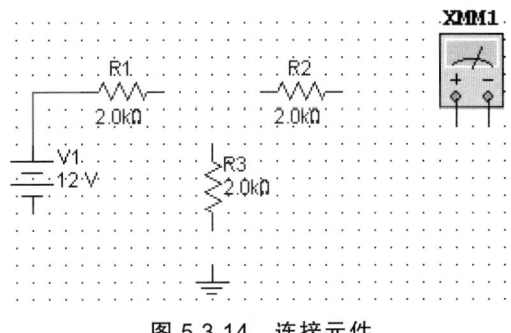

图 5.3.14 连接元件

按照上述连线方法,并根据图 5.3.6 完成戴维南定理电路图的绘制,如图 5.3.15 所示。

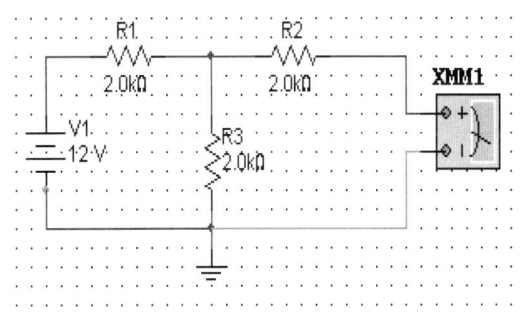

图 5.3.15 戴维南定理电路图

3. 仿　真

电路原理图绘制完成后,单击"仿真启动/停止"按钮 ⚡ 或"仿真开关"按钮 ⬛,或者选择 Simulate 下拉菜单中的 Run 命令,启动电路仿真,如图 5.3.16 所示。

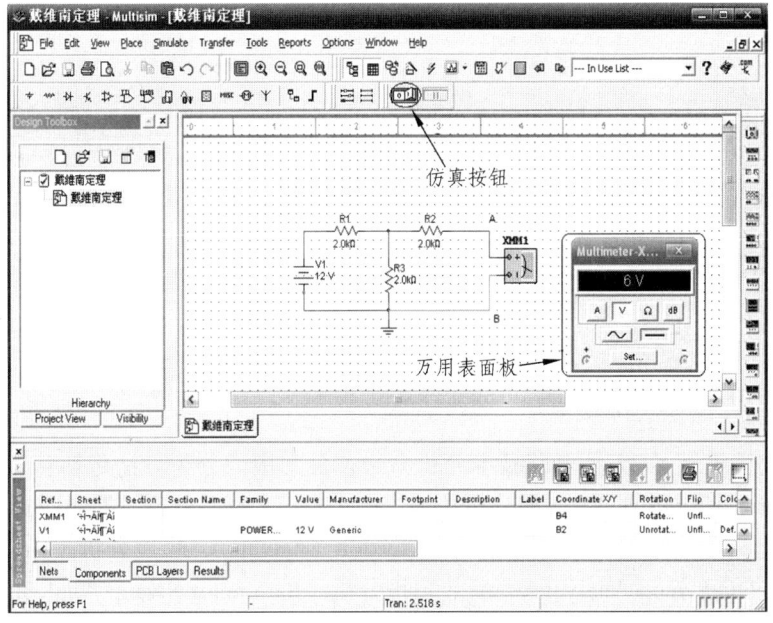

图 5.3.16 启动仿真

万用表指示面板如图 5.3.17 所示。

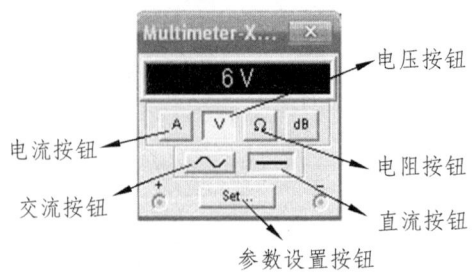

图 5.3.17　万用表指示面板

点击万用表面板上的 V 按钮，则测量的是 A、B 两点间的电压，本电路的开路电压为 6 V，如图 5.3.18 所示。

点击万用表面板上的 A 按钮，则万用表测量的是电流，此电流为 A、B 两点间的短路电流，本电路测得的电流为 2 mA，如图 5.3.19 所示。

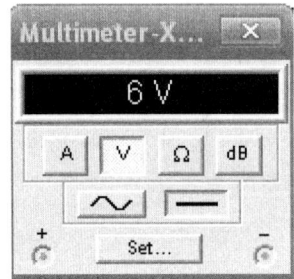

图 5.3.18　电压测量显示

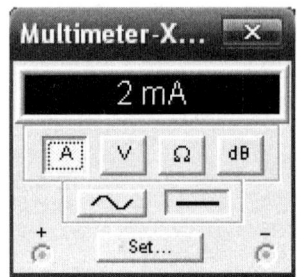

图 5.3.19　电流测量显示

根据开短路法测得等效电阻 $R = \dfrac{6\ \text{V}}{2 \times 10^{-3}\ \text{A}} = 3\ \text{k}\Omega$。于是得到戴维南等效电路，如图 5.3.20 所示。

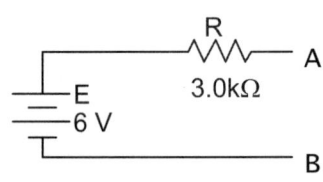

图 5.3.20　戴维南等效电路

5.3.2　Multisim 的电路基本分析方法及仿真实例

Multisim 软件提供了 15 种电路基本分析方法，最常用的分析方法包括：直流工作点分析（DC Operating Point Analysis）、交流分析（AC Analysis）、瞬态分析（Transient Analysis）、傅里叶分析（Fourier Analysis）、失真分析（Distortion Analysis）、噪声分析（Noise Analysis）、直流扫描分析（DC Sweep Analysis）、参数扫描分析（Parameter Sweep Analysis）等，其使用方法将在以下仿真实例中分别说明。

仿真实例一：电阻元件伏安特性的测量

电阻元件伏安特性的测量实际上是测量电阻两端的电压与流过的电流的关系。在 Multisim 中既可以像实验室中一样使用电压表和电流表进行逐点测量，也可以利用软件中提供的 DC Sweep 分析法直接形成 U-I 关系曲线。

DC Sweep 分析功能不仅可以非常容易地直接测出线性元件的伏安特性曲线，对某些非线性元件的伏安特性曲线也能较方便地得到。在本章节中还将介绍 I V 特性分析仪的使用方法。下面以测试 1 Ω 线性电阻和 2N2222A 二极管的特性为例来说明利用仪表进行测试分析的过程。

1. 线性电阻的测试

测试电路如图 5.3.21 所示。

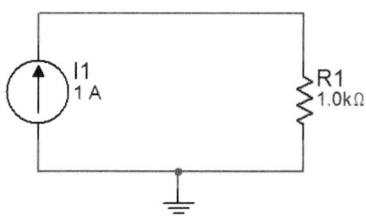

图 5.3.21　线性电阻的测试电路

点击 Simulate 菜单中 Analyses 下的 DC Sweep 命令，出现 DC Sweep Analyses 对话框，在 Analyses Parameters 页的选项中进行如图 5.3.22 所示的设置。

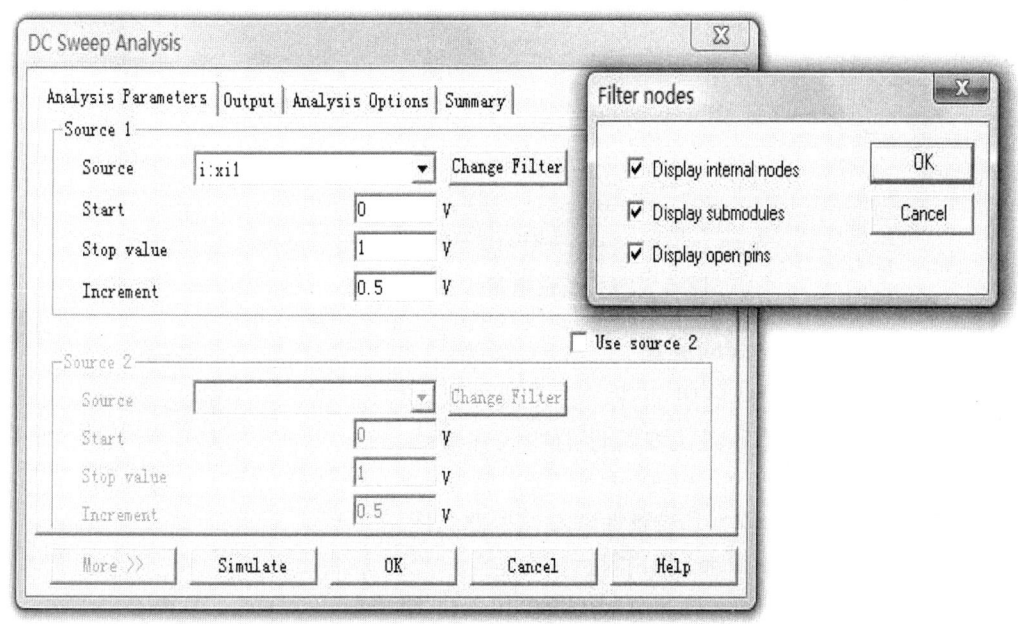

图 5.3.22　DC Sweep Analyses 对话框

在 Output 页中进行如下设置，选取节点 1 为输出变量，如图 5.3.23 所示。

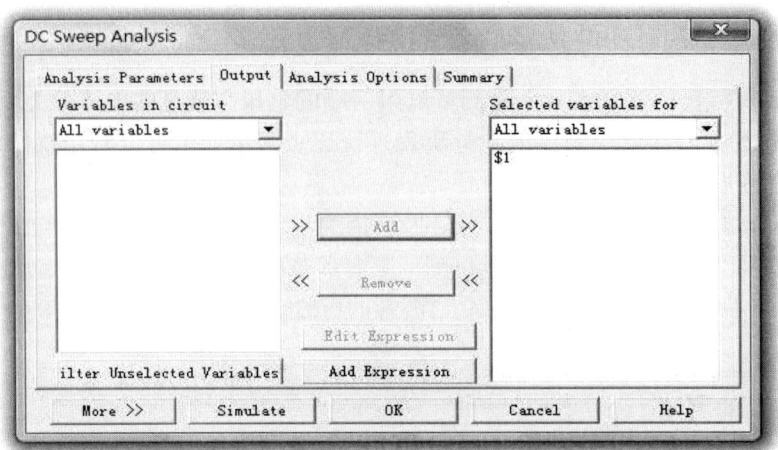

图 5.3.23 Output 页面

点击 DC Sweep Analyses 对话框中的 Simulate 按钮,直接得到伏安特性曲线,如图 5.3.24 所示。

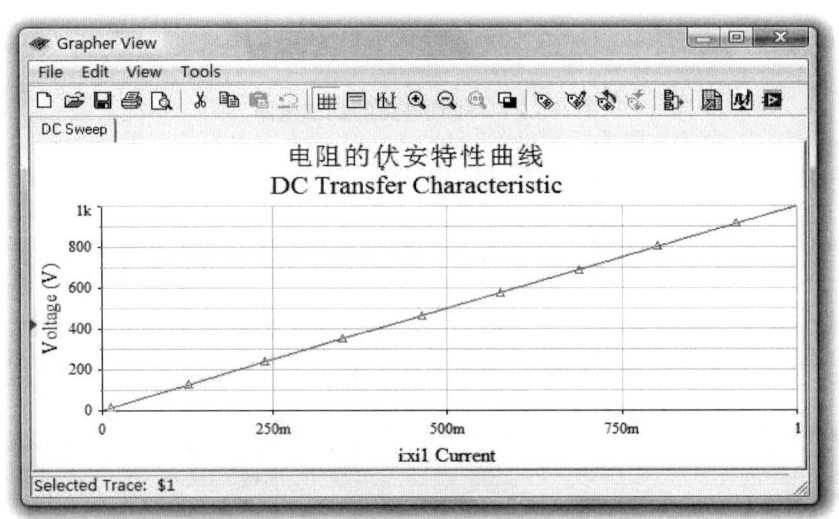

图 5.3.24 线性电阻伏安特性曲线

2. 二极管伏安特性曲线的测量

晶体二极管作为非线性电阻元件,其非线性主要表现在单向导电上,导通后其伏安特性的非线性就表现出来了。

以二极管 1N3890A 为例,其特性曲线测试电路如图 5.3.25 所示,其中 XIV1 是 IV 特性分析仪。

双击 IV 特性分析仪图标,打开显示面板。按下仿真按钮,即可很容易地得到晶体二极管的伏安特性曲线,如图 5.3.26 所示。

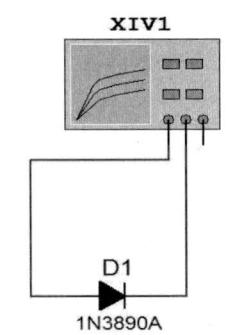

图 5.3.25 二极管特性曲线测试电路

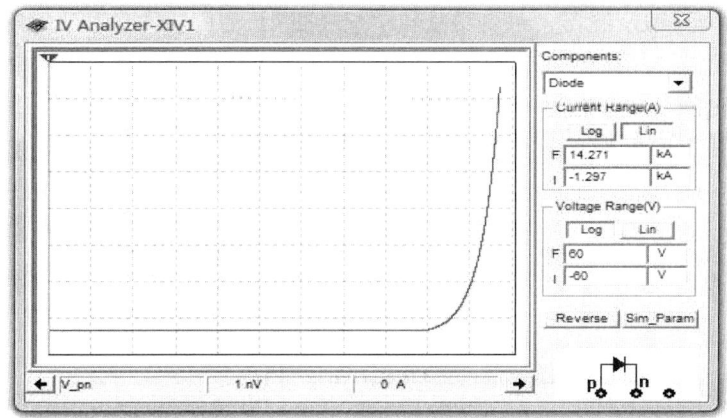

图 5.3.26　二极管的伏安特性曲线

单击 IV 特性分析仪操作面板上的 Sim_Param 按钮，可对其相关仿真参数进行的设置，如图 5.3.27 所示。有关 IV 特性分析仪的详细使用方法请参看 5.5.10 节。

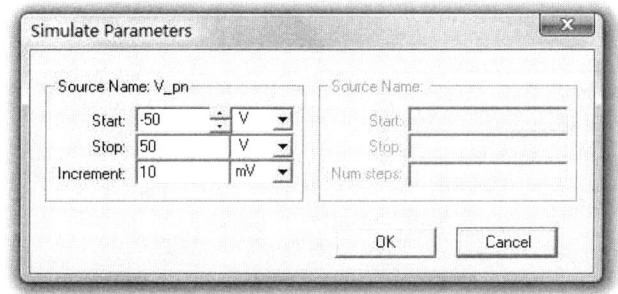

图 5.3.27　IV 特性分析仪仿真参数的设置

仿真实例二：LC 串联谐振回路特性的测量

构建 LC 串联回路谐振测试电路如图 5.3.28 所示。

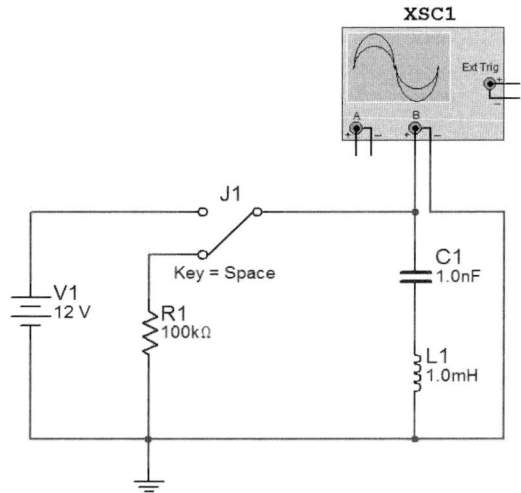

图 5.3.28　LC 串联谐振电路

图中 XSC1 为双踪示波器，可直接从仪表栏中选取。J1 是一个手动的单刀双置开关，其一端接直流电源，另一端接电阻。每按一次空格键，就产生一次动作，每次动作即可使开关分别接直流电源和电阻。

打开示波器显示面板（双击示波器图标），根据需要调节示波器的扫描速率和电压衰减灵敏度的设置参数。按下仿真开关按钮，进行仿真。按动空格键，使开关从电源打向电阻，即可清晰直观地观测到如图 5.3.29 所示的波形。当开关从电源打向电阻时，LC 串联谐振回路处于自由振荡状态，振幅由大逐渐变小。

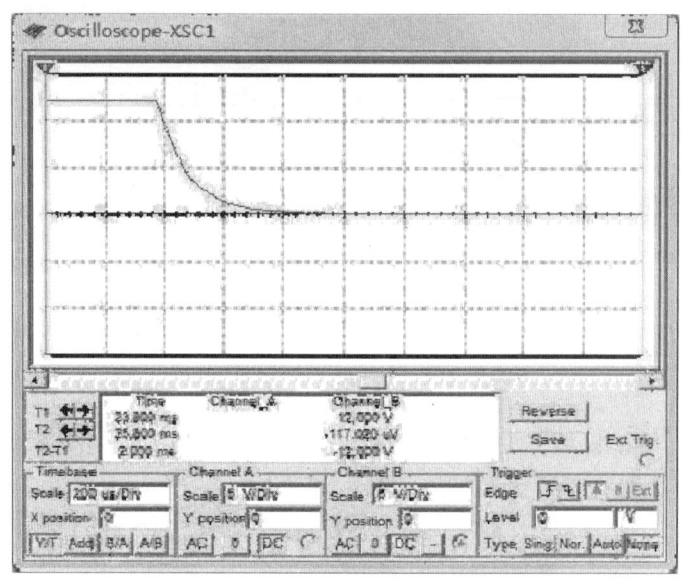

图 5.3.29　LC 串联谐振回路仿真测试波形

另外，Multisim 还可以进一步直接对 LC 串联谐振回路的幅频特性、相频特性进行仿真测试。构建 LC 串联谐振回路测试电路如图 5.3.30 所示。

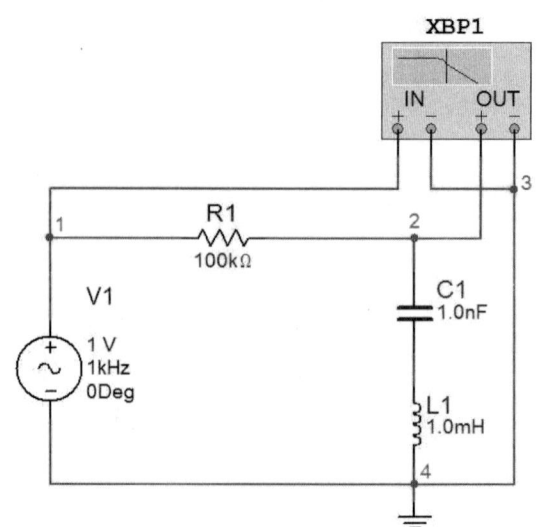

图 5.3.30　LC 串联谐振回路测试电路

其中 XBP1 是波特图示仪，有关它的使用请参看 5.5.6 节。按下仿真开关按钮，进行仿真测试。得到的 LC 串联谐振回路的幅频特性曲线如图 5.3.31 所示。

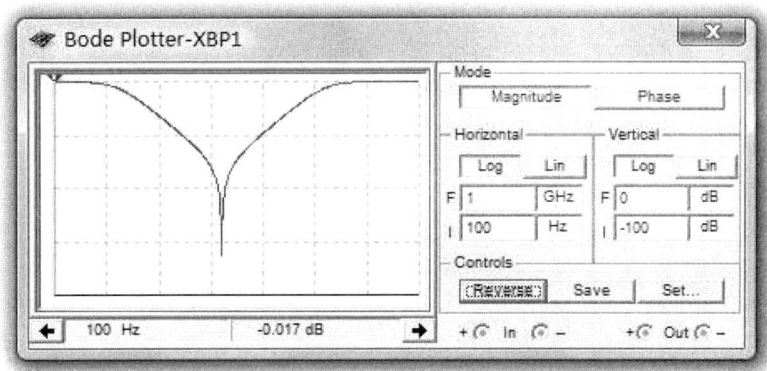

图 5.3.31　LC 串联谐振回路的幅频特性

拉动测试标记线，可以很方便地看到 LC 串联谐振回路的谐振频率，如图 5.3.32 所示。

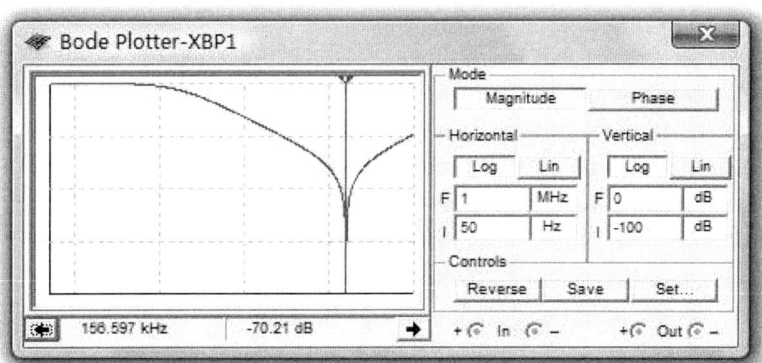

图 5.3.32　LC 串联谐振回路的谐振频率

看读数知道：LC 串联谐振回路的谐振频率为 156.597 Hz。

在同一个测试电路中，只要按下"Phase"按钮，就可以很方便地得到 LC 串联谐振回路的相频特性曲线，如图 5.3.33 所示。

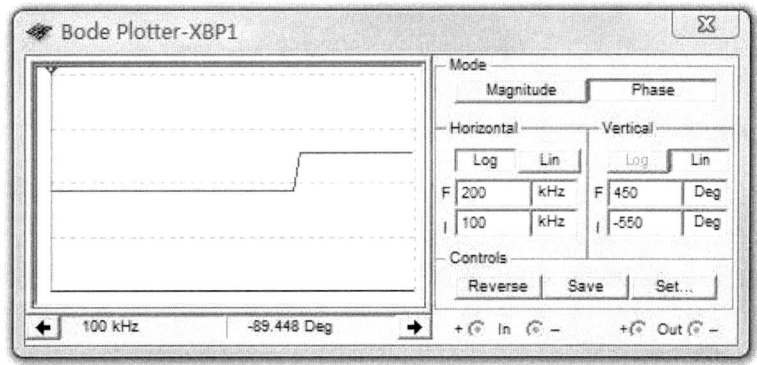

图 5.3.33　LC 串联谐振回路的相频特性

同样，拉动测试标记线，也可以方便地看到 LC 串联谐振回路的谐振频率，如图 5.3.34 所示。

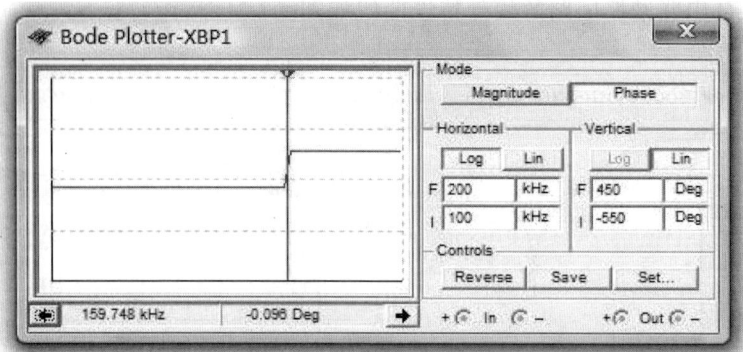

图 5.3.34　LC 串联谐振回路的谐振频率

在 Multisim 中，还可以用另一种方法进行分析。启动 Simulate 菜单中 Analysis 下的 AC Analysis 命令，在 AC Analysis 对话框中将 Output Variables 设置为节点 2，如图 5.3.35 所示。

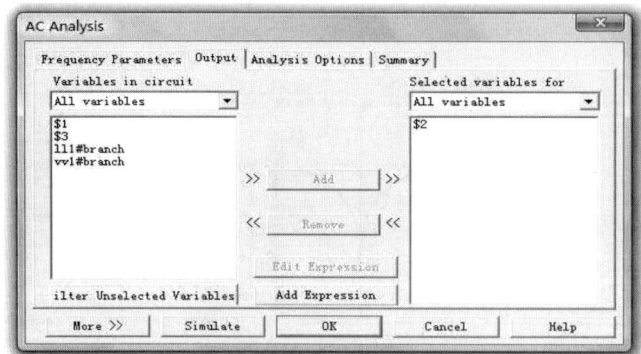

图 5.3.35　AC Analysis 对话框

单击 AC Analysis 对话框上的 Simulate 按钮，出现一个 Grapher View 窗口形式，仿真结果如图 5.3.36 所示。

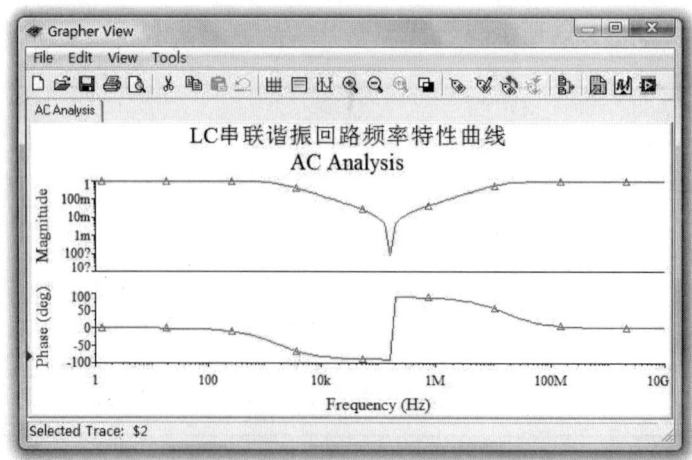

图 5.3.36　Grapher View 窗口

仿真实例三：三相交流电路的仿真

图 5.3.37 中所示电路为一以星形接法连接的三相电源电路。三相交流电源是由三个频率相同、振幅相同、相位依次相差 120°的正弦电压源按一定连接方式组成的电源。如图 5.3.37 所示，其中 A 相的初相角为 0°，B 相的初相角为 –120°，C 相的初相角为 120°。本例中电源的振幅均为 120 V、频率为 60 Hz。为了使电路图更加简单直观，可以将它创建为子电路的形式。

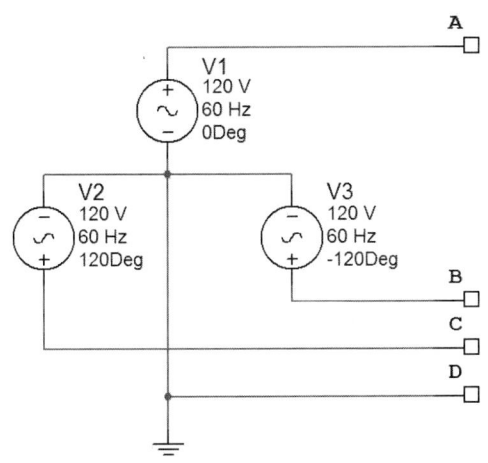

图 5.3.37 三相电源电路图

在 Multisim 中创建与使用子电路非常简单，其基本过程如下：

（1）创建子电路部分的详细电路图，图中应包含与其他电路部分相连的接线端子，并必须有连接输入/输出端的符号。

如图 5.3.37 所示的三相交流电源电路图，其中包括了 A、B、C 三相线和中线 N 四个输出端口。

（2）按住鼠标左键，拉出一虚线框，选定用来组成子电路的所有元器件及连线。

启动 Place 菜单中的 Replace by Subcircuit，打开 Subcircuit Name 对话框，如图 5.3.38 所示。在其编辑栏中输入子电路的名称，如 3Y，单击 OK 按钮，即可得到如图 5.3.39 所示的子电路。

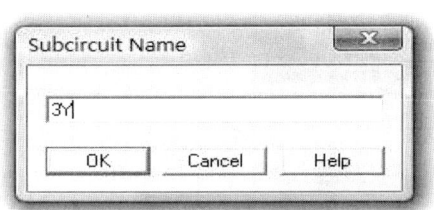

图 5.3.38 Subcircuit 子电路命名对话框

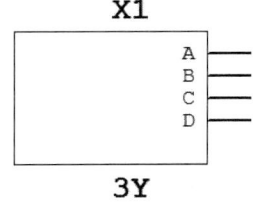

图 5.3.39 创建的子电路

（3）取出子电路，移至适当位置后，单击则可出现如图 5.3.40 所示的 Subcircuit 对话框。可在 RefDes 栏内输入该子电路的序号。如果单击 Edit HB/SC 按钮，则可进入该子电路内重新编辑。

（4）调用子电路。启动 Place 菜单中的 New Subcircuit...命令，则出现与图 5.3.38 相同的对话框，输入子电路名，即可在电路中放置该子电路的方块图。这个子电路方块图就像一般的电路组件，在电路图编辑中可与元件一样处理，但不能旋转和修改属性。在同一个电路中可以使用多个相同或不同的子电路。

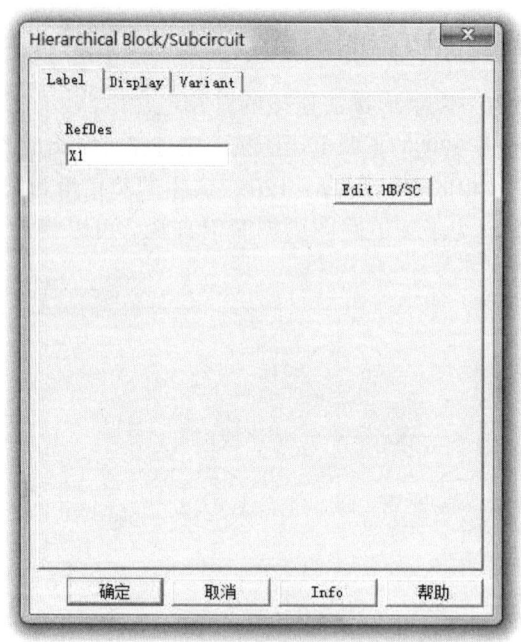

图 5.3.40　取子电路的 Subcircuit 对话框

1. 线电压的测试

图 5.3.37 是 Y 形连接的三相交流电源,三个电源的末端连接为公共节点 N,即中点,由中点引出的线称为中线,由 A、B、C 分别引出的线称为相线。相线与中线之间的电压为相电压 U_a、U_b、U_c;各相线之间的电压为线电压 U_{ab}、U_{bc}、U_{ca}。创建如图 5.3.41 所示的测试电路,可以仿真测试得到线电压。

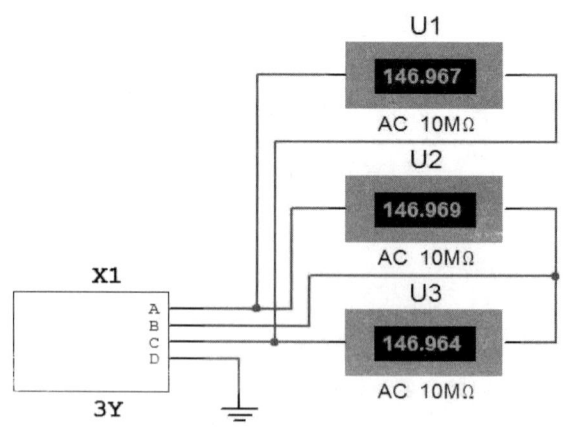

图 5.3.41　线电压测试电路

2. 测量三相相序

在三相电路的实际应用中,有时需要正确地判别三相交流电源的相序。如图 5.3.37 所示的三相交流电源,假设原来不知道其相序,在 Multisim 环境下可以通过观察如图 5.3.42 所示的电路中的四通道示波器 XSC1 上的波形来确定。

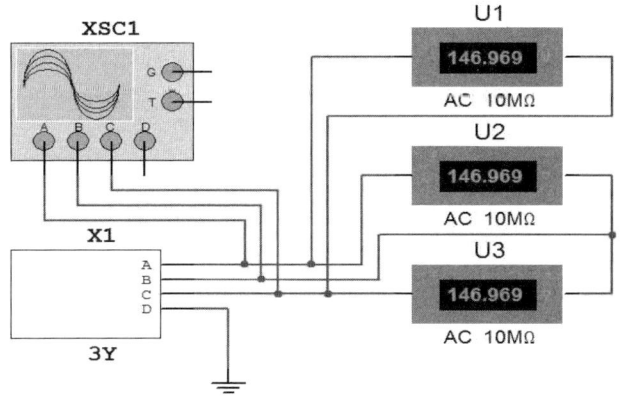

图 5.3.42 相序波形测试电路

四通道示波器 XSC1 的设置以及显示的三相交流电的相序波形如图 5.3.43 所示。

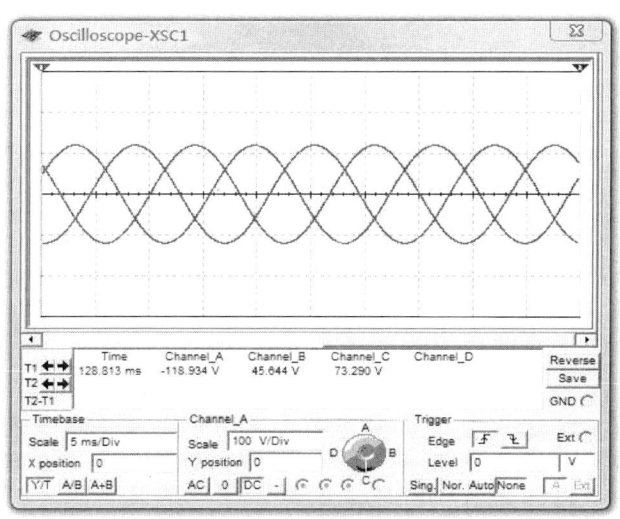

图 5.3.43 三相电的相序波形

3. 测量三相电路功率

这里选取三相电动机作为负载，用"两瓦法"，即使用两只功率计测量三相负载的功率，两个功率计读数之和即等于三相负载的总功率，测量线路如图 5.3.44 所示。

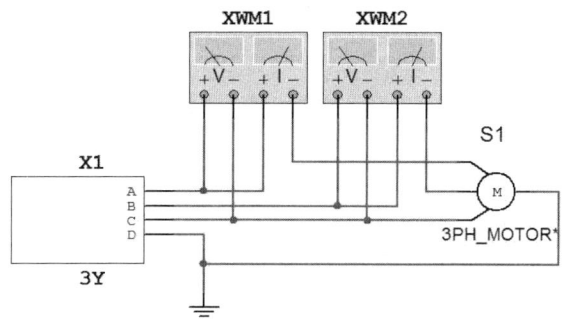

图 5.3.44 三相电路的功率测量电路

编辑原理图时，要特别注意两个功率计的接法。同时从 Electro_Mechanical 元件库的 Output_Devices 元件箱中取出 3PH_MOTOR，并适当修改其相关模型参数。双击原理图上的 3PH_MOTOR，在其属性对话框中单击 Edit Model 按钮，出现如图 5.3.45 所示的对话框。

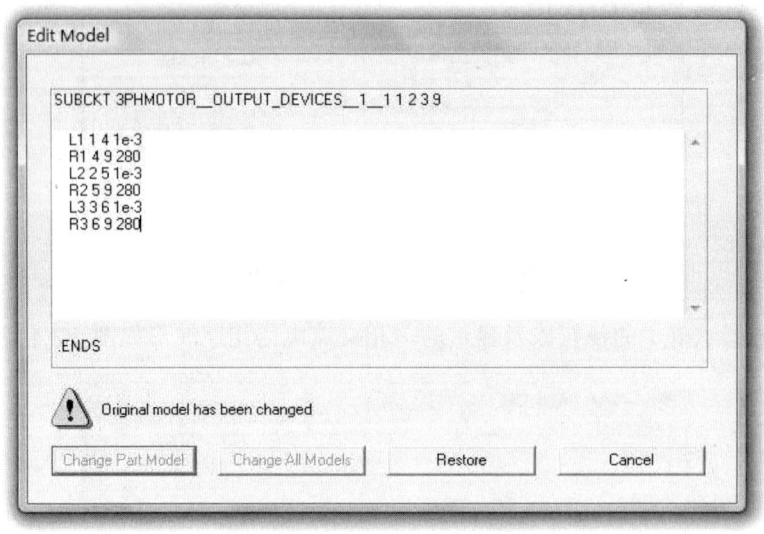

图 5.3.45　Edit Model 对话框

将其中的 R1、R2 和 R3 所取的 2 改成 280 后，单击 Change Part Model 按钮即可。运行仿真，两瓦特表显示的数值如图 5.3.46 所示。

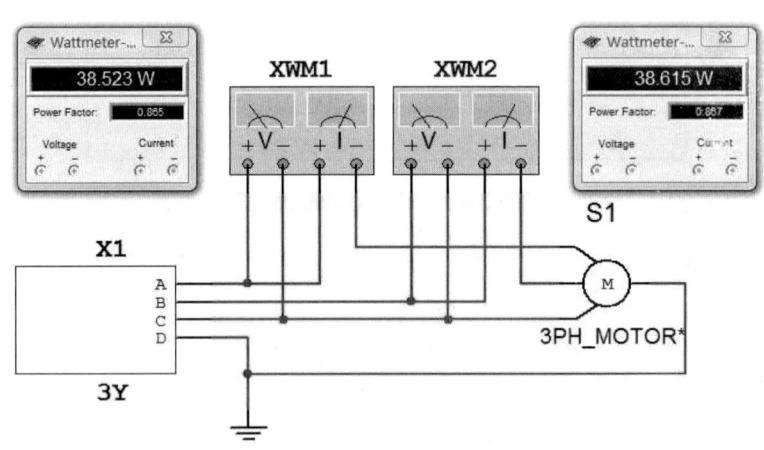

图 5.3.46　两瓦特表显示的数值

所以总功率为：38.523 + 38.615 = 77.138（W）。

仿真实例四：单管交流放大电路

1. 单管交流放大电路图

实验电路如图 5.3.47 所示。

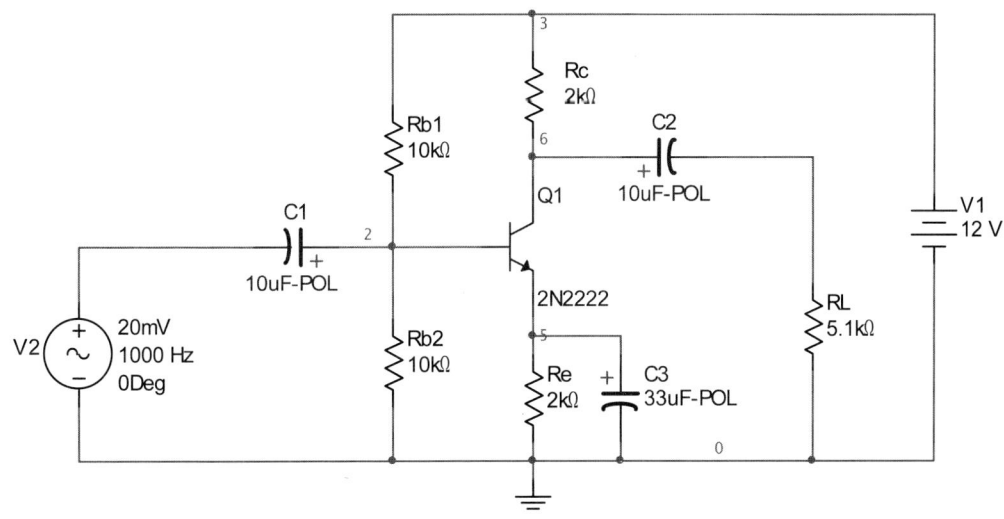

图 5.3.47 单管交流放大电路

2. 单管交流放大电路静态工作点分析

单击菜单 Simulate/Analysis/DC Operating Point Analysis，弹出如图 5.3.48 所示的对话框。

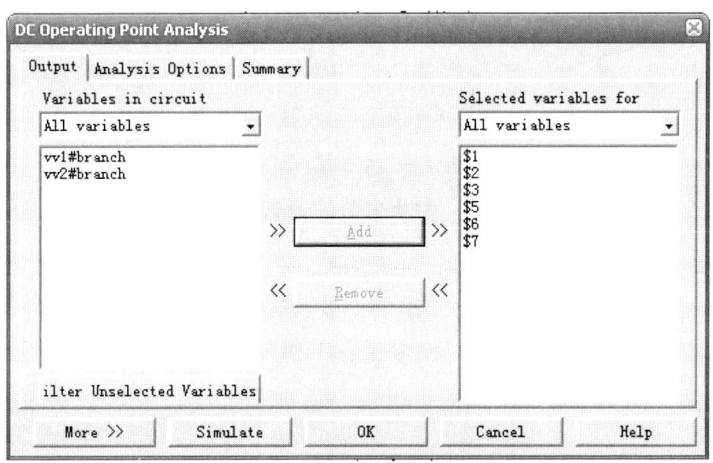

图 5.3.48 静态工作点分析对话框

将对话框中的所有电压节点作为输出节点，单击 Simulate 按钮，开始仿真。静态工作点分析的仿真结果如图 5.3.49 所示。

单管交流放大电路
DC Operating Point

	DC Operating Point	
1	$1	0.00000
2	$2	2.75556
3	$3	12.00000
4	$5	2.13595
5	$6	9.97761
6	$7	0.00000

图 5.3.49 静态工作点分析仿真结果

3. 单管交流放大电路的动态分析

1) 交流分析

交流分析即对电路的交流频率响应的分析。单击 Simulate/Analysis/AC Analysis，将节点$1 和$7 作为输出节点，其余保持默认值。单管交流放大电路的动态分析结果如图 5.3.50 所示。

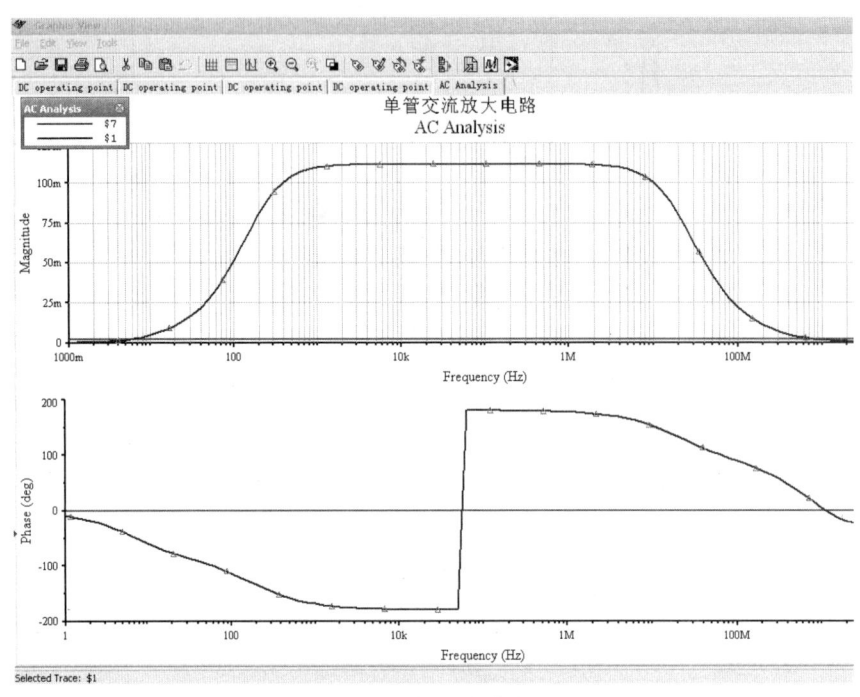

图 5.3.50 放大电路的动态分析结果

2) 单管交流放大电路的瞬态分析

瞬态分析是电路响应在电源激励的作用下在时域内的函数波形。此处利用示波器来观测单管交流放大电路的输入/输出信号波形，如图 5.3.51 所示。

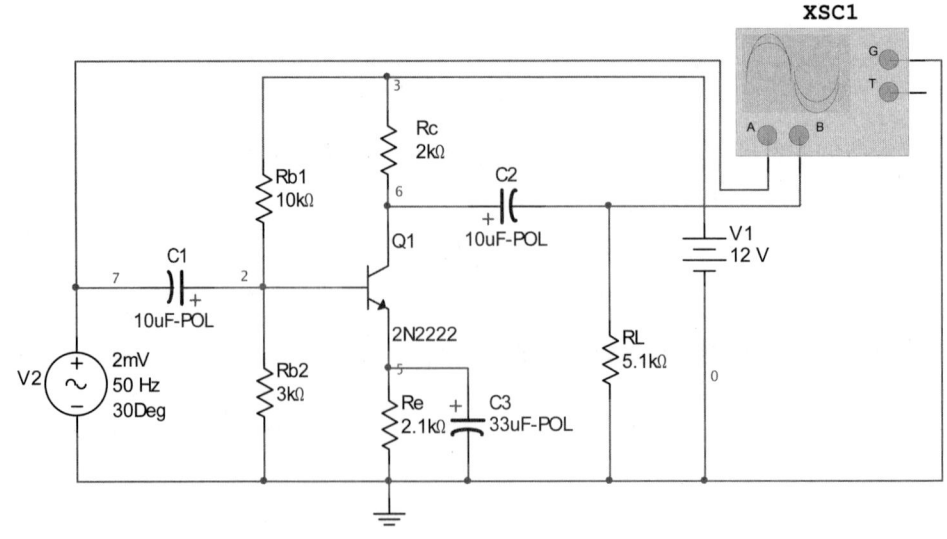

图 5.3.51 示波器测量电路

仿真结果如图 5.3.52 所示。在图中可以看出单管交流放大电路的输入和输出在相位上有反相的关系，但是存在一定的相位误差。如果提高交流输入信号的频率，相位误差将会减小。（思考一下为什么）

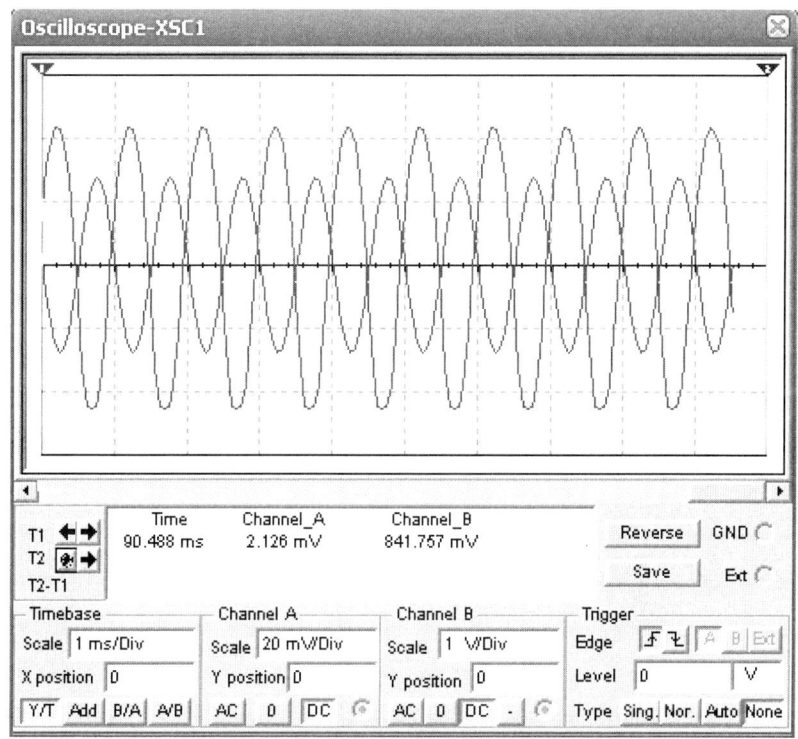

图 5.3.52　示波器测量结果

3）电压放大倍数分析

电压放大倍数是单管交流放大电路的重要性能指标，表示了放大电路对输入小信号的放大能力。在图 5.3.47 中加入虚拟测量仪器，如图 5.3.53 所示。

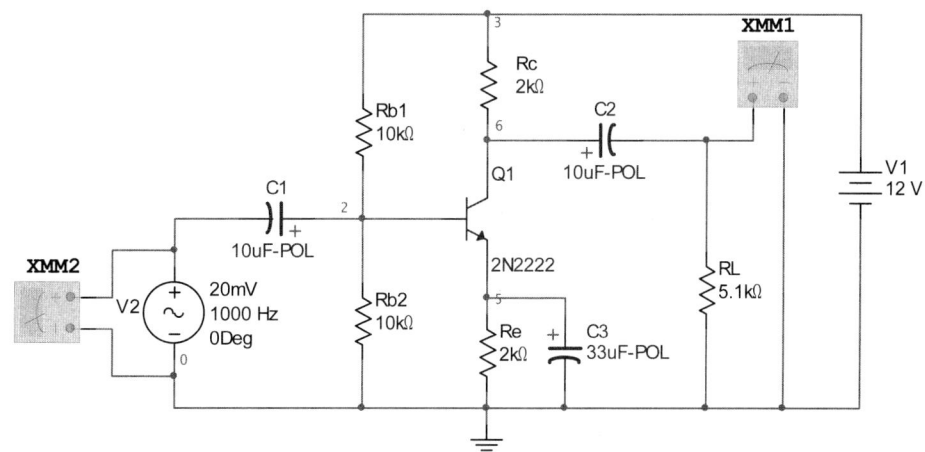

图 5.3.53　虚拟仪器测量图

测量结果如图 5.3.54 所示。

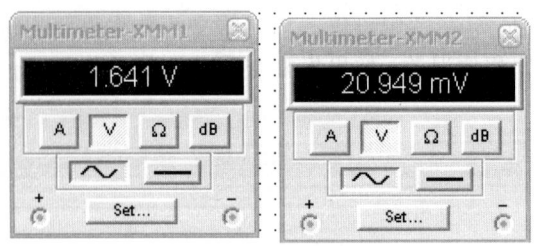

图 5.3.54 测量结果

从图 5.3.54 的虚拟万用表 XMM1 和 XMM2 的读数中,可以近似估算出单管交流放大电路的放大倍数为 80。图 5.3.47 中的电阻均采用虚拟电阻,为了仿真单管交流放大电路的放大性能,可以通过修改虚拟器件参数以及输入信号 V2 的频率来观察放大性能的改变。

4) 输入/输出电阻的分析

在分析交流放大电路时,输入电阻、输出电阻作为重要的参数指标,其求解是在交流微变等效电路中,根据输入电阻、输出电阻的定义利用电路分析的方法求得。在 Multisim 中,直接利用虚拟仪器检测出相关的电量即可得到输入、输出电阻,如图 5.3.55 所示。

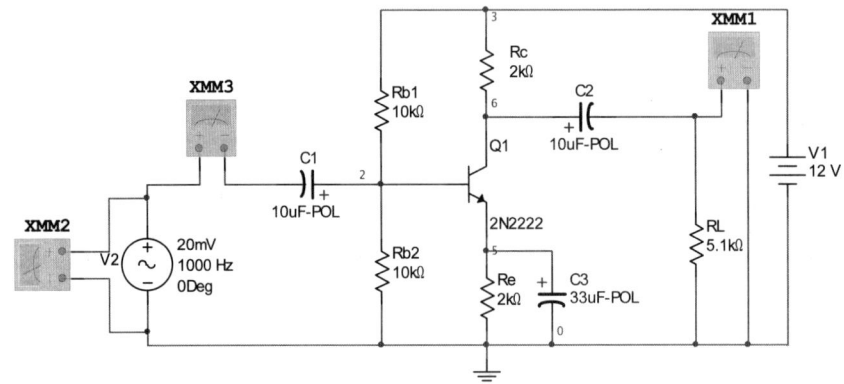

图 5.3.55 测输入/输出电阻

仿真测量结果如图 5.3.56 所示

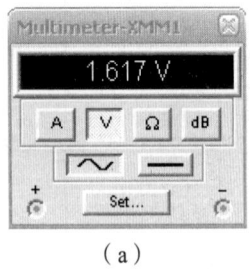 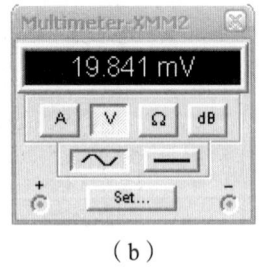 

(a)　　　　　　　　　(b)　　　　　　　　　(c)

图 5.3.56 仿真结果

在图 5.3.55 中,输入电阻的求解非常简单,根据定义:$R_i = U_i/I_i$,结合图 5.3.56 中电压表和电流表的有效值,可以计算出输入电阻的大小。输出电阻的分析较输入电阻复杂。根据输出电阻定义:$R_o = R_L(U_o/U_L - 1)$。其中,U_L 为有负载电阻 R_L 时的输出电压,U_o 为输出开路时的电压。所以在分析单管交流放大电路的输出电阻时需要进行两次测量输出电压。

对于其他的操作功能,可以查询在线技术帮助和使用指导,此处不再介绍。

5.4 Multisim 的元件库

EDA 软件所能提供的元器件的多少以及元器件模型的准确性都直接决定了该软件的质量和易用性。Multisim 为用户提供了丰富的元器件，并以开放的形式管理元器件，使得用户能够自己添加所需要的元器件。

5.4.1 元件库的管理

Multisim 以库的形式管理元器件，通过菜单 Tools/Database Management（或单击工具栏中的电源图标）打开 Database Management（数据库管理）窗口，对元器件库进行管理，如图 5.4.1 所示。

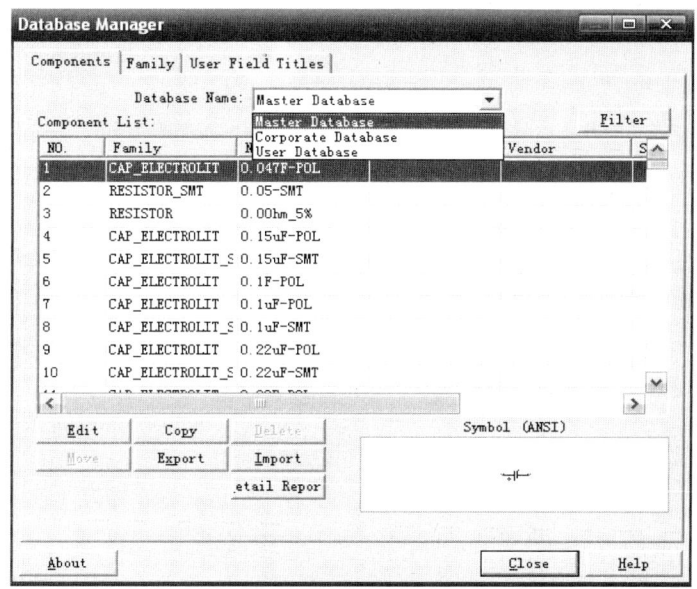

图 5.4.1 数据库窗口

在 Database Management 窗口中的 Database 列表中有三个数据库：Multisim Master 库、Corporate 库（专业版中才有）和 User 库。其中 Multisim Master 库中存放的是软件为用户提供的元器件；Corporate 库主要是方便设计团队共享经常使用的一些特定元件；User 是为用户自建元器件准备的数据库。用户对 Multisim Master 数据库中的元器件和表示方式没有编辑权。用户也可以通过选择 User 数据库，进而对自建元器件进行编辑管理。但是，在刚使用软件时，User 数据库是空的，可以通过 Edaparts.com 导入或由用户自己编辑和创建（具体可查询在线技术帮助和使用指导）。

在 Multisim Master 中有前面介绍到的所有实际元器件和虚拟元器件，它们之间的根本差别在于：一种是与实际元器件的型号、参数值以及封装都相对应的元器件，在设计中选用此类器件，不仅可以使设计仿真与实际情况有良好的对应性，还可以直接将设计导出到 Ultiboard 中进行 PCB 的设计。另一种器件的参数值是该类器件的典型值，不与实际器件对应，用户可以根据需要改变器件模型的参数值，只能用于仿真，这类器件称为虚拟器件。它们在工具栏和对话窗口中的表示方法不同，并非所有的元器件都设有虚拟类的器件。在原理仿真中为了便于改变参数和提高仿真速度，通常选用虚拟器件。而在设计电路时，常选择实际元器件以取得与实际电路相一致的结果。

5.4.2 信号及电源库

单击元件工具栏中的电源图标,弹出如图 5.4.2 所示的元件选择对话框。

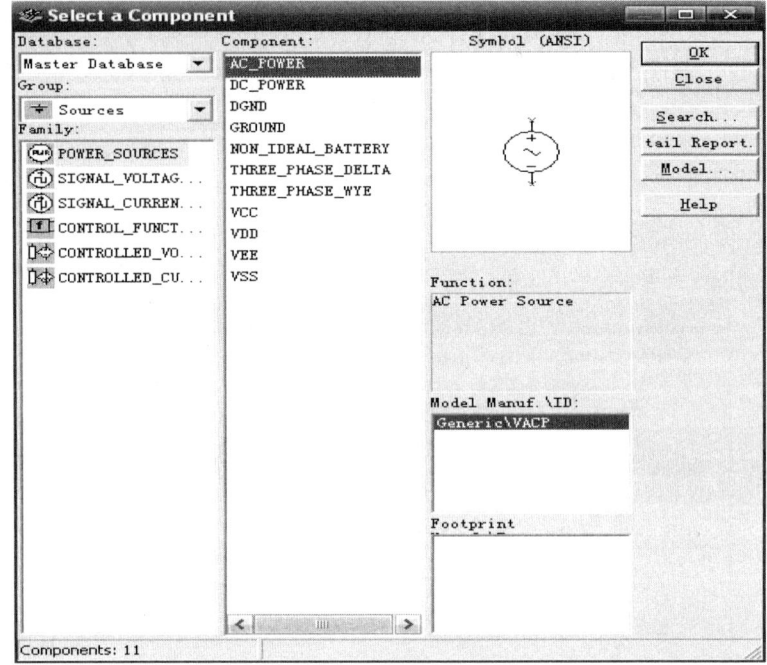

图 5.4.2　元件选择对话框

对话框的各项说明如下:

"Database"栏:选择数据库,Multisim Master 库、Corporate 库和 User 库。

"Group"栏:选择元件库的类型,即元件菜单栏中的 13 种元件库。

"Family"栏:选择元件库中的不同元件箱。如"Sources"元件库中包含有 6 种元件箱。

"Component"栏:显示"Family"栏中元件箱的所有元件。

"Symbol(ANSI)"栏:显示所选元件的 ANSI 标准符号。

"Function"栏:显示所选元件的功能。

"OK"按钮:单击按钮选择元件到电路编辑区。

"Close"按钮:单击关闭对话框。

"Search"按钮:单击将根据元件所属数据库类型、分类、元件名称等信息查找所需元件。

"tail Report"按钮:单击输出元件详细报告。

"Model"按钮:单击显示元件模型报告、

"Help"按钮:单击获得帮助信息。

所以元件库的元件选择对话框的设置和按钮功能与图 5.3.7 类似,将不再详细讲述,仅对"Family"栏中的元件箱进行说明。

在"Sources"元件库中,"Family"栏包含有 6 种电源。

电源"Power_Sources":包含交直流电源、数字地、接地、3 相△接电源、3 相 Y 接电源等。

信号电压源"Signal_Voltage_Source":包含交流电流源、交流电压源、调幅电压源、时钟脉冲电流源、时钟脉冲电压源等多种电压源。

信号电流源"Signal_Current_Source":包含直流电流源、指数电流电流源、指数电压电流源、调频电流源、调频电压源、分段线性电流源、分段线性电压源、脉冲电流源等多种电流源。

控制函数模块"Control_Function_Blocks":包括乘除法、微积分等多种功能块。

受控电压源"Controlled_Voltage_Sources":包括电压控制电压源和电流控制电压源等。

受控电流源"Controlled_Current_Sources":包括电压控制电流源和电流控制电流源等。

5.4.3 基本元件库

单击元件工具栏中的基本元件库图标,弹出对应的元件选择对话框,其"Family"栏如图 5.4.3 所示,说明见表 5.4.1。

表 5.4.1 基本元件库

元件箱名称	说 明
BASIC_VIRTUAL	基本虚拟元件:包括常用的电阻、电容、电感、继电器、电位器等
RATED_VIRTUAL	额定虚拟元件:包括三极管、电容、二极管、电感、电动机、继电器和电阻等
3D_VIRTUAL	3维虚拟元件:包括三极管、电容、十进制计数器、二极管、电感、场效应晶体管、直流电动机、理想运放、可变电阻、与非门、电阻和移位寄存器等
RISISTOR	电阻:各种标称电阻,其值不能改变
RISISTOR_SMT	贴片电阻:各种贴片电阻
RPACK	排阻:相当于多个电阻并排封装在一起
POTENTIONMETER	电位器:可调电阻,可通过键盘调节电阻值
CAPACITOR	电容器:无极性电容,不可改变大小,无误差和耐压值限制
CAP_ELECROLIT	电解电容:有极性电容,"+"端接高电位
CAPACITOR_SMT	贴片电容:各种贴片电容
CAP_ELECROLIT_SMT	贴片电解电容:各种贴片电解电容
VARTABLE_CAPACITOR	可变电容:电容值可改变,使用同电位器
INDUCTOR	电感:电感
VARTABLE_INDUCTOR	可变电感:可变电感
SWITCH	开关:包括各种开关和控制开关
TRANSFORMER	变压器:使用时要求变压器两端接地
NON_LINEAR TRANSFORMER	非线性变压器:考虑了磁心饱和效应,可以构造漏感等各种参数
Z_LOAD	阻抗负载:包括 RLC 并联和串联负载,参数可修改
RELAY	继电器:继电器触点的开合受线圈电流控制
CONNECTORS	连接器:不会对仿真产生影响,主要用于 PCB 设计
SOCKETS	插座:为标准插件提供位置,主要用于 PCB 设计

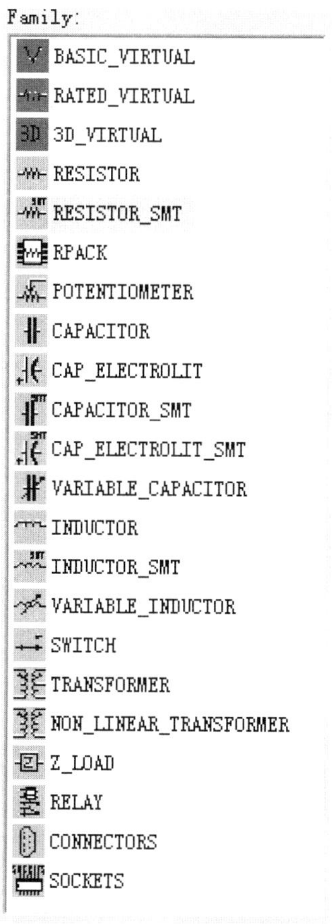

图 5.4.3 基本元件库

5.4.4 二极管库

单击元件工具栏中的二极管元件库图标,弹出对应的元件选择对话框,其"Family"栏如图 5.4.4 所示,说明见表 5.4.2。

表 5.4.2 二极管库说明

元件箱名称	说 明
DIODES_VIRTUAL	虚拟二极管:相当于理想二极管
DIODE	普通二极管:包括许多公司的产品型号
ZENER	稳压二极管:即齐纳二极管,包括许多公司的产品型号,参数需自行查阅
LED	发光二极管:其正向压降大于普通二极管
FWB	二极管整流桥:桥式整流桥(2、3 端接交流,1、4 端输出直流)
SCR	可控硅:当正向电压超过转折电压且栅极被触发后才能导通
DIAC	双向二极管:相当于两个肖特基二极管并联
TRIAC	双向可控硅:相当于两个可控硅并联
VARACTOR	变容二极管:相当于电压控制电容器

图 5.4.4 二极管元件库

5.4.5 晶体管库

单击元件工具栏中的晶体管元件库图标,弹出对应的元件选择对话框,其"Family"栏如图 5.4.5 所示,说明见 5.4.3。

表 5.4.3 晶体管库说明

元件箱名称	说 明
TRANSISTORS_VIRTUAL	虚拟晶体管:包括双极性晶体管、场效应管等
BJT_NPN	双极性 NPN 型晶体管
BJT_PNP	双极性 PNP 型晶体管
DARLINGTON_NPN	达林顿 NPN 型晶体管
DARLINGTON_PNP	达林顿 PNP 型晶体管
BJT_NRES	带偏置电阻 NPN 型晶体管
BJT_PRES	带偏置电阻 PNP 型晶体管
BJT_ARRAY	晶体管阵列:若干晶体管组成的复合晶体管
IGBT	IGBT 管:一种 MOS 门控制功率开关管,具有耐压值高、导通电流大、导通电阻小等特点
MOS_3TDN	三端 N 沟道耗尽型 MOSFET
MOS_3TEN	三端 N 沟道增强型 MOSFET
MOS_3TEP	三端 P 沟道增强型 MOSFET
JFET_N	N 沟道结型场效应管
JFET_P	P 沟道结型场效应管
POWER_MOS_N	N 沟道功率 MOSFET
POWER_MOS_P	P 沟道功率 MOSFET
POWER_MOS_COMP	复合功率 MOSFET
UJT	可编程单结型晶体管
THERMAL_MODELS	带有热模型的 NMOSFET

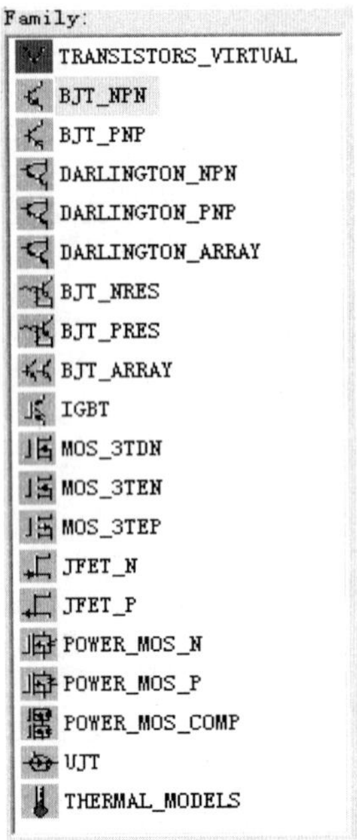

图 5.4.5 晶体管元件库

5.4.6 模拟元件库

单击元件工具栏中的模拟元件库图标,弹出对应的元件选择对话框,其"Family"栏如图 5.4.6 所示,说明见表 5.4.4。

表 5.4.4 模拟元件库说明

元件箱名称	说 明
ANALOG_VIRTUAL	虚拟模拟器件:包括比较器、虚拟运放
OPAMP	运算放大器:包括5端、7端和8端运放,型号众多
OPAMP_NORTON	诺顿运放:即电流差分放大器,输出电压与输入电流成比例
COMPARATOR	比较器:比较2个输入端电压,输出相应状态
WIDEBAND_AMPS	宽带运放:单位增益超过 10 MHz,主要用于带宽要求较高的场合,如视频放大
SPECIAL-FUCTION	特殊功能运放:包括测试运放、视频运放、有源滤波器等。

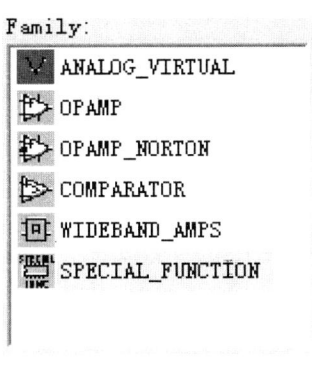

图 5.4.6 模拟元件库

5.4.7 TTL 元件库

TTL 元件库主要包含有 74 系列的 TTL 数字集成电路器件,单击元件工具栏中的 TTL 元件库图标,弹出对应的元件选择对话框,其"Family"栏如图 5.4.7 所示,说明见表 5.4.5。

表 5.4.5 TTL 元件库说明

元件箱名称	说 明
74STD	标准型 TTL 集成电路
74S	肖特基型 TTL 集成电路
74LS	低功耗肖特基型 TTL 集成电路
74F	高速型 TTL 集成电路
74ALS	先进低功耗肖特基型 TTL 集成电路
74AS	先进肖特基型 TTL 集成电路

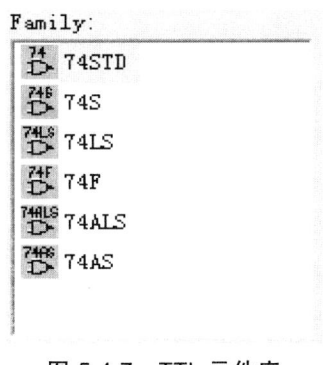

图 5.4.7 TTL 元件库

5.4.8 CMOS 元件库

CMOS 元件库主要包含有 74HC 系列和 4xxx 系列的 CMOS 数字集成电路器件,单击元件工具栏中的 CMOS 元件库图标,弹出对应的元件选择对话框,其"Family"栏如图 5.4.8 所示,说明见表 5.4.6。

表 5.4.6 CMOS 元件库说明

元件箱名称	说 明
CMOS_5V	4XXX 系列 5V CMOS 集成电路
74HC_2V	74 系列 2 V CMOS 集成电路
CMOS_10V	4XXX 系列 10 V CMOS 集成电路
74HC_4V	74 系列 4 V CMOS 集成电路
CMOS_15V	4XXX 系列 15 V CMOS 集成电路
74HC_6V	74 系列 6 V CMOS 集成电路
TinyLogic_2V	2 VTiny 逻辑集成电路
TinyLogic_3V	3 VTiny 逻辑集成电路
TinyLogic_4V	4 VTiny 逻辑集成电路
TinyLogic_5V	5 VTiny 逻辑集成电路
TinyLogic_6V	6 VTiny 逻辑集成电路

图 5.4.8 CMOS 元件库

5.4.9 其他数字元件库

单击元件工具栏中的其他数字元件库图标，弹出对应的元件选择对话框，其"Family"栏如图 5.4.9 所示，说明见表 5.4.7。

表 5.4.7 其他数字元件库说明

元件箱名称	说 明
TTL	数字逻辑器件：包括各种门电路，没有封装信息
DSP	数字信号处理器
FPGA	在现场可编程阵列
PLD	可编程逻辑器件
CPLD	在现场可编程逻辑器件
MICROCONTROLLERS	微控制器
MICROPROCESSORS	微处理器
VHDL	硬件描述语言 VHDL 编写的常用数字逻辑器件
VERILOG_HDL	硬件描述语言 VERILOG_HDL 编写的常用数字逻辑器件
MEMORY	存储器
LINE_DRIVER	线驱动器
LINE_RECEIVER	线接收器
LINE_TRANSCEIVER	线发送器

图 5.4.9 其他数字元件库

5.4.10 混合元件库

单击元件工具栏中的混合元件库图标,弹出对应的元件选择对话框,其"Family"栏如图 5.4.10 所示,说明见表 5.4.8。

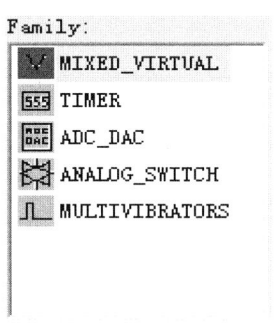

图 5.4.10 混合元件库

表 5.4.8 混合元件库说明

元件箱名称	说 明
MIXED_VIRTUAL	混合虚拟元件:包括 555 定时器、单稳触发器、模拟开关、锁相环等
TIMER	定时器:包括不同型号 555 定时器
ADC_DAC	A/D、D/A 转换器:包含 8 位的 A/D 和 D/A 转换器,无封装
ANALOG_SWITCH	模拟开关:即电子开关,通过控制信号控制开关状态
MULTIVIBRATORS	多谐振荡器

5.4.11 显示元件库

显示元件库包含用来显示仿真结果的器件,单击元件工具栏中的显示元件库图标,弹出对应的元件选择对话框,其"Family"栏如图 5.4.11 所示,说明见表 5.4.9。

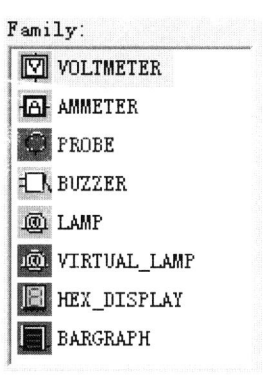

图 5.4.11 显示元件库

表 5.4.9 显示元件库说明

元件箱名称	说 明
VOLTMETER	电压表:测量交直流电压
AMMETER	电流表:测量交直流电流
PROBE	虚拟探针:高电平时发光
BUZZER	蜂鸣器
LAMP	灯泡
VIRTUAL_LAMP	虚拟灯泡
HEX_DISPALY	十六进制显示器:包括 3 个显示器,其中一个带译码器,其余 2 个不带译码器
BARGRAPH	条形光柱:相当于 10 个发光二极管同向排列

5.4.12 其他元件库

单击元件工具栏中的其他元件库图标,弹出对应的元件选择对话框,其"Family"栏如图 5.4.12 所示,说明见表 5.4.10。

表 5.4.10 其他元件库说明

元件箱名称	说 明
MISC_VIRSUAL	其他虚拟元件：包括晶振、保险、光敏等
TRANSDUCERS	传感器：包括位置检测器、霍尔元件、光敏器件、压力传感器等
OPTOCOUPLER	光耦：通过光电进行耦合
CRYSTAL	晶振
VACUUM_TUBE	真空管：常在音频电路中作放大器
FUSE	保险：短路保护
VOLTAGE_REGULATOR	调压器：保持输出电压为常数
VOLTAGE_REFERENCE	参考电压
VOLTAGE_SUPPRESSOR	稳压器
BUCK_CONVERTER	降压变换器
BOOST_CONVERTER	升压变换器
BUCK_BOOST_CONVERTER	升/降压变换器
LOSSY_TRANSMISSION_LINE	有损传输线
LOSSESS_LINE_TYPE1	无损传输线类型 1
LOSSESS_LINE_TYPE2	无损传输线类型 2
FILTERS	滤波器
MOSFET_DRIVER	MOSFET 驱动器
POWER_SUPPLY_CONTROLLER	电源控制器
MISCPOWER	集成电源
PWM_CONTROLLER	PWM 控制器：可输出 PWM 信号
NET	网络：电路模板
MISC	其他元件：包含 GPS 接收机等

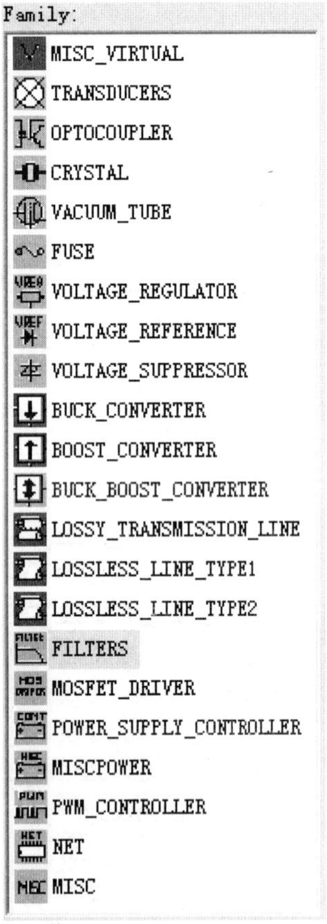

图 5.4.12 其他元件库

5.4.13 射频元件库

当电路工作于射频状态时，元件模型会发生变化。为此，Multisim 提供了射频元件模型。单击元件工具栏中的射频元件库图标，弹出对应的元件选择对话框，其"Family"栏如图 5.4.13 所示，说明见表 5.4.11。

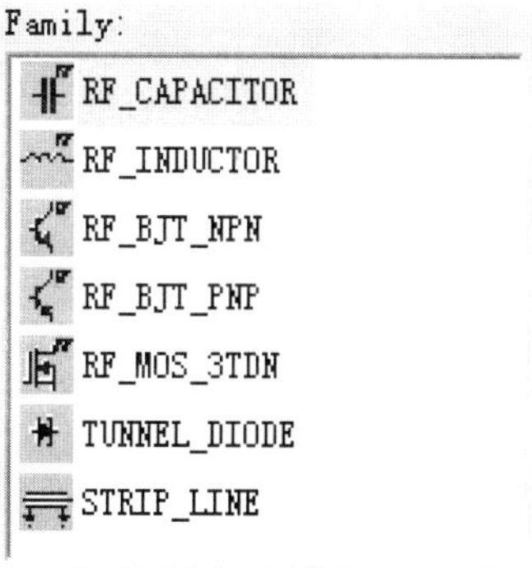

表 5.4.11 射频元件库说明

元件箱名称	说 明
RF_CAPACITOR	射频电容
RF_INDUCTOR	射频电感
RF_BJT_NPN	射频 NPN 型双极性三极管
RF_BJT_PNP	射频 PNP 型双极性三极管
RF_MOS_3TDN	射频 3 端 N 沟道 MOSFET
TUNNEL_DIODE	射频隧道二极管
STRIP_LINE	射频传输线

图 5.4.13 射频元件库

5.4.14 机电类元件库

机电类元件主要包含了一些电工元件，单击元件工具栏中的机电类元件库图标，弹出对应的元件选择对话框，其"Family"栏如图 5.4.14 所示，说明见表 5.4.12。

表 5.4.12 机电类元件库说明

元件箱名称	说 明
SENSING_SWITDHES	感测开关：通过键盘控制开关状态
MOMENTARY_SWITCHES	复位开关：当其动作后马上复位
SUPERLEMENTARY_CONTACTS	接触器
TIMED_CONTACTS	定时接触器：可以实现延迟功能
COILS_RELAYS	线圈与继电器：包括电机线圈、继电器等
LINE_TRANSFORMER	线性变压器
PROTECTIONG_DEVICES	保护设备：包括保险丝、热继电器等
OUTPUT_DECICES	输出设备：包括三相电机、加热器、指示器等

图 5.4.14 机电类元件库

5.4.15 梯形图元件库

Multisim 专门提供了梯形图元件模型。单击元件工具栏中的梯形图元件库图标，弹出对应的元件选择对话框，其"Family"栏如图 5.4.15 所示，说明见表 5.4.13。

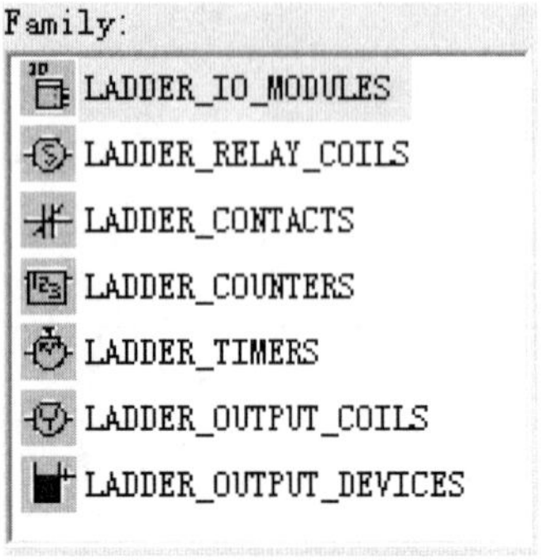

表 5.4.13 梯形图元件库说明

元件箱名称	说明
LADDER_IO_MODULES	梯形图 I/O 模块
LADDER_RELAY_COILS	梯形图继电器和线圈
LADDER_CONTACTS	梯形图接触器
LADDER_COUNTERS	梯形图计数器
LADDER_TIMER	梯形图定时器
LADDER_OUTPUT_COILS	梯形图输出线圈
LADDER_OUTPUT_DEVICES	梯形图输出设备

图 5.4.15 梯形图元件库

以上各表只对主要部分进行了简要说明，在实际应用中要了解详细信息可查询在线技术帮助和使用指导。

5.5 虚拟仿真仪器

Multisim 提供了 19 种虚拟仿真仪器，其中几款是其他任何仿真软件所没有的虚拟仪器，如世界顶尖跨国公司安捷伦公司测量仪器：安捷伦函数信号发生器、安捷伦 6 位半数字万用表、安捷伦示波器等，这些仪器的面板、旋钮操作和实际安捷伦仪器完全一样，仪表工具栏通常位于电路窗口的右边。在前面的章节中已简要地介绍过仪表工具栏。如图 5.5.1 所示，仪表工具栏是进行虚拟电子实验和电子设计仿真最快捷而又形象的特殊窗口，也是 Multisim 最具特色的地方。

图 5.5.1 Instrument 工具栏

数字万用表（Multimeter）

函数信号发生器（Function Generator）

瓦特表（Wattmeter）

双踪示波器（Oscilloscope）

4 通道示波器（4 Channel Oscilloscope）

波特图仪（Bode Plotter）

频率计数器（Frequency Counter）

字信号发生器（Word Generator）

逻辑分析仪（Logic Analyzer）

逻辑转换器（Logic Converter）

IV 分析仪（IV-Analysis）

失真分析仪（Distortion Analyzer）

频谱分析仪（Spectrum Analyzer）

网络分析仪（Network Analyzer）

安捷伦函数信号发生器（Agilent Function Generator）

安捷伦数字万用表（Agilent Multimeter）

安捷伦示波器（Agilent Oscilloscope）

泰克示波器（Tektronix Oscilloscope）

LabVIEW 虚拟仪器（LabVIEW Instrument）

动态测量探针（Dynamic Measurement Probe）

虚拟仪器在使用时只需单击图标，将其拖动到电路编辑窗口即可。然后双击图标即可对仪器参数进行设置，使用极为简便。下面按图 5.5.1 中从左至右的顺序介绍 Multisim 仪表工具栏中的虚拟仿真仪器。

5.5.1 万用表（Multimeter）

万用表可用来测量交直流电压、电流、电阻以及两点间分贝值，它是能够自动实现量程转换的数字式万用表。

数字万用表的图标如图 5.5.2（a）所示，双击后弹出如图 5.5.2（b）所示的控制面板。

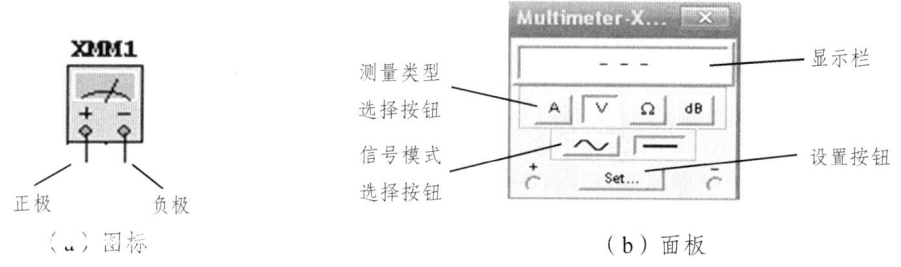

图 5.5.2　数字万用表图标及面板

控制面板包含以下内容：

"显示栏"：显示测得数据。

"测量类型选择按钮"：按下 A 按钮，选择电流测量；按下 V 按钮，选择电压测量；按下 Ω 按钮，选择电阻测量；按下 dB 按钮，选择分贝测量。

"信号模式选择按钮"：按下 ∼ 按钮，选择交流测量；按下 ━ 按钮，选择直流测量。

"设置按钮"：按下 SET 按钮，弹出如图 5.5.4 所示的参数设置对话框，通过此对话框，可以对电流表、电压表内阻、欧姆表电流以及电压、电流、电阻测量范围等参数进行设置。

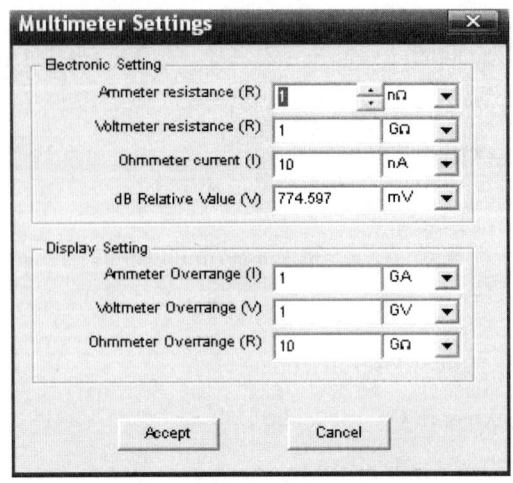

图 5.5.3 数字万用表参数设置

5.5.2 函数发生器（Function Generator）

函数发生器是一种用来提供包含正弦波、三角波和方波的电压源。它可以提供一种方便、实用的激励信号给电路。其波形的频率、幅度等均可自定义设置。函数发生器如图 5.5.5 所示，双击弹出控制面板，如图 5.5.6 所示。

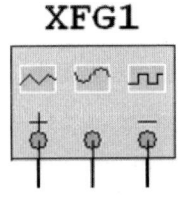

图 5.5.4 函数发生器图标

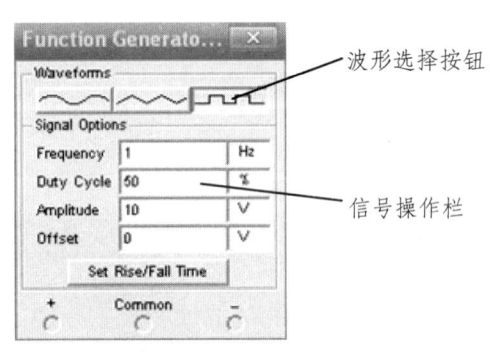

图 5.5.5 函数发生器面板

控制面板包含以下内容：

"波形选择按钮"：按下 ⌒ 按钮，选择正弦波输出；按下 ⋀⋁ 按钮，选择三角波输出；按下 ⊓⊔ 按钮，选择方波输出。

"信号操作栏"：通过信号操作栏可以修改频率、占空比、幅值和反馈等参数，对于方波信号还可以设置上升时间和下降时间，如图 5.5.7 所示。

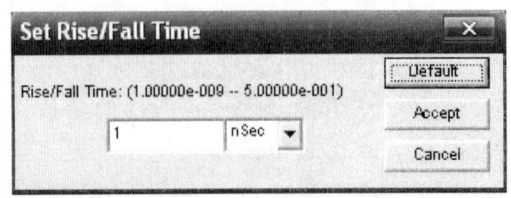

图 5.5.6 函数发生器参数设置

5.5.3 瓦特表（Wattmeter）

瓦特表用来测量交直流功率。瓦特表还可显示测量功率因数，即电路中的电压差和流过电流的乘积因子，因子值为该电压和该电流积的相位余弦值。瓦特表如图 5.5.7 所示，包括测量电压、电流输入端。双击图标弹出如图 5.5.8 所示的面板。

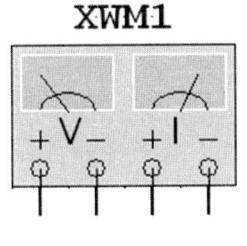

图 5.5.7 瓦特表图标

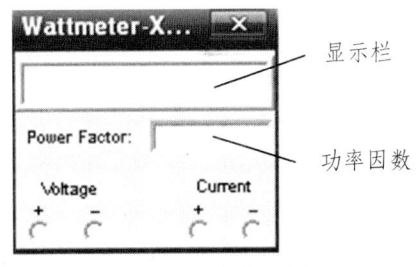

图 5.5.8 瓦特表面板

面板包含以下内容。
"显示栏"：显示测量功率。
"功率因数显示栏"：显示所测功率因数。

5.5.4 双通道示波器（Oscilloscope）

双通道示波器用来测量显示电压信号的波形，包括大小、频率等参数。双通道示波器如图 5.5.9 所示，"A、B"为两个测量信号输入通道；"G"为接地端，使用时需要接地；"T"为外部触发信号输入端，使用外部触发时，示波器需要设置为"Single"或"Normal"触发模式。双击图标弹出如图 5.5.10 所示的面板。

示波器面板与实际示波器类似，具体设置如下：

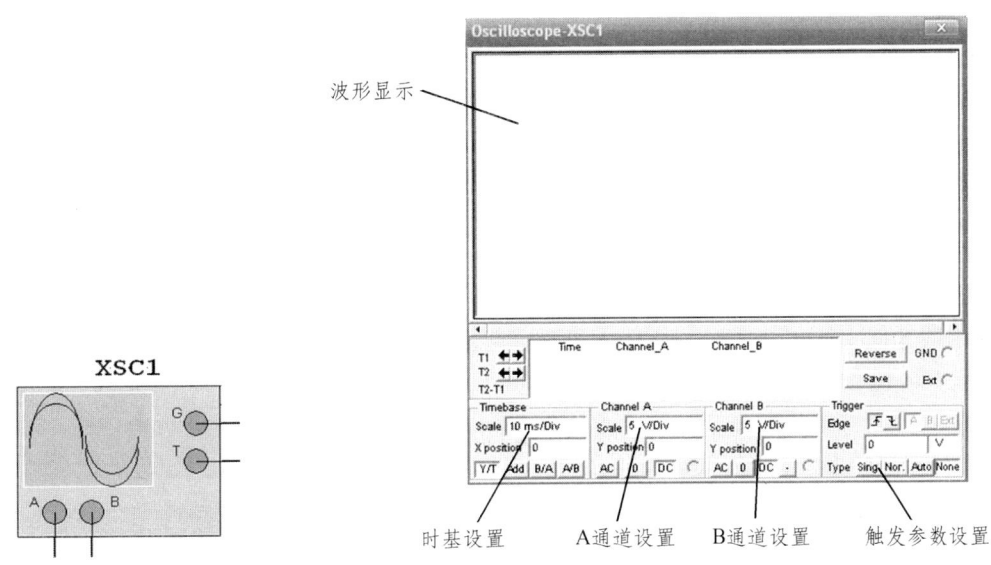

图 5.5.9 双通道示波器图标　　图 5.5.10 双通道示波器面板

1. 时基设置（Timebase）

"时间标尺（Scale）"：设置时间轴的分度值，改变参数可使显示波形的水平压缩或伸展。

"X 轴零点（X position）"：改变参数，可使时间零点水平移动。

"显示方式选择"：示波器显示方式有 4 种，即 Y/T（幅度/时间）方式，X 轴为时间，Y 轴为幅值；ADD 方式，X 轴为时间，Y 轴为 A、B 通道输入电压之和；B/A 方式，X 轴为 A 通道信号，Y 轴为 B 通道信号；A/B 方式，与 B/A 方式相反，X 轴为 B 通道信号，Y 轴为 A 通道信号。

2. 输入通道设置（Chanel A 和 Chanel B）

"幅度标尺（Scale）"：设置通道幅度（Y 轴）的分度值，可根据信号的大小来选择。

"Y 轴零点（Y position）"：改变参数，可使 Y 轴零点垂直移动。

"输入耦合方式选择"：输入耦合方式选择有 3 种，即 AC 方式，选择此方式时，滤掉直流分量，显示交流分量；DC 方式，此时显示交直流混合信号；0 方式，在 Y 轴零点显示水平直线。

3. 触发参数设置（Trigger）

"触发沿选择（Edge）"：触发沿有 2 种，上升/下降沿触发。

"触发源选择"：触发源有 3 种，A/B 通道输入信号和外部触发（EXT）。

"电平触发选择（Level）"：可预先设定触发电平的大小，此项设置只适用于 Single 和 Normal 采样方式，当通道输入信号大于该值时才开始采样。

"触发方式选择（Type）"：触发方式有 3 种，"Single"方式表示单次触发方式，满足触发电平后，示波器只采样一次就停止，直到下一次触发脉冲到来；"Normal"方式表示普通触发，当满足触发电平后，示波器才刷新，开始下一次采样；"Auto"方式表示不需要触发信号，计算机自动提供触发信号。

4. 其他参数设置

其他参数设置包含波形参数测量显示设置、波形存储设置和背景颜色控制设置等，可参考其他相关资料。

5.5.5 四通道示波器（Four Channel Oscilloscope）

如图 5.5.11 所示，四通道示波器具有 A、B、C、D 四个输入通道。双击四通道示波器图标，弹出图 5.5.12 所示的面板。其连接和面板参数设置与双通道示波器类似，此处不再介绍。（注：该仪器不是所有版本的 Multisim 软件都有提供。）

5.5.6 波特图示仪

波特图示仪用来测量电路的幅频特性和相频特性。波特图示仪如图 5.5.13 所示，具有输入和输出 2 个端口，使用时必须接交流信号。双击图标弹出如图 5.5.14 所示的面板。

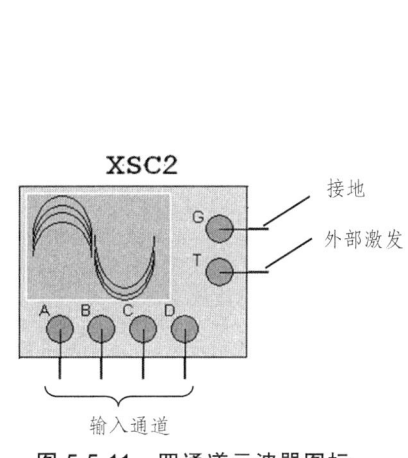
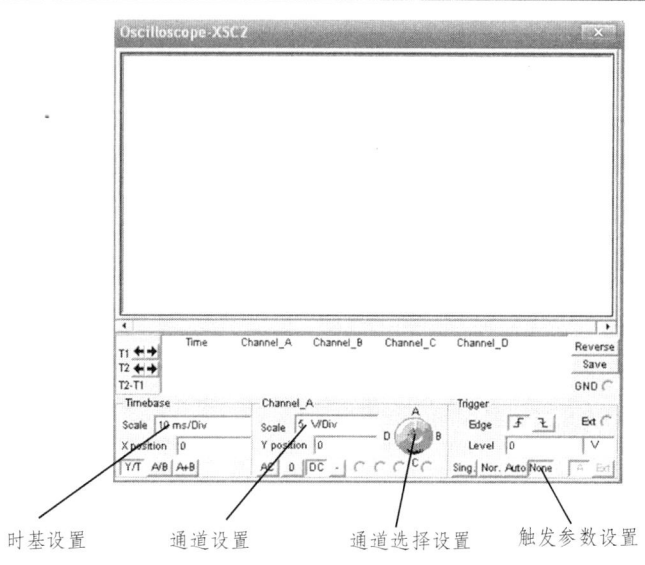

图 5.5.11　四通道示波器图标　　　　　图 5.5.12　四通道示波器面板

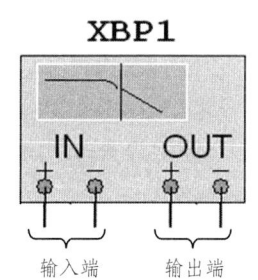
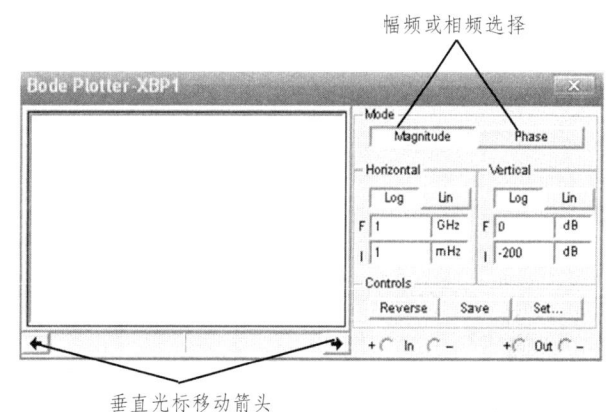

图 5.5.13　波特图示仪图标　　　　　图 5.5.14　波特图示仪面板

波特图示仪面板具体设置如下：

"方式选择（Model）"：有幅频（Magnitude）和相频（Phase）两种方式。

"坐标设置（Horizontal/Vertical）"：在水平或垂直设置区，选择 Log 按钮表示坐标以对数形式显示，选择 Lin 按钮表示坐标以线性结果显示；水平坐标显示有两种，F 表示显示终值频率，I 表示显示初始频率；垂直坐标也包含两种，F 表示显示终值，I 表示显示初始值。

"控制选择（Controls）"：控制选择有 3 种，Reverse 按钮表示改变背景颜色；Save 按钮表示存储读数；单击设置按钮弹出相应的对话框，通过此对话框可设置求解点数，数值越大，分辨率越高。

除上述设置以外，移动波特图仪垂直光标还可准确测量出波形曲线上各点的坐标值。

5.5.7　数字频率计数器（Frequency Counter）

数字频率计数器用来测量数字信号的频率，如图 5.5.15 所示，只有一个输入端。双击图标会弹出如图 5.5.16 所示的面板。

图 5.5.15　数字频率计数器图标

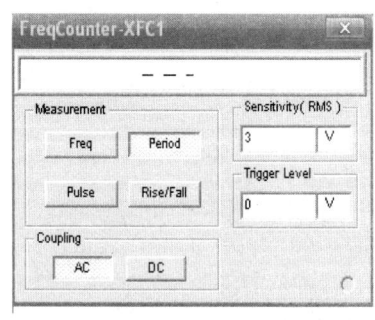

图 5.5.16　数字频率计数器面板

数字频率计数器的面板设置如下：

"测量选择（Measurement）"：有 4 个测量选择按钮：单击 Freq 按钮，测量频率；单击 Period 按钮，测量周期；单击 Pulse 按钮，测量脉冲持续时间；单击 Rise/Fail 按钮，测量脉冲上升/下降时间。

"耦合方式选择（Coupling）"：有交流耦合（AC）和直流耦合（DC）两种方式。

"灵敏度选项（Sensitivity）"：左边输入灵敏度数值，右边选择单位。

"触发电平选项（Trigger Level）"：左边输入触发电平数值，右边选择单位。输入信号大于触发电平时才能测量。

5.5.8　字信号发生器（Word Generator）

字信号发生器能产生 32 路同步逻辑信号，是一个多路逻辑信号源，主要用于逻辑电路测试。字信号发生器如图 5.5.17 所示，R 端为准备就绪输出端，T 端为外部触发输入端。双击图标弹出如图 5.5.18 所示的面板。

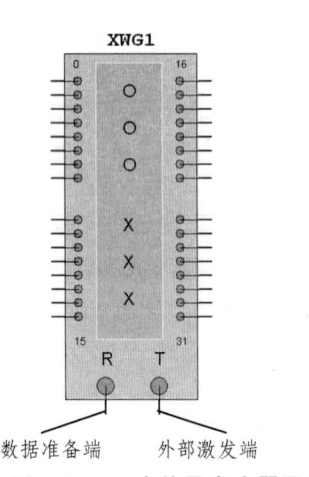

图 5.5.17　字信号发生器图标

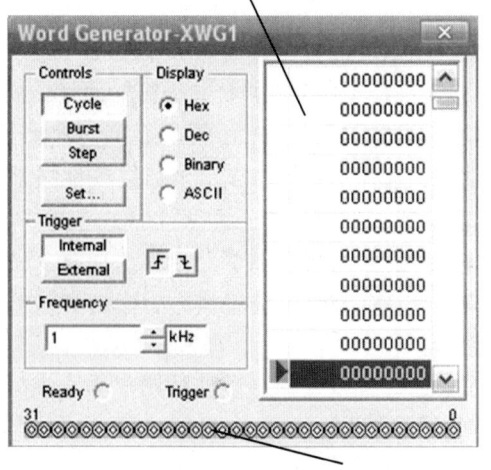

图 5.5.18　字信号发生器面板

字信号发生器面板设置如下：

"控制选择（Controls）"：有 4 个控制选择按钮，单击 Cycle 按钮，在初始值与终止值间循环输出；单击 Burst 按钮，从起始位开始，到终止位结束；单击 Step 按钮一次输出一条字信号；单击 Set 按钮，弹出如图 5.5.19 所示的对话框，通过此对话框，可以设置字信号发生器的预置参数（Pro_set Patterns）、显示形式（Display Type）、地址选项等参数。

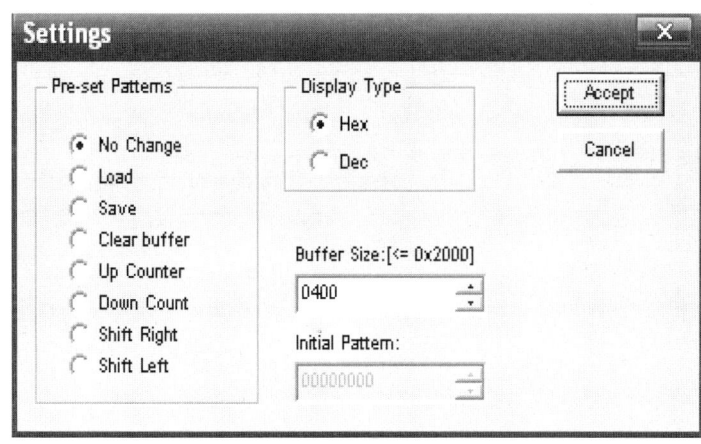

图 5.5.19 字信号发生器设置

"显示选择（Display）"：可选择 16 进制（Hex）、10 进制（Dec）、2 进制（Binary）和 ASCII 码。

"触发方式选择（Trigger）"：有 4 个触发方式选择按钮：单击 Internal 按钮，选择内部触发方式；单击 External 按钮，选择外部触发方式；单击 ∫ 按钮，选择上升沿触发方式；单击 ⇂ 按钮，选择下降沿触发。

"频率选项（Frequency）"：输入字信号时钟频率大小。

除上述设置外，面板上还有字信号显示区，位于右侧。32 位字信号以相应的显示形式显示在该区。单击其中一条字信号可实现字信号的改写和定位，单击右键可设置断点、删除断点、设置初值和终值。

5.5.9 逻辑分析仪（Logic Analyzer）

逻辑分析仪用于对时序逻辑信号的时序进行分析，可同步显示记录 16 路数字信号。逻辑分析仪如图 5.5.20 所示，具有 16 路数字信号输入端，"C"端为外接时钟端，"Q"端为时钟输入控制端，"T"外部触发输入端。双击图标弹出如图 5.5.21 所示的面板。

逻辑分析仪面板设置如下：

"功能按钮区"：有 3 个功能按钮：单击 Stop 按钮，停止仿真；单击 Reset 按钮，重置电路，重新仿真；单击 Reverse 按钮，背景反色。

"波形显示区"：显示各输入数字时序信号波形，最多可显示 16 路数字信号。通过光标可测量输入信号周期并显示。

"波形参数显示区"：显示 2 个光标测量的参数，"T1"栏显示光标 1 的时间；"T2"栏显示光标的时间；"T1－T2"栏显示两者之差。

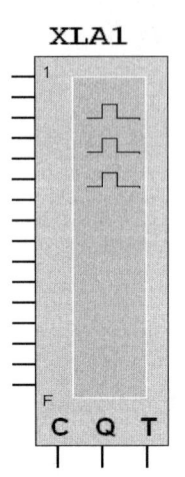 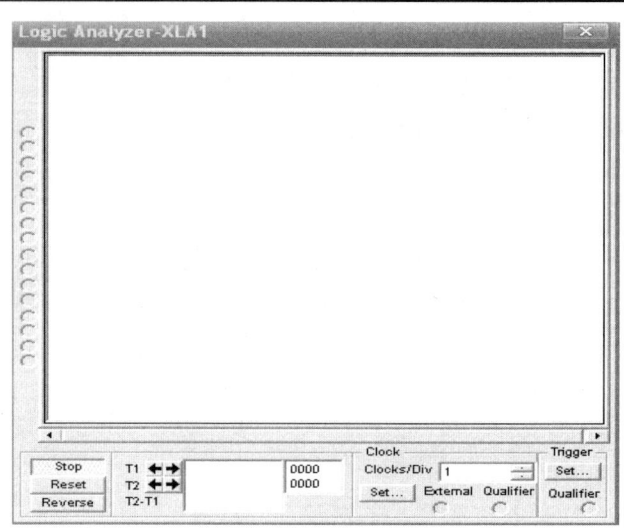

图 5.5.20　逻辑分析仪图标　　　　　图 5.5.21　逻辑分析仪面板

"时钟选项（Clock）"："Clock/Div"栏设置水平刻度时钟数；单击 Set 按钮弹出如图 5.5.22 所示的对话框。通过此对话框可以设置时钟源（Clock）、时钟频率（Clock Rate）和采样设置（Sampling Setting）等参数。

"触发方式设置（Trigger）"：单击 Set 按钮，弹出如图 5.5.23 所示的对话框，通过此对话框可设置时钟沿触发方式（Trigger）、触发校验（Trigger Qualifier）和触发模式（Trigger Patterns）等参数。

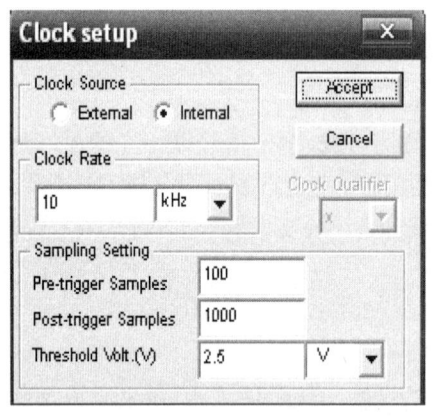 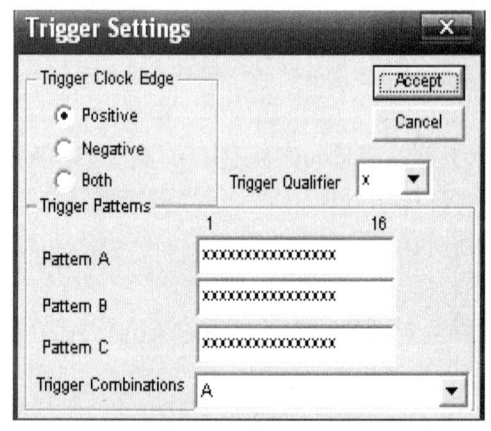

图 5.5.22　逻辑分析仪时钟选项设置　　　图 5.5.23　逻辑分析仪触发设置

5.5.10　伏安特性分析仪（IV-Analysis）

伏安特性分析仪主要用于测量半导体器件，如二极管、三极管和场效应管的伏安特性。伏安特性分析仪如图 5.5.24 所示，双击图标弹出如图 5.5.25 所示的面板。

伏安特性分析仪面板设置如下：

"元件类型选择（Component）"：有"Diode"、"BJT PNP"、"BJT NPN"、"NMOS"和"PMOS"4 种元件类型。

"显示参数设置（Current Range/Voltage Range）"：电压/电流范围设置均有对数和线性坐标2种方式，其中，"F"栏表示电压/电流终止值，"I"栏表示电压/电流初始值，调节参数可设置显示范围。

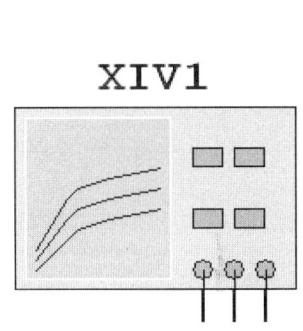

图 5.5.24　伏安特性分析仪图标

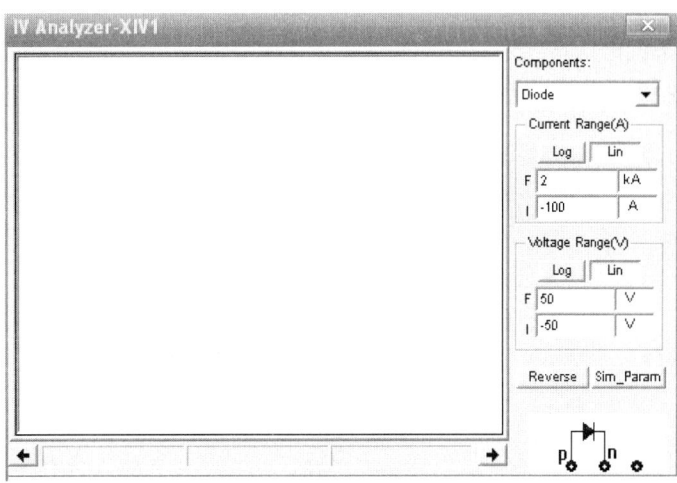

图 5.5.25　伏安特性分析仪面板

"仿真参数设置（Sim_Param）"：单击 Sim_Param 按钮，弹出仿真参数设置对话框。选择元件类型不同，对话框可设置的参数也不相同。通过这些对话框可对仿真参数进行设置，此处不作详细介绍。

伏安特性分析仪面板右下方为接线方式显示，选择不同的器件，连接方式会发生改变。图 5.5.25 所示为分析二极管伏安特性时的连接方式。

5.5.11　失真分析仪（Distortion Analysis）

失真分析仪是用来分析电路谐波失真和信噪比的仪器。失真分析仪如图 5.5.26 所示，只有一个输入信号端。双击图标弹出如图 5.5.27 所示的面板。

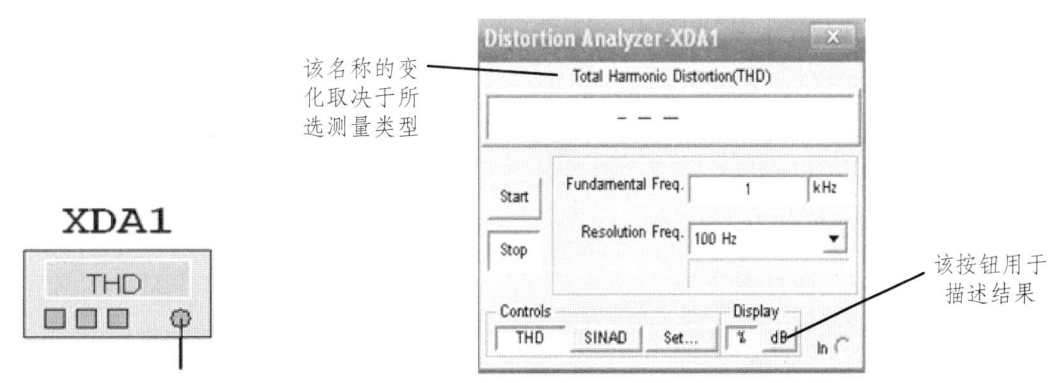

图 5.5.26　失真分析仪图标　　　　图 5.5.27　失真分析仪面板

失真分析仪面板设置如下：

"测量数据显示区"：用来显示测量数据，可用百分比或分贝数来表示。

"启动/停止区":单击"Start"按钮开始测试;单击"Stop"按钮停止测试。

"参数设置区":包括基频设置栏(Fundamental Freq)和频率精度设置栏(Resolution Freq)。频率精度最小值为基频的 1/10。

"控制设置(Controls)":单击 THD 按钮,测试总谐波失真;单击 SINAD 按钮,测试信噪比;单击设置按钮,弹出如图 5.5.28 所示的对话框,通过此对话框可设置总谐波失真定义(THD Definition)、谐波次数(Harmonic Num)和 FFT 分析点(FFT Points)。

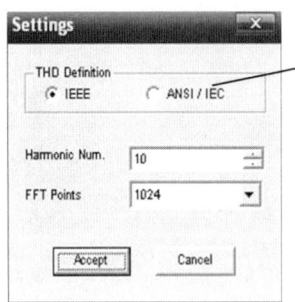

该选项至适用于THD,设置该项定义常用于计算THD
(IEEE标准界定该选项在ANDI和IEC之间变换)

图 5.5.28　失真分析仪参数设置面板

5.5.12　频谱分析仪(Spectrum Analysis)

频谱分析仪用来分析高频信号的频域特性,主要用于高频电路。频谱分析仪如图 5.5.29 所示,有一个信号输入端(IN)和外部触发端(T)。双击图标弹出如图 5.5.30 所示的控制面板。

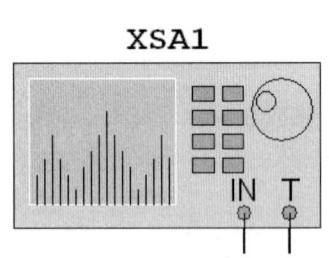

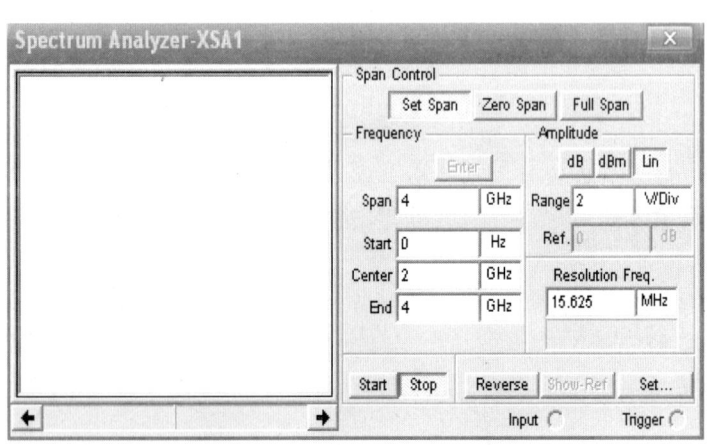

图 5.5.29　频谱分析仪图标　　　　图 5.5.30　频谱分析仪面板

频谱分析仪面板设置如下:

"跨度控制(Span Control)":单击 Set Span 按钮,频率范围由"Frequency"设置;单击 Zero Span 按钮,频率范围由"Frequency"设置中的"Center"栏设置的中心频率确定;单击 Full Span 按钮,频率范围为 0~4DHz,"Frequency"设置参数无效。

"频率设置(Frequency)":"Span"栏设置频率变化范围;"Start"栏设置起始频率;"Center"栏设置中心频率;"End"栏设置终值频率。

"纵轴设定（Amplitude）"：选择纵坐标和刻度，选择"dB"按钮时，纵坐标单位为分贝；选择"dBm"按钮时单位为 10lg（V/0.775）；选择"Lin"按钮时为线性单位；"Range"栏为纵坐标分度值大小；"Ref"栏为纵坐标参考值。

"频率分辨率（Resolution Freq）"：设置频率分辨率。

"控制选项区"：单击"Start"按钮开始分析；单击"Stop"按钮停止分析；单击"Reverse"按钮背景反色；单击"Set"按钮弹出如图 5.5.31 所示的对话框，通过此对话框可以设置触发源（Trigger Source）、触发模式（Trigger Mode）、阈值电压（Threshold Volt）和 FFT 点（FFT Points）。

5.5.13 安捷伦信号发生器（Agilent Function Generator）

安捷伦信号发生器不是每个版本的 Multisim 软件都提供的。Agilent33120A 技术是一个能构建任意波形的高性能合成信号发生器。其用户手册可从 www.electronicsworkbench.com 网站中查阅。安捷伦信号发生器图标如图 5.5.32 所示。双击图标打开其面板，如图 5.5.33 所示。

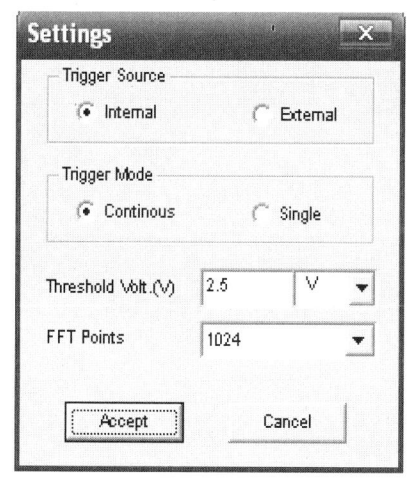

图 5.5.31 频谱分析仪设置　　　　图 5.5.32 安捷伦信号发生器图标

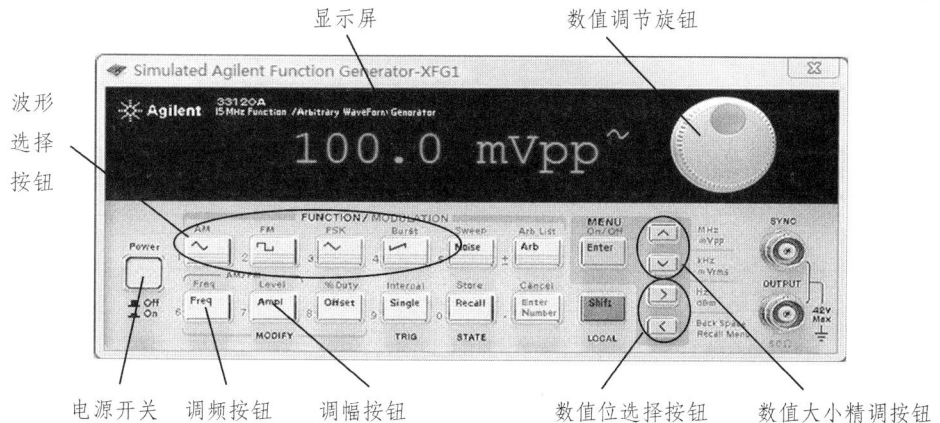

图 5.5.33 安捷伦信号发生器面板

5.5.14 安捷伦万用表（Agilent Multimeter）

安捷伦 34401A 万用表是一个高性能的数字式万用表。其图标如图 5.5.34 所示，双击图标可打开其使用面板，如图 5.3.35 所示。

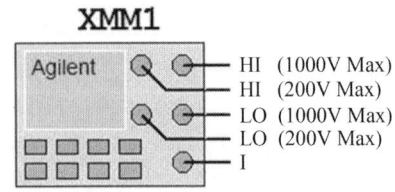

图 5.5.34 安捷伦万用表图标

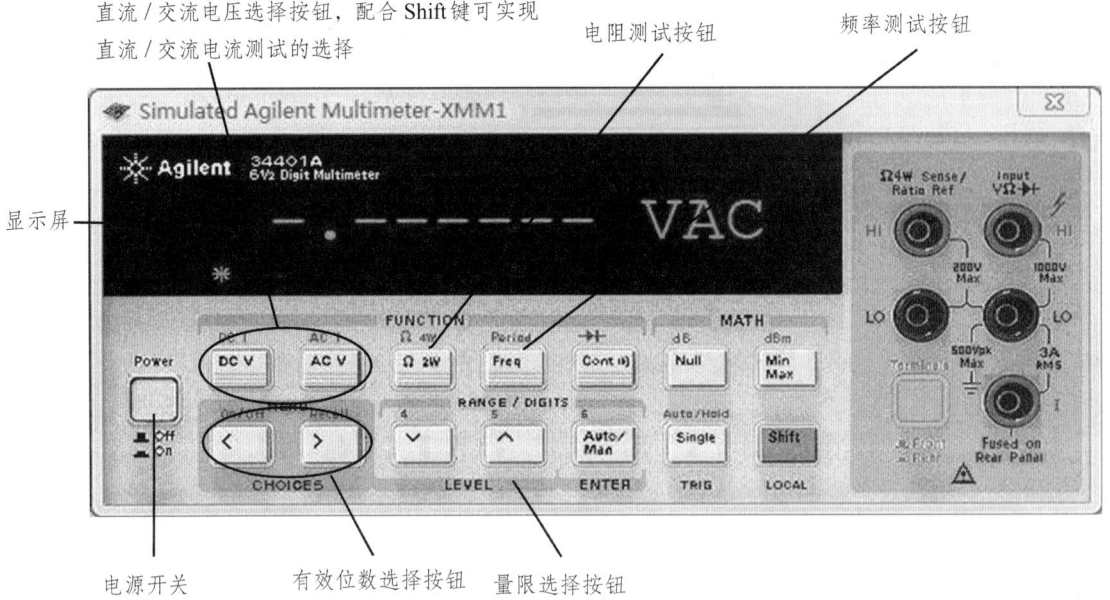

图 5.5.35 安捷伦万用表面板

5.5.15 安捷伦示波器（Agilent Oscilloscope）

安捷伦 54622D 示波器并不是每个版本的 Multisim 软件都提供的。它是一个 2 通道 + 16 个逻辑通道、100 MHz 宽带的示波器。其图标如图 5.5.36 所示，使用面板如图 5.5.37 所示。

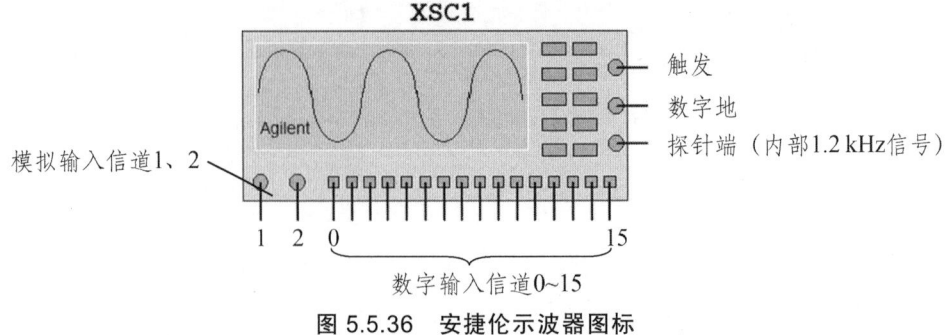

图 5.5.36 安捷伦示波器图标

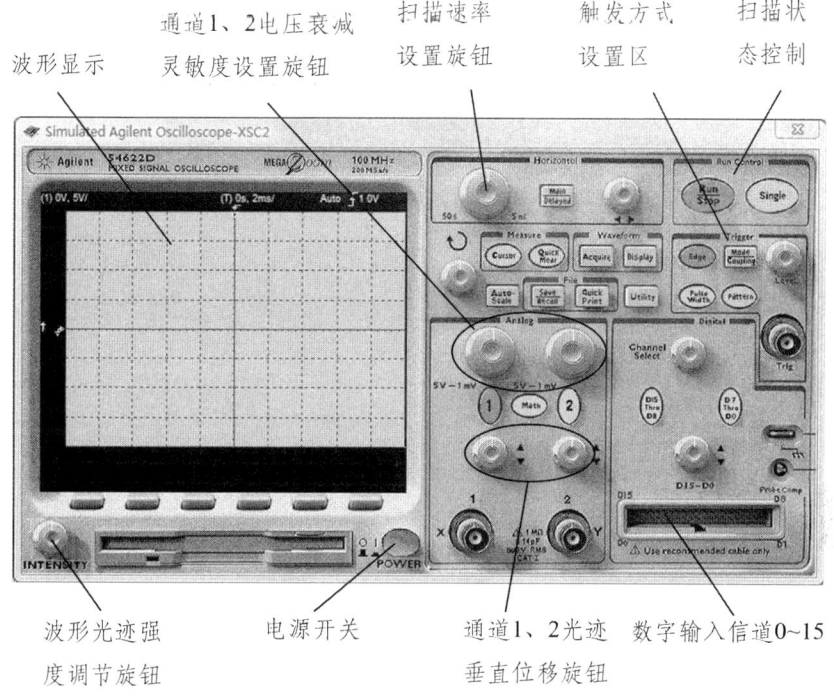

图 5.5.37 安捷伦示波器面板

5.5.16 泰克示波器（Tektronix Oscilloscope）

这个仪表同样不是每个版本的 Multisim 软件中都提供的。泰克 TDS2024 示波器是一个 4 通道、200 MHz 的示波器，其图标如图 5.5.38 所示，其面板如图 5.5.39 所示。

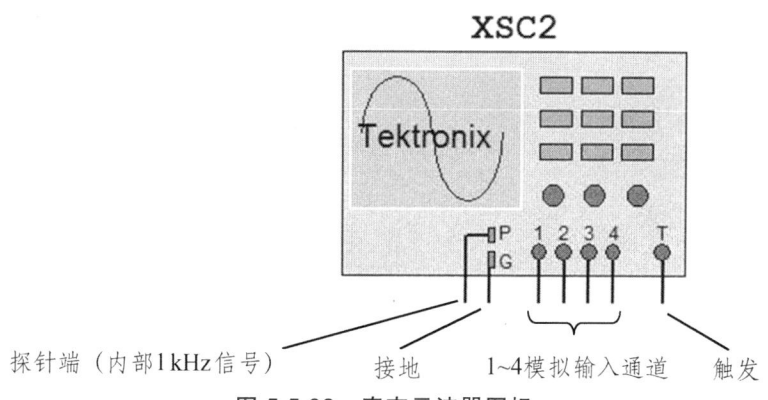

图 5.5.38 泰克示波器图标

除以上虚拟仿真仪器外，还有逻辑转换器、网络分析仪和动态测量探针，此处不再介绍，如有需要，可查阅在线技术帮助和使用指导。

· 146 ·　电工技术实验教程

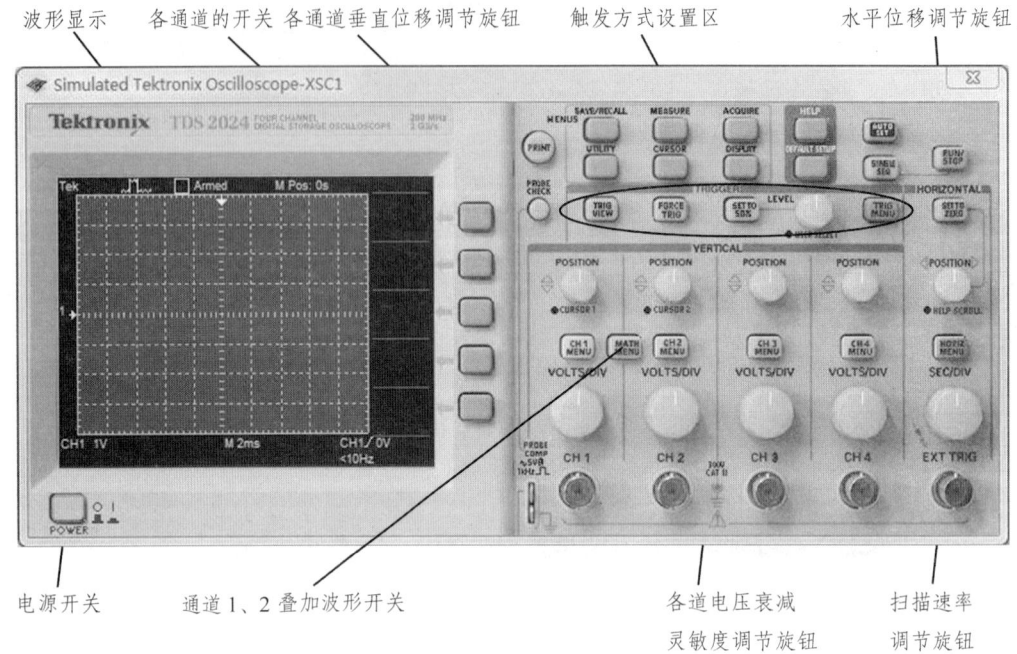

图 5.5.37　安捷伦示波器面板

第6章 常用仪器仪表说明书

6.1 MF 47 型万用电表使用说明书

MF 47 型万用电表（俗称"万用表"）是设计新颖的磁电系整流式多量限万用电表。可供测量直流电流、交直流电压、直流电阻等；具有 26 个基本功能量程和电平、电容、电感、晶体管直流参数等 7 个附加参考功能量程，是一种适合于电子仪器、无线电及电讯设备的测试并在工厂、实验室等广泛使用的便携式万用电表。

6.1.1 结构特征

MF 47 型万用电表造型大方、设计紧凑、结构牢固、携带方便，零部件均选用优良材料及工艺处理，具有良好的电气性能和机械强度，其使用范围可替代一般中型万用电表并具有以下特点：

（1）测量机构采用高灵敏表头，性能稳定，并置于单独的表壳之中，有可靠的密封性，可延长使用寿命；表头罩采用塑料框架和玻璃相结合的新颖设计，可避免静电的产生而保持测量精度。

（2）线路板采用塑料压制，保证可靠、耐磨、整齐、维修方便。

（3）测量机构采用硅二极管保护，保证电流过载时不损坏表头，线路中设有 0.5 A 保险丝装置以防止误用时烧坏电路。

（4）设计上考虑了温度和频率补偿，使温度影响小，频率范围宽。

（5）低电阻挡选用 2 号干电池，容量大、寿命长。两组电池装于盒内，换电池时只需卸下电池盖板，不必打开表盒。

（6）若配以本厂专用高压探头可以测量电视接收机内 25 kV 以下的高压。

（7）设计了一挡晶体管静态直流放大系数检测装置以供在临时情况下检查三极管之用。

（8）标度盘与开关指示盘印制成红、绿、黑三色。颜色分别按交流红色、晶体管绿色、其余黑色对应制成，使用时读取示值便捷。标度盘共有六条刻度，第一条供测电阻用；第二条供测交直流电压、直流电流之用；第三条供测晶体管放大倍数用；第四条供测电容之用；第五条供测电感之用；第六条供测音频电平。标度盘上装有反光镜，可消除视差。

（9）除交直流 2 500 V 和直流 5 A 分别有单独插座之外，其余各挡只需转动一个选择开关，使用方便。

（10）采用整体软塑料测试棒，能保持长期良好使用。

（11）装有提把，不仅可以携带，而且可在必要时作倾斜支撑，便于读数。

6.1.2 主要技术指标

MF47 型万用表主要技术指标如表 6.1.1 所示。

表 6.1.1

量限范围		灵敏度及电压降	精度	误差表示方法
直流电流	0~0.05 mA~0.5 mA~5 mA~50 mA~500 mA~5 A	0.3 V	2.5	以上量限的百分数计算
直流电压	0~0.25 V~1V~2.5 V~10 V~50 V~250 V~500 V~1 000 V~2 500 V	20 000 Ω/V	2.5 5	以上量限的百分数计算
交流电压	0~10 V~50 V~250 V（45~65~5 000 Hz）~500 V~1 000 V~2 500 V（45~65 Hz）	4 000 Ω/V	5	以上量限的百分数计算
直流电阻	R×1，R×10，R×100 R×1k，R×10 k	R×1 中心刻度为 16.5 Ω	2.5 10	以标度尺弧长的百分数计算 以指示值的百分数计算
音频电平	−10~+22 dB	0 dB = 1 mW 600 Ω		
晶体管直流放大倍数	0~300 h_{FE}			
电感	20~1 000 H			
电容	0.001~0.3 μF			

MF47 型万用表在环境温度 0℃~40℃、相对湿度 85% 的情况下使用，各项技术性能指标符合 GB 7676 国家标准和 IEC 51 国际标准有关条款的规定。

6.1.3 使用方法及注意事项

（1）在使用前应检查指针是否指在机械零位上，如不指在零位时，可旋转表盖上的调零器使指针指示在零位上。

（2）将测试笔红黑插头分别插入"＋"、"－"插座中，如测量交、直流 2 500 V 或直流 5 A 时，红插头则应分别插到对应的插座中。

（3）测未知量的电压或电流时，应先选择最高量程，待第一次读取数值后，方可逐渐转至适当量程以取得较准确读数并避免烧坏电路。

（4）测量前，应用测试笔触碰被测试点，同时观看指针的偏转情况。如果指针急剧偏转并超过量程或反偏，应立即抽回测试笔，查明原因，予以改正。

（5）测量高压时要站在干燥绝缘板上，并一手操作，防止意外事故发生。

（6）测量高压或大电流时，为避免烧坏设备，应在切断电源情况下变换量限。

（7）如偶然发生因过载而烧断保险丝时，可打开表盒换上相同型号的保险丝。

（8）电阻各挡用干电池应定期检查、更换，以保证测量精度。如长期不用，应取出电池，以防止电液溢出腐蚀而损坏其他零件。

6.1.4 测量方法

1. 直流电流测量

测量 0.05～500 mA 时，转动开关至所需电流挡。测量 5 A 时，红表笔插头则插到对应的插座中，转动开关可放在 500 mA 直流电流量程上，而后将测试笔串接于被测电路中。

注意：严禁用电流挡去测量电压。

2. 交、直流电压测量

（1）测量交流 10～1 000 V 或直流 0.25～1 000 V 时，转动开关至所需电压挡。测量交、直流 2 500 V 时，开关应分别旋至交流 1 000 V 或直流 1 000 V 位置上，红表笔插头则插到对应的插座中，而后将测试笔跨接于被测电路两端。

（2）若配以本厂高压探头可测量电视机≤25 kV 的高压。测量时，开关应放在 50 μA 位置上，高压探头的红黑插头分别插入"＋"、"－"插座中，接地夹与电视机金属底板连接，而后握住探头进行测量（见图 6.1.1）。

注意：测量直流电压时，黑色测试笔应接低电位点，红色测试笔应接高电位点。

3. 直流电阻测量

（1）装上电池（R14 型 2 号 1.5 V 及 6F22 型 9 V 各一只）。转动开关至所需测量的电阻挡，将两测试笔短接，调整零欧姆调整旋钮，使指针对准欧姆"0"位上，然后分开测试笔进行测量。

图 6.1.1 万用表

（2）万用表的 Ω 挡分为 ×1、×10、×1 k 等几挡位置。刻度盘上 Ω 的刻度只有一行，其中 ×1、×10、×1 k 等数值即为电阻 Ω 挡的倍率。

例如，转换开关旋在 1 k 位置，测试笔外接一被测电阻 R_x，这时指针若指刻度盘上的 30 Ω，则 R_x = 30 × 1 k = 30 kΩ。

（3）测量电路中的电阻时，应先切断电源。如电路中有电容则应先放电。严禁在带电线路上测量电阻，因为这样做实际上是把欧姆表当做电压表使用，极易使电表烧毁。

（4）每换一个量限，应重新调零。测量电阻时，表头指针越接近欧姆刻度中心读数，测量结果越准确，所以要选择适当的测量量限。

（5）当检查电解电容器漏电电阻时，可转动开关至 R×1 k 挡，红测试笔必须接电容器负极，黑测试笔接电容器正极。

4. 音频电平测量

在一定的负荷阻抗上，用以测量放大器的增益和线路输送的损耗，测量单位以分贝（dB）表示。

音频电平与功率电压的关系式是

$$N = 10 \lg \frac{P_2}{P_1} = 20 \lg \frac{U_2}{U_1}$$

式中，P_2、U_2 分别为被测功率和被测电压。

音频电平的刻度系数按 0 dB = 1 mW、600 Ω 输送线标准设计，即

$$U_1 = \sqrt{PZ} = \sqrt{0.001 \times 600} = 0.775 \text{ （V）}$$

音频电平是以交流 10 V 为基准刻度，如指示值大于 + 22 dB 时可在 50 V 以上各量限测量，其示值可按表 6.1.2 所示值修正。

表 6.1.2

量限/V	按电平刻度增加值/dB	电平的测量范围/dB
10	—	− 10 ~ + 22
50	14	+ 4 ~ + 36
250	28	+ 18 ~ + 50
500	34	+ 24 ~ + 56

测量方法与交流电压基本相似，转动开关至相应的交流电压挡，并使指针有较大的偏转。如被测电路中带有直流电压成分时，可在"+"插座中串接一个 0.1 μF 的隔直流电容器。

5. 电容测量

转动开关至交流 10 V 位置，被测电容串接于任意测试笔，而后跨接于 10 V 交流电压电路中进行测量。

6. 电感测量

与电容测量方法相同。

7. 晶体管直流参数的测量

（1）直流放大倍数 h_{FE} 的测量。先转动开关至晶体管调节 ADJ 位置上，将红黑测试笔短接，调节欧姆电位器，使指针对准 300 h_{FE} 刻度线上，然后转动开关到 h_{FE} 位置，将要测的晶体管脚分别插入晶体管测试座的 ebc 管座内，指针偏转所示数值约为晶体管的直流放大倍数 β 值。N 型晶体管应插入 N 型管孔内，P 型晶体管应插入 P 型管孔内。

（2）反向截止电流 I_{ceo}、I_{cbo} 的测量。I_{ceo} 为集电极与发射极间的反向截止电流（基极开路）。I_{cbo} 为集电极与基极间的反向截止电流（发射极开路）。转动开关至 Ω × 1 k 挡，将两测试笔短路，调节零欧姆电位器，使指针对准零欧姆上（此时满度电流值约 90 μA）。分开测试笔，然后将要测的晶体管按图 6.1.2 (a)、(b) 插入管座内，此时指针指示的数值约为晶体管的反向截止电流值。指针指示的刻度值乘上 1.2 即为实际值。

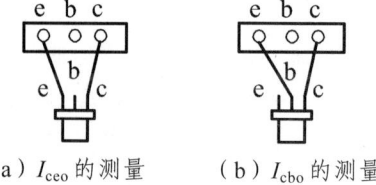

(a) I_{ceo} 的测量　　(b) I_{cbo} 的测量

图 6.1.2　反向截止电流 I_{ceo}、I_{cbo} 的测量

当 I_{ceo} 电流值大于 90 μA 时可换用 Ω × 100 挡进行测量（此时满度电流值约为 900 μA）。

N型晶体管应插入N型管座，P型晶体管应插入P型管座。

（3）三极管管脚极性的辨别，可用Ω×1k挡进行。

① 先判定基极b。由于b到c、b到e分别是两个PN结，它们的反向电阻很大，而正向电阻很小。测试时可任取晶体管一脚假定为基极，将红测试笔接"基极"，黑测试笔分别去接触另两个管脚，如此时测得都是低阻值，则红测试笔所接触的管脚即为基极b，并且是P型管（如用上法测得均为高阻值则为N型管）。如测量时两个管脚的阻值差异很大，可另选一个管脚为假定基极，直到满足上述条件为止。

② 再判定集电极c。对于PNP型三极管，当集电极接负电压、发射极接正电压时，电流放大倍数才比较大，而NPN型管则相反。测试时假定红测试笔接集电极c，黑测试笔接发射极e，记下其阻值，而后红黑测试笔交换测试，将测得的阻值与第一次阻值相比，阻值小的红测试笔接的是集电极c，黑测试笔接的是发射极e，而且可以判断是P型管（N型管则相反）。

（4）二极管极性判别。测试时选Ω×1k挡，黑测试笔一端测得阻值小的一极为正极。

万用表在欧姆电路中，红测试笔为电池负极，黑测试笔为电池正极。

注意：以上介绍的测试方法，一般都只能用R×100，R×1k挡，如果用R×10k挡，则因表内有15V的较高电压，可能将二极管的PN结击穿；若用R×1挡测量，因电流过大（约60 mA），也可能损坏管子。

6.2 T23-mA、A、V 毫安表/安培表/伏特表使用说明书

6.2.1 概 述

T23型仪表是一种电磁系可携式仪表，供交、直流电路中测量电流或电压之用。

仪表使用条件按GB/T 7676—87执行，适用于环境温度在13℃～33℃，相对湿度在40%～60%条件下工作。

6.2.2 主要技术指标

（1）仪表测量范围、直流电阻、电感、频率范围见表6.2.1。
（2）准确度等级：0.5级。
（3）阻尼时间：不大于4 s。
（4）工作位置：水平方向。
（5）质量：不大于2 kg。
（6）外形尺寸：225 mm × 166 mm × 106 mm。
（7）标度尺全长：约125 mm。
（8）交流 50 Hz/s，2 kV/ min。

表 6.2.1

仪表名称	测量范围	直流电阻/Ω	电感/mH	频率范围/Hz
毫安表	10/20 mA			45～65, 90～1 500
	50/100 mA			
	150/300 mA			
安培表	0.5/1 A	0.5 A, $R \approx 1.2$ 1 A, $R \approx 0.315$	0.5 A, $L \approx 1.1$ 1 A, $L \approx 0.27$	
	1/2 A			
	2.5/5 A			
	5/10 A			
	10/20 A			
伏特表	15/30/75 V	75/300/750		45～65, 90～1 000
	75/150/300 V	1 500/6 000/12 000		45～65, 90～800
	150/300/600 V	6 000/24 000/48 000		45～65

（9）当使用条件符合下列情况时，仪表的基本误差不应超过测量上限的 ±0.5%。

① 环境温度为 +23℃±2℃，相对湿度不超过 40%～60%。

② 仪表放置水平位置，并利用调零器将指针调至零位上。

③ 除大地磁场外，周围无其他磁场或强电流导线通过。

基本误差的表示方法：以标度尺工作部分上量限的百分数表示。

（10）仪表所测数据升降变差不应超过基本误差的绝对值。

（11）当环境温度自 +23℃±10℃ 变化时所引起仪表指示值的变化不应超过测量上限的 ±0.5%。

（12）仪表从水平位置向任意方向倾斜 5°时，所引起仪表指示值的变化不超过测量上限的 ±0.25%。

（13）仪表在强度为 400 A/m 的外磁场影响下，由此引起仪表指示值的变化，不应超过基本值的 1.5%。

（14）仪表额定使用频率范围为 45～65 Hz（扩大频率范围见表 6.2.1），在扩大频率范围内使用时，仪表基本误差不应超过测量上限的 ±1.0%。

6.2.3 使用方法及注意事项

（1）仪表使用时应放置水平位置，尽可能远离强电流导线和强磁性物质，以免增加仪表误差。

（2）仪表指针如不在零位上，可利用表盖上的调零器将指针调至零位上。

（3）仪表在接入电路前，应对被测量电流或电压大小有估计，量限转换时必须切断测量电路的电源才能改变量限，以免过载损坏仪表。

（4）当仪表用于直流电路内时，应将接线端钮互换，取两次读数的平均值作为正确指示值，以消除剩磁误差。

6.3 AN8701P 数字式电参数测量仪

6.3.1 主要性能及技术参数

1. 型号及功能（见表 6.3.1）

表 6.3.1

功　　能	AN8701P
电压、电流、功率、功率因数、频率	√
报 警 功 能	√
锁 存 功 能	√
电能量及时间	√
通 信 功 能	√
ＶＦＤ 显 示	√

2. 整机规格（见表 6.3.2）

表 6.3.2

工作电压	AC 220（1±10%）V，50（1±5%）Hz，波形失真度<50%
检定环境	温度：（20±2）℃，相对湿度：小于 85%RH，大气压：86~106 kPa
工作环境	温度：（20±2）℃，相对湿度：小于 85%RH，大气压：86~106 kPa
外形尺寸	244（W）mm×108（H）mm×330（D）mm（底脚未支起）
	244（W）mm×140（H）mm×330（D）mm（底脚已支起）
整机功耗	<5 W
整机质量	约 1.5 kg

3. 测量范围（见表 6.3.3）

表 6.3.3

测量参数	测　量　范　围	最大测量值
电　　压	AC 20.0~300.0 V（45.0~65.0 Hz）	320.0 V
电　　流	2.0 mA~250.0 mA~2 000 mA	2 000 mA
有功功率	0.20 W~99.99 W~600.0 W	600.0 W
功率因数	0.10~1.00	1.00
频　　率	45.0~65.0 Hz	65.0 Hz
电　能　量	0.000 0~999.999 kW·h	999.999 kW·h
电能累计时间	0~255 小时 59 分 59 秒	255 小时 59 分 59 秒

4. 测量精度（见表 6.3.4）

表 6.3.4

测量参数	测量误差
电　压	±（0.1%×量程+0.4%×读数）
电　流	±（0.1%×量程+0.4%×读数）
有功功率	$\cos\varphi \geqslant 0.2$ 时，±（0.1%×量程+0.4%×读数）
	$\cos\varphi < 0.2$ 时，±（0.25%×量程+0.25%×读数）
功率因数	±0.02
频　率	±0.2 Hz
电能量	±0.5%×读数（累计大于 10 000 字）
电能累计时间	±1 秒/小时
温度影响	0.03%量程/℃（0℃~10℃和30℃~40℃）

6.3.2　使用与测量

1. 前面板介绍和操作说明

AN8701P 前面板如图 6.3.1 所示，它由 VFD 显示窗口区、按键区、电源开关区三部分组成。

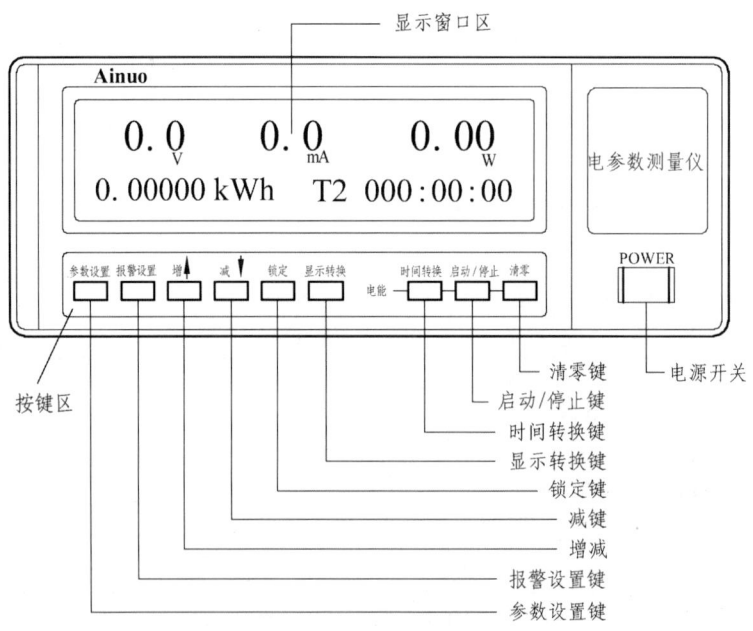

图 6.3.1　AN8701P 前面板示意图

1）显示窗口区

显示窗口区由五个显示部分组成。上排前两个显示部分分别显示电压、电流；第三显示部分由"显示转换"键可以转换显示功率、功率因数、频率；下排两个显示部分分别显示电能量和时间。

2）按键区

按键区有九个按键，其功能及使用方法说明如下：

（1）参数设置键：设置通信地址、波特率、校验位、门限电流值。

非锁定时，按一次"参数设置"键进入设置状态，提示符"SET"点亮，当前的设置项为通信地址，提示符为"Addr"，用"增/减"键修改当前地址，地址范围0~255；再按一次"参数设置"键进入通信波特率设置，提示符"Baud"，用"增/减"键选择合适的波特率，波特率有4 800、9 600、19 200可选；第三次按下"参数设置"键，进行通信校验位设置，用"增/减"键选择正确的校验方式，提示"NO-CHK"为无校验方式，提示"En-CHK"为偶校验方式；第四次按下"参数设置"键，对运转时间T3累计与否的门限电流设定，提示符为"I-Lmt"，用"增/减"键修改数值，当测量电流值小于该设定值时，运转时间T3将不进行累计计时；第五次按下"参数设置"键，退出参数设置状态，提示符"SET"熄灭，设置值将被保存。

（2）报警设置键：依次设置电压，电流，功率报警上、下限。

非锁定时，按"报警设置"键进入电参数报警上、下限设置状态，提示符"SET"点亮。每按一次"报警设置"键，进行一项参数的限值设定，该项对应显示窗口及提示符点亮（电压上、下限，电流上、下限，功率上、下限提示符依次为UH、UL、IH、IL、PH、PL），此时用"增/减"键可以改变设置值，功率下限设置完毕后，再按一次"报警设置"键，退出报警设置状态，提示符"SET"熄灭，设置值被保存。

当测量仪测得的电压、电流、功率三项参数中有一项或多项测量值超出该参数报警设置的上、下限值范围时，测量仪自动进入报警状态，发出报警信息：当测量值高于设置上限值时，该电参数显示窗口闪烁显示HHHH；当测量值低于设置下限值时，该电参数显示窗口闪烁显示LLLL。报警时蜂鸣器发出"嘟嘟"的报警声；当测量值重新回到设置的上、下限值之内后，报警自动解除。

测量仪提供四路开关量输出，用户可利用这些开关量对其他相关设备进行控制。仪表后视图有一25针母口，输出控制如下：

合格开关量输出1（1、2脚）；

合格开关量输出2（4、5脚）；

不合格开关量输出1（7、8脚）；

不合格开关量输出2（10、11脚）；

公共端（13、25脚）。

各开关量在不同情况下与"公共端"之间的状态见表6.3.5。

表6.3.5

测试情况		合格开关量1	合格开关量2	不合格开关量1	不合格开关量2
允许报警检测或参数上限>参数下限	合格	断	通	通	断
	不合格	通	断	断	通
不允许报警检测或参数上限≤参数下限		断	通	通	断

关闭自动报警功能：

当某项电参数的报警上限值与下限值都被设置为 0，或者上限值小于等于下限值时，该项电参数的自动报警功能即被关闭，其他参数项的报警预置仍然有效。在测量过程中出现报警状态时，轻按"减"键，测量仪停止报警检测，暂停自动报警功能；轻按"增"键，重新启动报警检测，恢复自动报警功能。

（3）增键：在参数设置、报警设置或电能时间设置态，可以使被设置参数数值增加；在报警输出状态，可以启动报警检测功能。

（4）减键：在参数设置、报警设置或电能时间设置态，可以使被设置参数数值减少；在报警输出状态，可以取消报警检测功能。

（5）锁定键：在非参数设置、报警设置及电能时间设置态，按"锁定"键，显示区提示符"HOLD"点亮时，可以锁住当前参数测量值。再按一次"锁定"键，则可退出锁定状态，显示区"HOLD"熄灭，参数测量值定时刷新。（说明：锁定状态下，电能累计及电能时间的累加继续在进行。）

（6）显示转换键：可切换显示功率、功率因数和频率。

在开机上电的初始状态下，默认显示功率，显示区功率对应单位"W"点亮，若在非参数设置、非报警设置及电能时间设置态，按一下"显示转换"键，将显示功率因数项，同时显示区"$\cos\varphi$"点亮；再按一下"显示转换"键，将显示频率项，同时显示区单位"Hz"点亮；再按一下"显示转换"键，回到功率因数显示。

（7）时间转换键：可以设置电能测试预置时间 T1，选择显示电能测试时间 T2 和运转时间 T3。在非参数设置、非报警设置态和电能停止情况下，当按下"时间转换"键选择 T1 时，提示符"SET"点亮，此时可以用"增/减"键修改该预置时间 T1，T1 可设置范围为 0～255 小时 59 分。再按"时间转换"键，退出 T1 设置，"SET"字符熄灭，保存 T1 的预置值，显示区显示测试时间 T2 或运转时间 T3。

在启动电能测试后，当电能测试时间 T2 累积到等于预置时间 T1 时（T2=T1），电能测试将自动停止。但是，当 T1 被设置为"0"时，电能测试时间 T2 不受时间 T1 的约束，T2 将一直累计，直到手动停止电能测试，累计时间超过 255 小时 59 分 59 秒后，时间累计将溢出为 0 而继续累计。在电能测试过程中，当负载电流大于电能累计门限电流的预置值时，电能运转时间 T3 开始累计计时。

在锁定或电能启动状态下，只能转换察看 T1 设置值，不能改变设置值。

（8）启动/停止键：按下此键，电能测试可在启动及停止间切换。

在测量状态，T2<T1（T1≠0）时，按下"启动/停止"键，启动电能测试。电能测试启动后，显示区提示符"TEST"点亮，电能累加、测试时间 T2、运转时间 T3 累计计时。再次按下"启动/停止"键，或当 T2=T1（T1≠0）时，电能测试停止，显示区提示符"TEST"熄灭，电能累加及时间累计停止。

（9）清零键：在电能测试停止、非锁定状态下按下"清零"键，可清除电能量及测试时间 T2、运转时间 T3 数值。

2. 后面板操作使用说明

（1）后面板如图 6.3.2 所示。

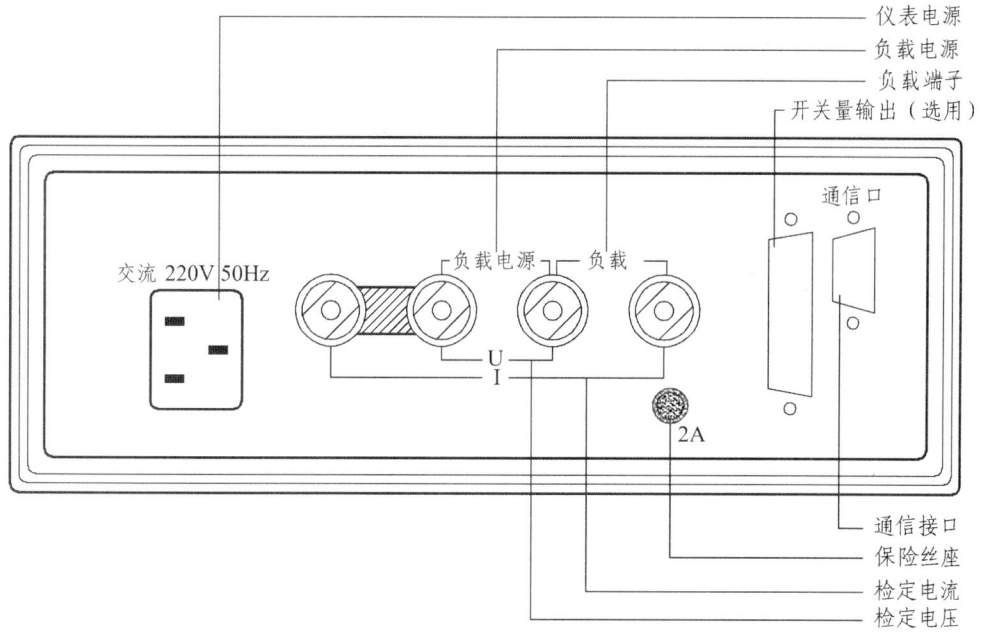

图 6.3.2　AN8701P 后视图

（2）仪表测量连接图如图 6.3.3 所示。

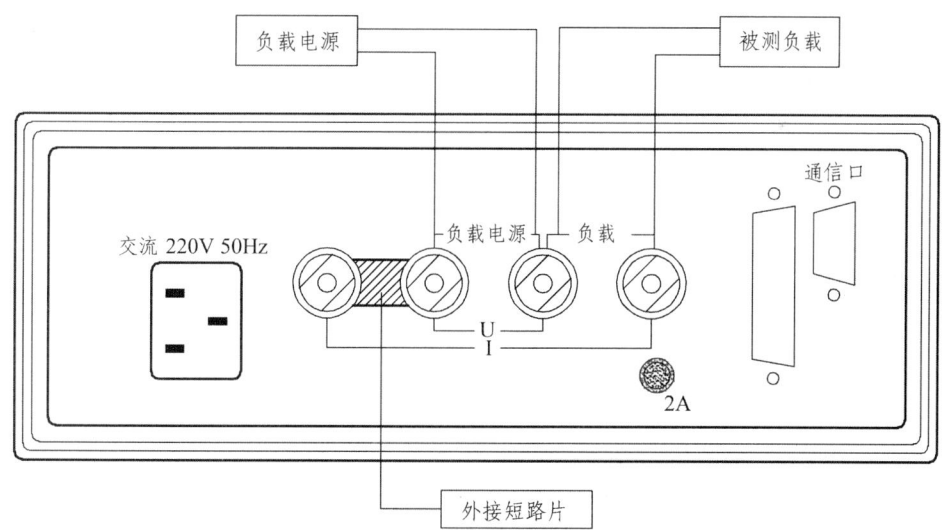

图 6.3.3　仪表测量连接图

3. 测　量

（1）连接测量仪电源。

将仪表电源线的一端插入测量仪的电源插孔。将电源线的另一端插入交流 220 V/50 Hz 电源插座。

（2）测量仪开机。

按下测量仪前面板上的仪表电源按钮，测量仪进入测量状态。

（3）连接负载电源。

先确认负载电源的输出开关为断开状态，然后将负载电源连接线正确压接在仪表后面板的电源端子上。

（4）连接被测负载。

在确认负载电源没有输出的情况下，将负载的电源输入线正确压接在仪表后面板的负载端子上。

（5）闭合负载电源的输出开头，启动被测负载，进行测试。

警告： ① 请勿接触测量仪后面的接线端子，谨防触电！

② 如果电参数窗口显示"CCCC"，仪表状态故障，请立即关闭仪表电源，并参看仪器手册进行故障诊断与维修。

注意： 如果测量仪某一窗口显示"OOOO"，说明该项参数已超出仪表测量范围，请立即关断被测负载的电源开关或断开负载电源，以免损坏测量仪。

4. 结果处理

（1）查看测量结果。

测量仪在测量过程中，将多种电参数测量结果直观地显示在各自窗口上供用户查看记录。配合锁定功能，可以轻松捕捉到任意时刻的测量结果。

（2）测量结果自动报警。

如果用户希望判断测量结果是否在某一规定范围之内，可以启用自动报警功能。

（3）与上位机通信。

用户可以通过串行通信接口将测量结果上传给计算机或其他控制系统,用上位机完成数据处理和系统控制。

6.3.3 串行通信

测量仪提供 RS232、RS485 两种通信接口供用户选用，默认的配置为 RS232 接口。

1. 通信协议

1）数据包

本协议采用数据包的形式进行数据传送，每个数据包由包头、数据体、校验和、包尾四部分组成，如图 6.3.4 所示。

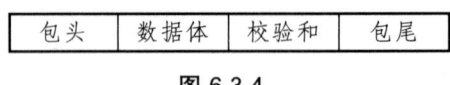

图 6.3.4

其中，包头由字符串"{{{"组成，包尾由"}}}"组成。数据体中包含下位机地址、命令字、传送参数等信息，除命令字为 16 进制数据外，其他数据由 10 进制数位的 ASCII 码数据组成。每次通信由上位机发送命令开始，下位机按地址和命令字响应上位机。校验和是对数据体中各字节相加，取和的低字节，转化为 ASCII 码。例如，数据体各字节相加的和的低字节为 3BH，则发送的校验和为 33H 和 42H。

2）帧格式

每个数据帧由 10 位数据组成。

无校验：1 位起始位，8 位数据位，1 位停止位。
偶校验：1 位起始位，7 位数据位，1 位校验位，1 位停止位。
3）数据体格式
（1）下传数据体格式：
无参数列表的命令字格式（6 字节）：

$$\underset{A}{XXX,}\underset{C}{X,}$$

带参数的命令字格式（60 字节）：

$$\underset{A}{XXX,}\underset{C}{X,}\underset{B}{参数列表}$$

参数列表 B：

仅当命令字为 07H（即预置）时，才有参数列表。

| XXX.X, | XXX.X, | XXXX.X, | XXXX.X, |
| 电压上限（V） | 电压下限（V） | 电流上限（mA） | 电流下限（mA） |

| XXX.XX, | XXX.XX, | XXXX.X, | XXX.XX, |
| 功率上限（W） | 功率下限（W） | 门限电流（mA） | T1（时：分） |

说明：A 为下位机地址，C 为命令字（十六进制数）。

参数命令字：

00H = 传送测量参数　　02H = 系统复位
03H = 锁定/解锁显示　　07H = 预置
40H = 电能测试清零　　41H = 启动电能测试
43H = 停止电能测试

（2）上传数据体格式：
无参数回传数据体格式（6 字节）：

$$\underset{A}{XXX,}\underset{C}{X,}$$

说明：除命令字 00H 外，其他命令字的回传数据都采用上述格式，A 为下位机地址，C 为接收结果状态字，1 表示接收正确，2 表示接收数据错误（要求重发），3 表示无效的命令字，4 表示命令与状态冲突。

回传参数数据体格式（67 字节）：

$$\underset{A}{XXX,}\underset{U}{XXX.XV,}\underset{I}{XXXX.XmA,}\underset{P}{XXX.XW,}\underset{PF}{X.XXX,}$$
$$\underset{LC}{X,}\underset{F}{XXX.XHz,}\underset{E}{XXX.XXXXXkWh,}\underset{T3}{XXX:XX:XX,}$$

说明：A 为响应的下位机地址；U 为电压；I 为电流；P 为功率；PF 为功率因数；LC 为感容性标志；F 为频率；E 为电能量；T3 为电能累计时间；E 的单位为 kW·h，T3 的单位为 H：M：S。感容性标志：1 为阻性，2 为感性，3 为容性。

RS232/485 通信接口如图 6.3.5 所示。

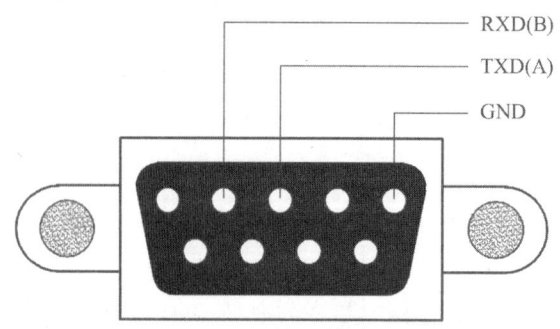

图 6.3.5　RS232/485 通信接口图

注意： 当通信出现故障时请检查测量仪各通信参数设置是否与上位机的相符，以防因测量仪通信参数被擅自修改而出现通信故障。

6.4　DF2173B 交流电压表使用说明书

6.4.1　概　述

本系列仪器是通用型电压表，适用于 30 μV～300 V、5 Hz～2 MHz 交流信号电压的有效值测量，广泛应用于工厂、学校和科研单位。

DF2173B 为单通道单针毫伏表，测量精度高，输入阻抗高，且有监视输出功能，可作放大器使用。

6.4.2　主要技术参数

（1）电压测量范围：100 μV～300 V。
（2）电压刻度：
1 mV、3 mV、10 mV、30 mV、100 mV、300 mV。
1 V、3 V、10 V、30 V、100 V、300 V。
（3）dB 刻度：－60～＋50 dB（0 dB＝1 V）。
（4）电压测量工作误差：＜5% 满刻度（400 Hz）。
（5）频率响应：
100 Hz　～100 kHz　　±5%。
10 Hz　～800 kHz　　±8%。
（6）输入阻抗：1 MΩ/45 pF。
（7）最大输入电压：不得大于 AC 450 V（DF2174B 不得大于 AC 150 V）。
（8）噪声：输入端良好短路时，低于满刻度值的 5%。
（9）监视输出：
① 开路输出电压：0.1 V（rms）（满刻度时）＜5%。
② 输出阻抗：600 Ω。
③ 频率响应：50 Hz～200 kHz ± 3 dB（400 Hz 基准）。

④ 失真系数：小于 3%（输入量程 1 V 挡）。

（10）电源：220（1±10%）V，50 Hz±2 Hz。

6.4.3 工作原理

仪器由输入保护电路、前置放大器、衰减控制器、放大器、表头指示放大电路、监视输出放大器及电源组成。当输入电压过大时，输入保护电路工作，有效地保护了场效应管。衰减控制器用来控制各挡衰减的开通，使仪器在各量程挡均能高精度地工作。监视输出功能可使本仪器作放大器使用。直流电压由集成稳压器产生。

6.4.4 使用方法

（1）前后面板控制说明。

前后面板上各作用件功能如图 6.4.1 所示。

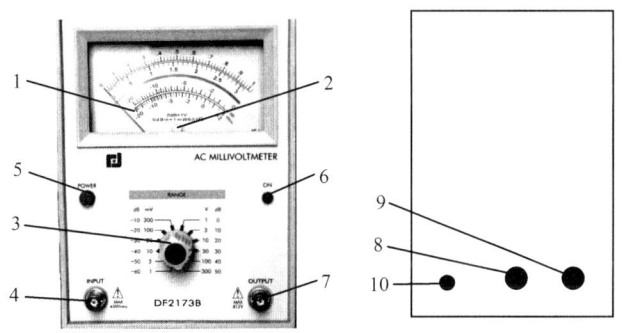

图 6.4.1 DF2173B 前后面板控制说明

1—表头；2—机械零位调整；3—量程开关；4—通道输入；5—电源开关；6—电源指示灯；
7—监视输出端；8—保险丝管；9—电源线（或电源插座）；10—接地端

（2）通电前，先调整电表指针的机械零位。

（3）接通电源，按下电源开关，发光二极管灯亮时仪器立刻工作。但为了保证性能稳定可预热 10 min 后使用，开机后 10 s 内指针无规则摆动数次是正常的。

（4）先将量程开关置于适当量程，再加入测量信号。若测量电压未知，应将量程开关置最大挡，然后逐级减小量程。

（5）当输入电压在任何一量程挡指示为满度值时，监视输出端的输出电压为 0.1 V(rms)。

（6）若要测量高电压时，输入端黑柄鳄鱼夹必须接在"地"端。

6.5 DF1701SB/SC 可调式直流稳压、稳流电源使用说明书

6.5.1 概 述

DF1701SB/SC 是由两路可调输出电源和一路固定输出电源组成的高精度电源。其中两路

可调输出电源具有稳压与稳流自动转换功能,其电路由调整管功率损耗控制电路、运算放大器和带有温度补偿的基准稳压器等组成。因此,电路稳定可靠,电源输出电压可在 0 至标称电压值之间任意调整,在稳流状态时,稳流输出电流可在 0 至标称电流值之间连续可调。两路可调电源间可以任意进行串联或并联,在串联和并联的同时又可由一路主电源进行电压或电流(并联时)跟踪。串联时最高输出电压可达两路电压额定值之和,并联时最大输出电流可达两路电流额定值之和。另一路固定输出 5 V 电源,控制部分由单片集成稳压器组成。三组电源均具有可靠的过载保护功能,输出过载或短路都不会损坏电源。

本电源具有体积小、性能好、款式新颖等特点,是科研、院校、工厂及电子电器维修等单位的首选使用电源。

6.5.2 主要技术指标

(1) 输入电压:AC 220(1±10%)V,50 Hz ± 2 Hz(输出电流小于 5 A)。
(2) 双路可调整电源:
① 额定输出电压:2 × 0 ~ 30 V(连续可调)。
② 额定输出电流:2 × 0 ~ 3 A(连续可调)。
③ 电源效应:

$CV \leqslant 1 \times 10^{-4} + 0.5$ mV,
$CC \leqslant 2 \times 10^{-3} + 6$ mA。

④ 负载效应:

$CV \leqslant 1 \times 10^{-4} + 2$ mV(输出电流 $\leqslant 3$ A),
$\leqslant 1 \times 10^{-3} + 5$ mV(输出电流 >3 A),
$CC \leqslant 2 \times 10^{-3} + 6$ mA。

⑤ 纹波与噪声:

$CV \leqslant 0.5$ mV(rms)(输出电流 $\leqslant 3$ A),
$\leqslant 1.0$ mV(rms)(输出电流 >3 A),
$CC \leqslant 3$ mA(rms)。

⑥ 保护:电流限制保护。
⑦ 指示表头:电压表和电流表精度 2.5 级,或三位半数字电压表和电流表。

精度:电压表 ±1% + 2 个字;
电流表 ±2% + 2 个字。

⑧ 其他:双路电源可进行串联和并联。串联时可由一路主电源进行输出电压调节,此时从电源输出电压严格跟踪主电源输出电压值;并联稳流时也可由主电源调节稳流输出电流,此时从电源输出电流严格跟踪主电源输出电流值。

(3) 固定输出电源:
① 额定输出电压:5(1±3%)V。
② 额定输出电流:3 A。
③ 电源效应:$\leqslant 1 \times 10^{-4} + 1$ mV。
④ 负载效应:$\leqslant 1 \times 10^{-3}$。

⑤ 纹波与噪声：≤0.5 mV(rms)。
⑥ 保护：电流限制及短路保护。

6.5.3 工作原理

可调电源由整流滤波电路、辅助电源电路、基准电压电路、稳压、稳流比较放大电路、调整电路及稳压稳流取样电路等组成，如图 6.5.1 所示。

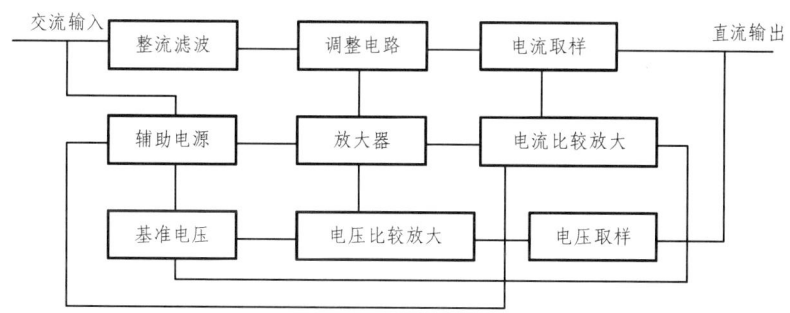

图 6.5.1　可调电源图

当输出电压由于电源电压或负载电流变化引起变动时，则变动的信号经稳压取样电路与基准电压相比较，其所得误差信号经比较放大器放大后，经放大电路控制调整管使输出电压调整为给定值。因为比较放大器由集成运算放大器组成，增益很高，因此输出端有微小的电压变动，也能得到调整，以达到高稳定输出的目的。

稳流调节与稳压调节基本一样，因此同样具有高稳定性。

本电源采用电压、电流表或三位半数字电压、电流表各两只，对输出电压和电流进行适时显示。因此，可以适时对各路输出的电压、电流值进行观察。

6.5.4　使用方法

DF1701SB/SC 面板排列如图 6.5.2 所示。

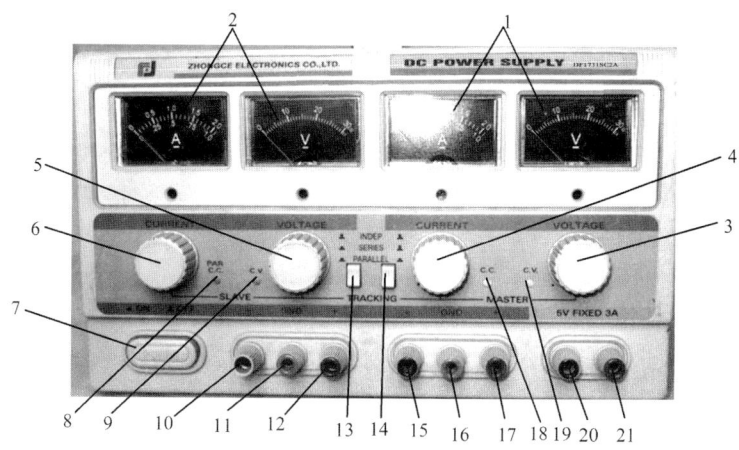

图 6.5.2　DF1701SB/SC 面板图

1. 面板各元件的作用（图 6.5.2 中 1～21 标记）

1—— 指针式电表或数字表：指示主路输出电压、电流值。

2—— 指针式电表或数字表：指示从路输出电压、电流值。

3—— 主路稳压输出电压调节旋钮：调节主路输出电压值。

4—— 主路稳流输出电流调节旋钮：调节主路输出电流值（即限流保护点调节）。

5—— 从路稳压输出电压调节旋钮：调节从路输出电压值。

6—— 从路稳流输出电流调节旋钮：调节从路输出电流值（即限流保护点调节）。

7—— 电源开关：当此电源开关被置于"ON"时（即开关被按下时），机器处于"开"状态，此时稳压指示灯亮或稳流指示灯亮。反之，机器处于"关"状态（即开关弹起时）。

8—— 从路稳流状态或两路电源并联状态指示灯：当从路电源处于稳流工作状态或两路电源处于并联状态时，此指示灯亮。

9—— 从路稳压状态指示灯：当从路电源处于稳压工作状态时，此指示灯亮。

10—— 从路直流输出负接线柱：输出电压的负极，接负载负端。

11—— 机壳接地端：机壳接大地。

12—— 从路直流输出正接线柱：输出电压的正极，接负载正端。

13—— 两路电源独立、串联、并联控制开关。

14—— 两路电源独立、串联、并联控制开关。

15—— 主路直流输出负接线柱：输出电压的负极，接负载负端。

16—— 机壳接地端：机壳接大地。

17—— 主路直流输出正接线柱：输出电压的正极，接负载正端。

18—— 主路稳流状态指示灯：当主路电源处于稳流工作状态时，此指示灯亮。

19—— 主路稳压状态指示灯：当主路电源处于稳压工作状态时，此指示灯亮。

20—— 固定 5 V 直流电源输出负接线柱：输出电压负极，接负载负端。

21—— 固定 5 V 直流电源输出正接线柱：输出电压正极，接负载正端。

2. 使 用

1）双路可调电源独立使用

（1）将 13 和 14 开关分别弹起位置。

（2）可调电源作为稳压源使用时，首先将稳流调节旋钮 4 和 6 顺时针调节到最大，然后打开电源开关 7，并调节电压调节旋钮 3 和 5，使主路和从路输出直流电压至所需要的电压值，此时稳压状态指示灯 19 和 9 发光。

（3）可调电源作为稳流源使用时，在打开电源开关 7 后，先将稳流调节旋钮 3 和 5 顺时针调节到最大，同时将稳流调节旋钮 4 和 6 反时针调节到最小，然后接上所需负载，再顺时针调节稳流调节旋钮 4 和 6，使输出电流至所需要的稳定电流值。此时稳压状态指示灯 19 和 9 熄灭，稳流状态指示灯 18 和 8 发光。

（4）在作为稳压源使用时稳流电流调节旋钮 4 和 6 一般应调至最大，但是本电源也可以任意设定限流保护点。设定办法为：打开电源，反时针将稳流调节旋钮 4 和 6 调到最小，然后短接输出正、负端子，并顺时针调节稳流电流调节旋钮 4 和 6，使输出电流等于所要求的限流保护点的电流值，此时限流保护点就设定好了。

2)双路可调电源串联使用

(1)将 13 开关按下,14 开关弹起,此时调节主电源电压调节旋钮 3,从路的输出电压严格跟踪主路输出电压,使输出电压最高可达两路电源的额定值之和(即端子 10 和 17 之间电压)。

(2)在两路电源串联以前应先检查主路和从路电源的负端是否有连接片与接地端相连,如有则应将其断开,不然在两路电源串联时将造成从路电源的短路。

(3)在两路电源处于串联状态时,两路的输出电压由主路控制,但是两路的电流调节仍然是独立的。因此在两路串联时应注意电流调节旋钮 6 的位置,如旋钮 6 在反时针到底的位置或从路输出电流超过限流保护点,此时从路的输出电压将不再跟踪主路的输出电压。所以一般两路串联时应将旋钮 6 顺时针旋到最大。

(4)在两路电源串联时,如有功率输出则应用与输出功率相对应的导线将主路的负端和从路的正端可靠短接。因为机器内部是通过一个开关短接的,所以当有功率输出时短接开关将通过输出电流。长此下去将无助于提高整机的可靠性。

3)双路可调电源并联使用

(1)将 13 开关按下,14 开关也按下,此时两路电源并联,调节主电源电压调节旋钮 3,两路输出电压一样。同时从路稳流指示灯 8 发光。

(2)在两路电源处于并联状态时,从路电源的稳流调节旋钮 6 不起作用。当电源作为稳流源使用时,只需调节主路的稳流调节旋钮 4,此时主、从路的输出电流均受其控制并相同。其输出电流最大可达两路输出电流之和。

(3)在两路电源并联时,如有功率输出则应用与输出功率对应的导线分别将主、从电源的正端和正端、负端和负端可靠短接,以使负载可靠地接在两路输出的输出端子上。如将负载只接在一路电源的输出端子上,将有可能造成两路电源输出电流的不平衡,同时也有可能造成串并联开关的损坏。

3. 输出指示

本电源的输出指示为三位半(表头为 2.5 级),如果想得到更精确的量值,则需要在外电路用更精密的测量仪核准。

4. 注意事项

(1)本电源设有完善的保护功能。5 V 电源具有可靠的限流和短路保护功能;两路可调电源具有限流保护功能。由于电路中设置了调整管功率损耗控制电路,因此,当输出电流发生短路时,此时大功率调整管上的功率损耗并不是很大,完全不会对本电源造成任何损坏。但是短路时本电源仍有功率损耗,为了减少不必要的机器老化和能源消耗,应尽早发现并关掉电源,将故障排除。

(2)使用完毕后,请放在干燥通风的地方,并保持清洁。若长期不用应将电源插头拔下后再存放。

(3)对稳压电源进行维修时,必须将输入电源断开。

(4)电源使用不当、使用环境异常、220 V 输入电压瞬时突变、机内元器件损坏等,均可能引起电源故障。当电源发生故障时,输出电压有可能超过额定输出最高电压,使用时务必请注意!慎防负载损坏。

6.6 DF1731SB3AB 可调式直流稳压、稳流电源

6.6.1 概　述

DF1731SB3AB 为一种 3 输出的直流稳定电源,面板上每路可调电源用一组带背光的 LCD 显示,通过开关选择所指示电源的输出电压或输出电流值,具有稳压与稳流自动转换功能,其电路由调整管功率损耗控制电路、运算放大器和带有温度补偿的基准稳压器等组成。因此,电路稳定可靠,电源输出电压调整范围不小于 0～30 V。在稳流状态时,稳流输出电流能从 0～3 A 连续可调。在双路输出时两路可调电源间又可以任意进行串联或并联,在串联和并联的同时又可由一路主电源进行电压或电流(并联时)跟踪。串联时最高输出电压可达两路电压额定值之和,并联时最大输出电流可达两路电流额定值之和。两组电源均具有可靠的过载保护功能,输出过载或短路都不会损坏电源。

6.6.2 主要技术指标

（1）输入电压：AC $220_{-5\%}^{+10\%}$ V, 50 Hz ± 2 Hz。

（2）双路可调整电源：

① 额定输出电压：不小于 0～30 V 范围。

② 额定输出电流：不小于 0～3 A 范围。

③ 电源效应：CV ≤ 2×10^{-4}+1 mV,

　　　　　　 CC ≤ 5×10^{-3}+3 mA。

④ 负载效应：CV ≤ 1×10^{-4}+2 mV,

　　　　　　 CC ≤ 5×10^{-3}+5 mA。

⑤ 纹波与噪声：CV ≤ 1 mV(rms),

　　　　　　　 CC ≤ 3 mA(rms)。

⑥ 保护：电流限制保护,并能自动恢复。

⑦ 三位半数字电压表和电流表,精度：±1%+2 个字。

⑧ 其他：双路电源可进行串联和并联,串、并联时可由一路主电源进行输出电压调节,此时从电源输出的电压严格跟踪主电源输出电压值。并联稳流时也可由主电源调节稳流输出电流,此时从电源输出的电流严格跟踪主电源输出的电流值。

（3）工作环境：

① 温度：0℃～+40℃。

② 相对湿度：最大 RH85%。

（4）外形尺寸：360 mm × 265 mm × 165 mm （$l \times b \times h$）。

（5）工作时间：8 小时连续工作。

6.6.3 工作原理

可调电源由整流滤波电路，辅助电源电路，基准电压电路，稳压、稳流比较放大电路，调整电路及稳压稳流取样电路等组成。其方框图如图 6.6.1 所示。

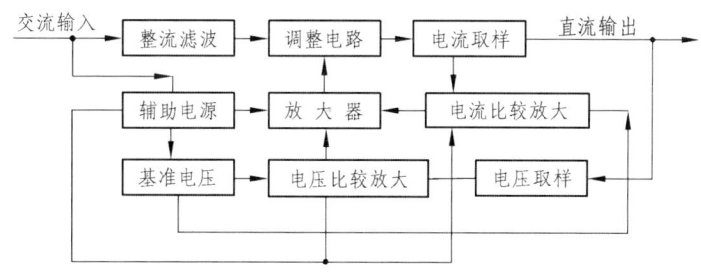

图 6.6.1 可调电源原理方框图

当输出电压由于电源电压或负载电流变化引起变动时，变动的信号经稳压取样电路与基准电压相比较，其所得误差信号经比较放大器放大后，经放大电路控制调整管使输出电压调整为给定值。因为比较放大器由集成运算放大器组成，增益很高，因此，输出端有微小的电压变动，也能得到调整，以达到高稳定输出的目的。

稳流调节与稳压调节基本一样，因此同样具有高稳定性。

电路（图 6.6.2 ~ 6.6.4）内各主要元件的作用如下：

输入的 220 V/50 Hz 交流市电，经变压器降压后分别供给主回路整流器和辅助电源整流器。主回路整流器是通过变压器绕组选择电路（即调整管功率损耗控制电路）接到与输出电压相对应的变压器绕组上。整流滤波电路由 V_7 ~ V_{10}、C_6 所构成，采用桥式整流，大容量电容滤波，因此输出的直流电压交流分量较少。

辅助电源由 N_3、V_1 ~ V_4、V_6、C_1 ~ C_3 及有关电阻构成辅助电源电路，它主要作为集成运算放大器正负电源和 V_5 集成基准稳压器使用。

变压器绕组选择电路由 N_4（LM324 四运算放大器）、V_{23} ~ V_{28} 及 R_{20} ~ R_{34}、K_1 ~ K_2 等组成，稳压电源的输出电压经电阻分压，分别加到两个运算放大器的同相端，两个运算放大器的反相端分别接两个基准电压，当输出电压在 0 ~ 8 V、8 ~ 16 V、16 ~ 22.5 V、22.5 ~ 32 V 范围内变化时，两个运算放大器的输出有四种不同的组合，即 K_1、K_2 继电器有四种不同的通断组合，也就是使加在主整流滤波回路上的交流电压有四个不同的值，它们与稳压电源的输出电压相对应，当输出电压高时交流电压高，当输出电压低时交流电压也相应低。从而保证了大功率调整管的功耗不会过高。

基准电压电路由 V_5 和 R_1、C_4 组成，由辅助电源产生的 +12 V 电压经过限流电阻 R_1 在带有温度补偿的集成稳压器上产生，因此，基准电压非常稳定。

输出电压取样、电压比较放大电路是由 N_1 电压比较器和有关电阻电容等组成。取样电压直接取自输出接线端子 X_2，接到 N_1 电压比较放大器的反相端。基准电压经由电阻 R_{16}、电位器 R_{P2}、R_{P5} 分压后接到 N_1 电压比较器的同相端。由于是二级稳压且带有温度补偿，因此该基准电压具有很好的稳定性。R_{P5} 电位器装在面板上，调节 R_{P5} 电位器的阻值就可以改变比较放大器同相输入端的基准值，从而起到调节输出电压值的作用。

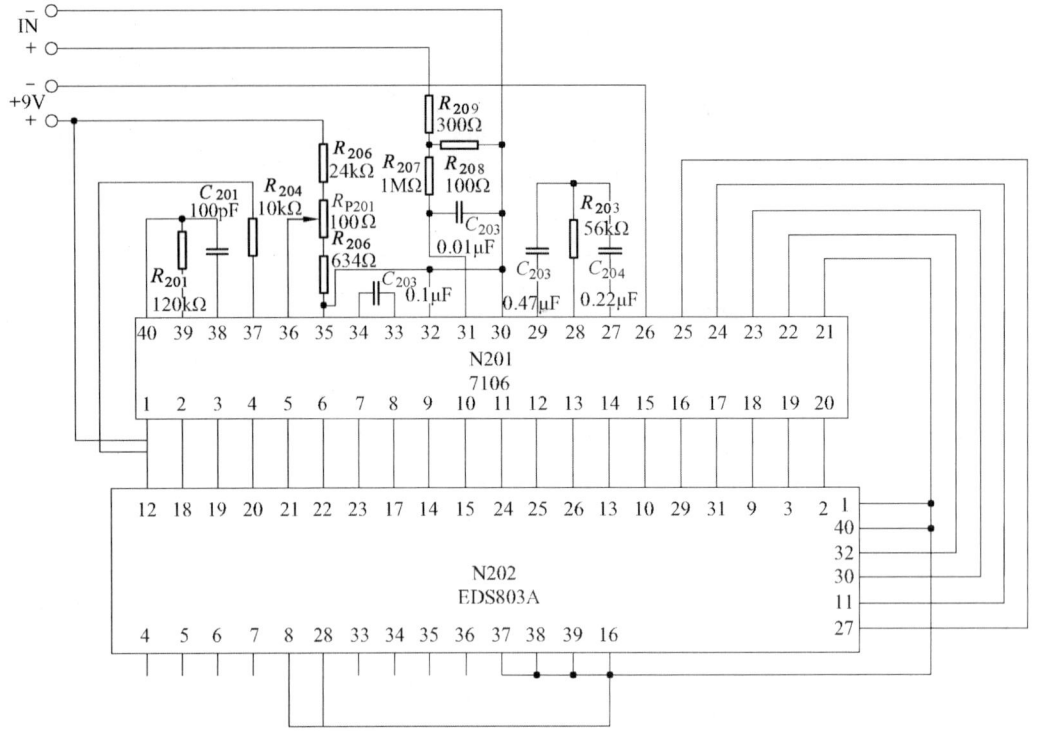

图 6.6.2

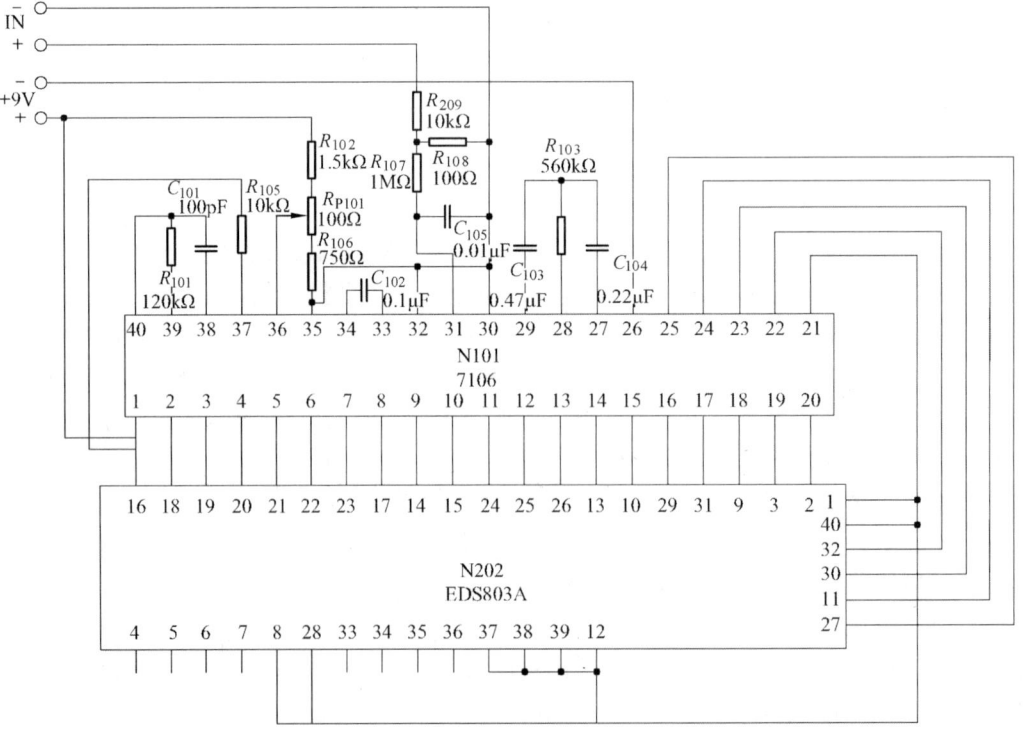

图 6.6.3

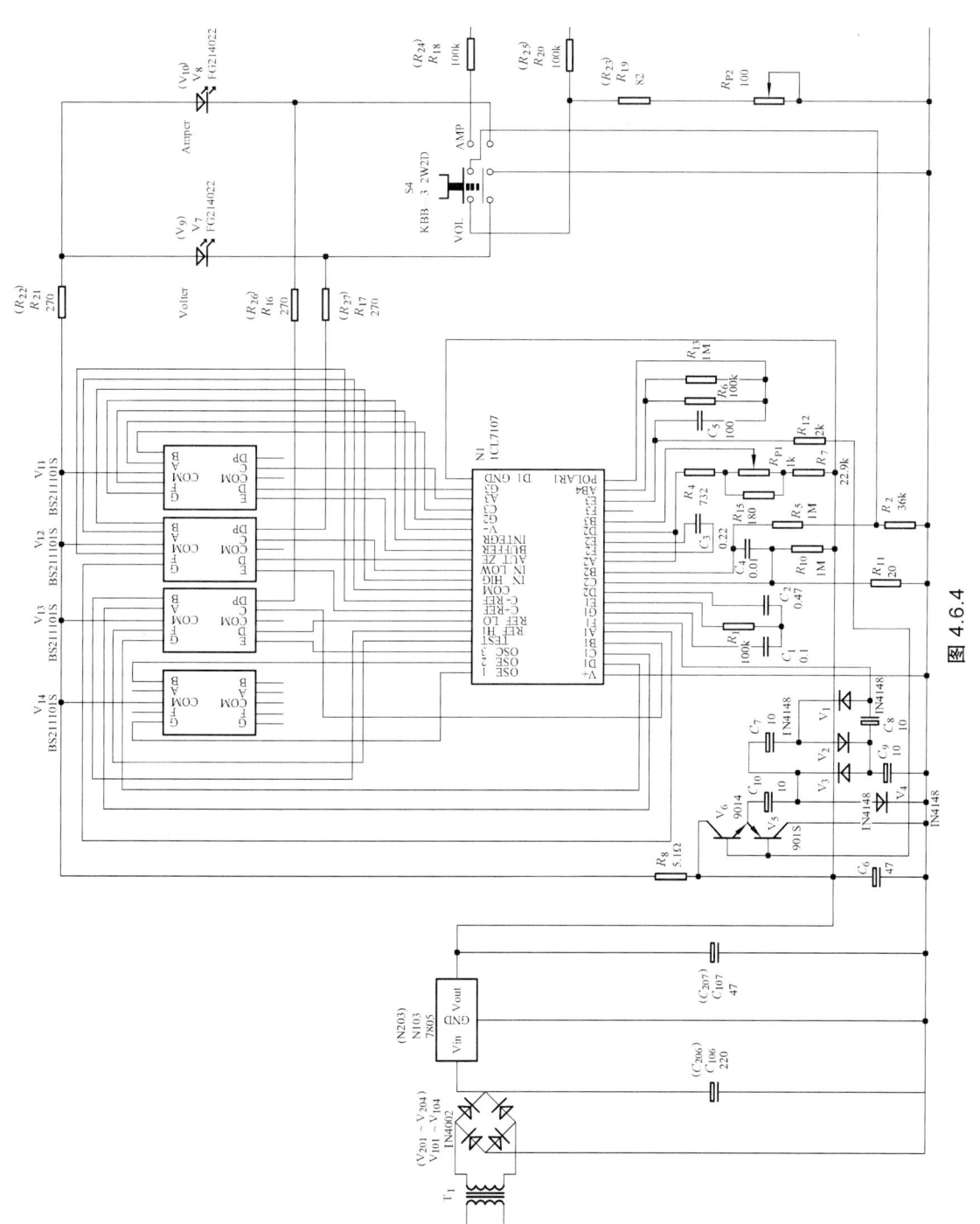

图 4.6.4

稳流取样及比较放大电路是由 N_2 和电阻 $R_9 \sim R_{12}$ 及电位器 R_{P1}、R_{P4} 等组成。输入运算放大器 N_2 反相端的电压是输出电流流过 R_{10}、R_{12} 后产生的电压降，所以 N_2 运算放大器反相输入端电压的高低反映了输出电流的大小。同相端的输入电压是由基准电压分压后产生的。当同相端电压高于反相端电压时，运算放大器输出高电平，稳流电路不起作用，电源处于稳压状态。当同相端电压低于反相端电压时，运算放大器输出低电平，稳流电路起作用，电路进入稳流状态。例如，负载电阻减小时，输出电流就要增加，同时 R_{10}、R_{12} 电阻两端的电压降也将增大，即运算放大器 N_2 反相端输入电压上升，由于同相端基准电压未变，所以运算放大器输出端的电压将下降，使输出电压降低，从而保证了输出电流恒定。因此，改变 R_{P4} 的阻值即改变了基准电压，也就可以改变恒定输出电流值。

V_{17}、V_{18} 是两只并联的调整管，为维持一定的输出电流且保证足够的功率，选择了具有相同参数的大功率三极管并联，并且在发射极串入了均衡电阻（R_{10}、R_{12}），以免因电流分配不均而损坏调整管。

本电源电压、电流采用 LCD 显示，因此可以适时对各路输出的电压、电流值进行观察。

6.6.4 使用方法

面板排列如图 6.6.5 所示。

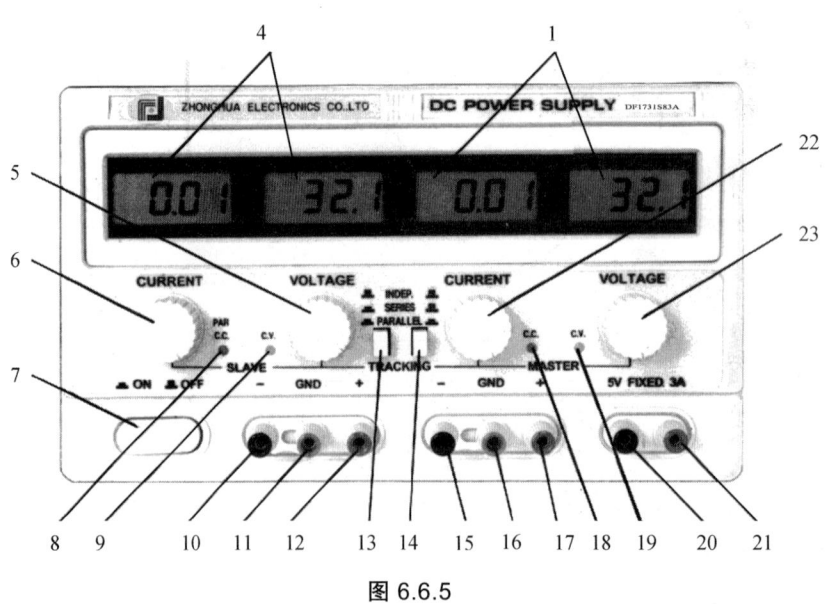

图 6.6.5

1. 图 6.6.5 面板各控制件的作用

1—— 数字电表：指示主路输出电压、电流值。

2—— 主路输出指示选择开关：选择主路的输出电压或电流值。

3—— 从路输出指示选择开关：选择从路的输出电压或电流值。

4—— 数字电表：指示从路输出电压、电流值。

5—— 从路稳压输出电压调节旋钮：调节从路输出电压值。

6——从路稳流输出电流调节旋钮：调节从路输出电流值（即限流保护点调节）。

7——电源开关：当此电源开关被置于"ON"（即开关被按下时），机器处于"开"状态，此时稳压指示灯亮或稳流指示灯亮。反之，机器处于"关"状态（即开关弹起时）。

8——从路稳流状态或两路电源并联状态指示灯：当从路电源处于稳流工作状态或两路电源处于并联状态时，此指示灯亮。

9——从路稳压状态指示灯：当从路电源处于稳压工作状态时，此指示灯亮。

10——从路直流输出负接线柱：输出电压的负极，接负载负端。

11——机壳接地端：机壳接大地。

12——从路直流输出正接线柱：输出电压的正极，接负载正端。

13——两路电源独立、串联、并联控制开关。

14——两路电源独立、串联、并联控制开关。

15——主路直流输出负接线柱：输出电压的负极，接负载负端。

16——机壳接地端：机壳接大地。

17——主路直流输出正接线柱：输出电压的正极，接负载正端。

18——主路稳流状态指示灯：当主路电源处于稳流工作状态时，此指示灯亮。

19——主路稳压状态指示灯：当主路电源处于稳压工作状态时，此指示灯亮。

20——固定 5 V 直流电源输出负接线柱：输出电压负极，接负载负端。

21——固定 5 V 直流电源输出正接线柱：输出电压正极，接负载正端。

22——主路稳流输出电流调节旋钮：调节主路输出电流值（即限流保护点调节）。

23——主路稳压输出电压调节旋钮：调节主路输出电压值。

2．使　用

1）可调电源独立使用

各开关、旋钮如面板图 6.6.5 所示。

（1）将面板上的 13 和 14 开关分别置于弹起位置（即■位置）

（2）可调电源作为稳压源使用时，首先应将面板上的稳流调节旋钮 6 和 22 顺时针调节到最大，然后打开电源开关 7，并调节电压调节旋钮 5 和 23，使输出直流电压至需要的电压值，此时稳压状态指示灯 9 和 19 发光。

（3）可调电源作为稳流源使用时，在打开面板上的电源开关 7 后，先将稳压调节旋钮 5 和 23 顺时针调到最大，同时将稳流调节旋钮 6 和 22 反时针调到最小，然后接上所需负载，再顺时针调节稳流调节旋钮 6 和 22，使输出电流至所需要的稳定电流值。此时稳压状态指示灯 9 和 19 熄灭，稳流状态指示灯 8 和 18 发光。

（4）在作为稳压源使用时，面板上的稳流电流调节旋钮 6 和 22 一般应该调至最大，但是本电源也可以任意设定限流保护点。设定办法是，打开电源，反时针将稳流调节旋钮 6 和 22 调到最小，然后接上负载，并顺时针调节稳流调节旋钮 6 和 22，使输出电流等于所要求的限流保护点的电流值，此时限流保护点就被设定好了。

（5）若电源只带一路负载时，为延长机器的使用寿命，减少功率管的发热量，请将负载接在主路电源上。

2）双路可调电源串联使用

（1）将面板上的 13 开关按下（即■位置），14 开关置于弹起(即■位置)，此时调节主电源电压调节旋钮 23，从路的输出电压严格跟踪主路输出电压。使输出电压最高可达两路电流的额定值之和（即端子 10 和 17 之间的电压）。

（2）在两路电源串联以前应先检查主路和从路电源的负端是否有连接片与接地端相连，如有则应将其断开，否则在两路电源串联时会造成从路电源短路。

（3）在两路电源处于串联状态时，两路的输出电压由主路控制，但是两路的电流调节仍然是独立的。因此，在两路串联时应注意面板上电流调节旋钮 6 的位置，如旋钮 6 在反时针到底的位置或从路输出电流超过限流保护点，此时从路的输出电压将不再跟踪主路的输出电压。所以一般两路串联时应将旋钮 6 顺时针旋到最大。

（4）在两路电源串联时，如有功率输出，则应用与输出功率相对应的导线将主路的负端和从路的正端可靠短接。因为机器内部是通过一个开关短接的，所以当有功率输出时短接开关将通过输出电流。长此下去对提高整机的可靠性没有帮助。

3）双路可调电源并联使用

（1）将面板上的 13 开关按下（即 ▬ 位置），14 开关也按下（即 ▬ 位置），此时两路电源并联，调节主电源电压调节旋钮 23，两路输出电压一样。同时从路稳流指示灯 8 发光。

（2）在两路电源处于并联状态时，从路电源的稳流调节面板上的旋钮 6 不起作用。当电源作稳流源使用时，只需调节主路的稳流调节旋钮 22，此时主、从路的输出电流均受其控制且值相同。其输出电流最大可达两路输出电流之和。

（3）在两路电源并联时，如有功率输出，则应用与输出功率对应的导线分别将主、从电源的正端和正端、负端和负端可靠短接，以使负载可靠地接在两路输出的输出端子上。否则，若将负载只接在一路电源的输出端子上，将有可能造成两路电源输出电流的不平衡，同时也有可能造成串并联开关的损坏。

本电源的输出指示为三位半，如果要想得到更精确的值，需在外电路用更精密的测量仪器校准。

6.6.5 注意事项

（1）本电源设有完善的保护功能。

两路可调电源具有限流保护和短路保护功能，由于电路中设置了调整管功率损耗控制电路，因此，当输出发生过载现象时，此时大功率调整管上的功率损耗并不是很大，完全不会对本电源造成任何损坏。但是过载时本电源仍有功率损耗，为了减少不必要的机器老化和能源消耗，应尽早发现并关掉电源，将故障排除。

（2）输出空载时限流电位器逆时针旋足（调为 0 时），电源即进入非工作状态，其输出端可能有 1 V 左右的电压显示，这属于正常现象，非电源的故障。

（3）使用完毕后，请将电源放在干燥通风的地方，并保持清洁，若长期不使用，应将电源插头拔下后再存放。

（4）对稳定电源进行维修时，必须将输入电源断开。

（5）因电源使用不当或使用环境异常及机内元器件失效等均可能引起电源故障。当电源发生故障时，输出电压有可能超过额定输出最高电压，使用时务请注意！谨防造成不必要的负载损坏。

（6）三芯电源线的保护接地端，必须可靠接地，以确保使用安全！

6.7 DF1405/DF1410/DF1420/DF1440 数字合成函数信号发生器系列

6.7.1 概　述

本系列仪器属于精密的测试仪器，具有输出函数信号、调频、调幅、FSK、PSK、猝发、频率扫描等信号的功能。此外，本系列仪器还具有测频和计数功能，是电子工程师、电子实验室、生产线及教学、科研的理想测试设备。

本系列仪器的主要特征：

（1）采用直接数字合成技术（DDS）。
（2）主波形输出频率为100 μHz～40 MHz（DF1440）。
（3）小信号输出幅度可达1 mV。
（4）脉冲波占空比分辨率高达1/1 000。
（5）数字调频分辨率高、准确。
（6）猝发模式具有相位连续调节功能。
（7）频率扫描输出可任意设置起点、终点频率。
（8）相位调节分辨率达0.1度。
（9）调幅调制度1%～120%可任意设置。
（10）输出波形达30余种。
（11）具有频率测量和计数的功能。
（12）机箱造型美观大方，按键操作舒适灵活。

6.7.2 技术指标

1. 函数发生器

1）波形特性

主波形：正弦波、方波、TTL波；
　　　　波形幅度分辨率：12 bits；
　　　　采样速率：200 Msa/s；
　　　　正弦波谐波失真：–50 dB（C）（频率≤5 MHz），
　　　　　　　　　　　–45 dB（C）（频率≤10 MHz），
　　　　　　　　　　　–40 dB（C）（频率≤20 MHz），
　　　　　　　　　　　–35 dB（C）（频率≤40 MHz）；
　　　　正弦波失真度：0.1%（频率：20 Hz～100 kHz）；
　　　　方波升降时间：≤25 ns（DF1405型、DF1410型）；
　　　　　　　　　　　≤15 ns（DF1420型、DF1440型）。

注意：正弦波谐波失真、正弦波失真度、方波升降时间测试条件：输出幅度 $2V_{p-p}$，环境温度 25 ℃±5 ℃。

储存波形：正弦波、方波、脉冲波、三角波、锯齿波、阶梯波等27种波形；
波形长度：4 096点；
波形幅度分辨率：10 bits；
脉冲波占空系数：0.1% ~ 99.9%（频率≤10 kHz），
1% ~ 99%（10 ~ 100 kHz）；
升降时间：100 ns；
线性度：输出峰值的0.1%。

2）频率特性

主波形：100 μHz ~ 5 MHz（DF1405型），
100 μHz ~ 10 MHz（DF1410型），
100 μHz ~ 20 MHz（DF1420型），
100 μHz ~ 40 MHz（DF1440型）；

储存波形：100 μHz ~ 100 kHz；

分辨率：1 μHz；

频率误差：≤ ±5 × 10^{-6}；

频率稳定度：±1 × 10^{-6}。

3）幅度特性

幅度范围：2 mV ~ 20 $V_{p\text{-}p}$（高阻），1 mV ~ 10 $V_{p\text{-}p}$（50 Ω）；

最高分辨率：2 $\mu V_{p\text{-}p}$（高阻），1 $\mu V_{p\text{-}p}$（50 Ω）；

幅度误差：≤ ±1%+0.2 mV（频率1 kHz正弦波）；

幅度稳定度：±0.5%/3小时；

平坦度：幅度≤2$V_{p\text{-}p}$：±3%（频率≤5 MHz），
±5%（频率≤10 MHz），
±10%（频率≤40 MHz）；

幅度≥2$V_{p\text{-}p}$：±5%（频率≤5 MHz），
±10%（频率≤20 MHz），
±30%（频率≤40 MHz）；

输出阻抗：50 Ω；

幅度单位：$V_{p\text{-}p}$，$mV_{p\text{-}p}$，V(rms)，mV(rms)，dBm。

4）偏移特性

偏移范围：±10 V（高阻），±5 V（50 Ω）；

分辨率：2 $\mu V_{p\text{-}p}$（高阻），1 $\mu V_{p\text{-}p}$（50 Ω）；

偏移误差：≤ ±1%+10 mV。

5）调幅特性

载波信号：波形为正弦波或方波，频率范围同主波形；

调制方式：内或外；

调制信号：内部5种波形（正弦、方波、三角、升锯齿、降锯齿）或外输入信号；

调制信号频率：100 μHz ~ 20 kHz；

失真度：≤2%；

调制深度：1%～120%；
相对调制误差：≤±（5%+0.2）（100 µHz～10 kHz），
　　　　　　　≤+（10%+0.5）（10～20 kHz）；
外输入信号幅度：3V$_{p-p}$（−1.5～+1.5 V）。

6）调频特性
载波信号：波形为正弦波或方波，频率范围同主波形；
调制方式：内或外；
调制信号：内部5种波形（正弦、方波、三角、升锯齿、降锯齿）；
调制信号频率：100 µHz～10 kHz；
频偏：内调频最大频偏为载波频率的50%；外调频最大频偏为载波频率的10%，输入信号电压3V$_{p-p}$（−1.5～+1.5 V）；
FSK：频率1和频率2任意设定；
控制方式：内或外（外控：TTL电平，低电平F1，高电平F2）；
交替速率：0.05 ms～800 s。

7）调相特性
基本信号：波形为正弦波或方波，频率范围同主波形；
PSK：相位1（P1）和相位2（P2）范围：0.1°～360.0°；
分辨率：0.1°；
交替时间间隔：0.05 ms～800 s；
控制方式：内或外（外控：TTL电平，低电平P2，高电平P1）。

8）猝　发
基本信号：波形为正弦波或方波，频率范围同主波形；
猝发计数：1～10 000个周期；
猝发信号交替时间间隔：0.1 ms～800 s；
控制方式：内（自动）/外（单次手动按键触发、外输入TTL脉冲上升沿触发）。

9）频率扫描特性
信号波形：正弦波和方波；
扫描范围：扫描起始点和终止点任意设定；
扫描时间：1 ms～800 s（线性），100 ms～800 s（对数）；
扫描方式：线性扫描和对数扫描；
外触发信号频率：≤1 kHz（线性），≤10 Hz（对数）；
控制方式：内（自动）/外（单次手动按键触发、外输入TTL 脉冲上升沿触发）。

10）调制信号输出（点频状态时输出为100 Hz正弦波信号）
输出频率：100 µHz～20 kHz；
输出波形：正弦、方波、三角、升锯齿、降锯齿；
输出幅度：5V$_{p-p}$（1±2%）；
输出阻抗：600 Ω。

11）存储特性
存储参数：信号的频率值、幅度值、波形、直流偏移值、功能状态；

存储容量：10个信号；

重现方式：全部存储信号用相应序号调出；

存储时间：10年以上。

12）计算特性

在数据输入和显示时，既可以使用频率值，也可以使用周期值；既可以使用幅度有效值，也可以使用幅度峰-峰值和dBm值。

13）操作特性

除了数字键直接输入外，还可使用调节旋钮连续调整数据，操作方法可灵活选择。

2. 计数器

1）测　频

频率测量范围：1 Hz ~ 100 MHz；

最小输入电压：

"ATT"打开：50 mV（频率：10 Hz ~ 50 MHz），

100 mV（频率：1 Hz ~ 100 MHz），

"ATT"合上：0.5 V（频率：10 Hz ~ 50 MHz），

1 V（频率：1 Hz ~ 100 MHz）；

最大允许输入电压：$100V_{p-p}$（频率≤10 kHz），

$20V_{p-p}$（频率≤100 MHz）；

低通：截止频率约为100 kHz，

带内衰减：≤-3 dB

带外衰减：≥-30 dB（频率 > 1 MHz）；

闸门时间设置：10 ms ~ 10 s 连续可调。

2）计　数

计数容量：$\leq 4.29 \times 10^9$；

控制方式：手动或外闸门控制；

信号频率：≤50 MHz。

3. 其　他

1）使用条件

电源电压：198 ~ 242 V，频率：47 ~ 53 Hz，功耗：<35 V·A，环境温度：0 ℃ ~ 40 ℃。

2）物理特性

机箱尺寸：385 mm × 225 mm × 105 mm（$l \times b \times h$）。

使用表面贴装工艺和大规模集成电路，可靠性高，体积小，重量轻。

采用12位高亮度VFD显示。

3）程控特性

本机可选购RS232C串行接口，可在计算机的控制下与其他仪器组成自动测试系统。

本机可选购IEEE-488（GPIB）测量仪器标准接口，可在计算机的控制下与其他仪器组成自动测试系统。

4）高温时基

本机可选购高温时基晶振，使输出信号精度更高，稳定性更好。

6.7.3 前面板说明

1. 前面板图

前面板如图6.7.1所示。

2. 显示说明

（1）测频/计数显示区。

　　Filter：测频时处于低通状态。
　　ATT：测频时处于衰减状态。
　　GATE：测频计数时闸门开启。

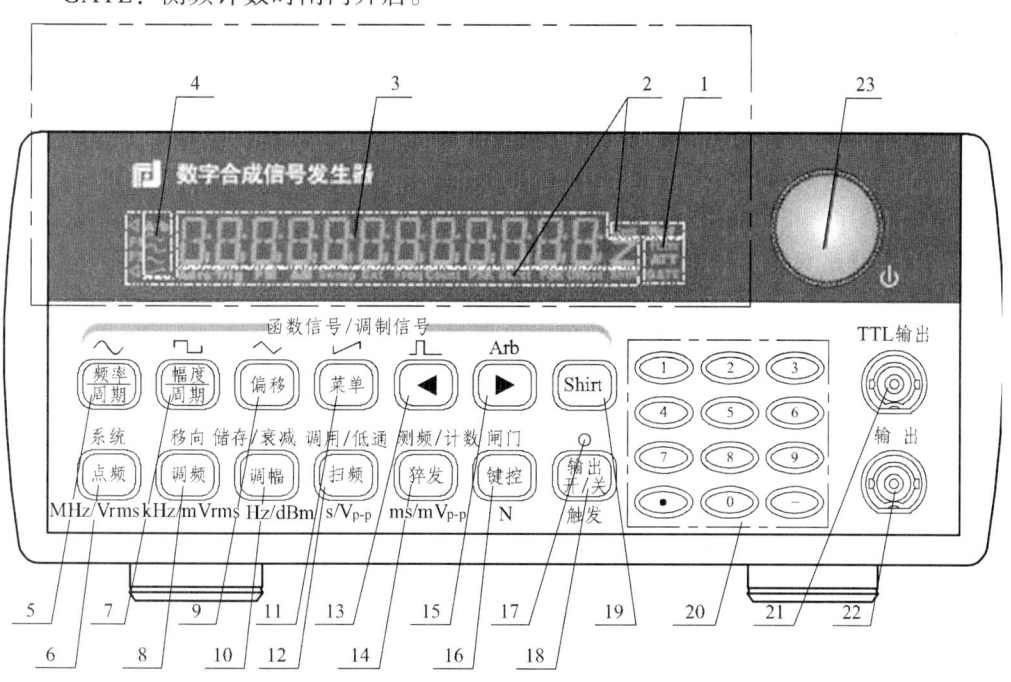

图 6.7.1　前面板图

（2）状态显示区。

　　Adrs：设置GP-IB接口地址。
　　Trig：等待单次触发或外部触发。
　　FM：调频功能模式。
　　AM：调幅功能模式。
　　Sweep：扫描功能模式。
　　Ext：外信号输入状态。
　　Freq：（Ext）测频功能模式。
　　Count：（Ext）计数功能模式。

FSK：频移功能模式。
Burst：猝发功能模式。
PSK：相移功能模式。
Offset：输出信号直流偏移不为0。
Shift：【Shift】键按下。
Rmt：仪器处于远程控制状态。
Ref：(Ext) 外基准输入状态。
Z：频率单位Hz的组成部分。

（3）主字符显示区。
（4）波形显示区。

⌒：主波形/载波为正弦波形。
⊓：主波形/载波为方波或脉冲波形。
∧：点频波形为三角波形。
⌐：点频波形为升锯齿波形。
Arb：点频波形为其他波形。

3. 前面板说明

（1）调节面板上旋钮23和【◀】【▶】键一起改变当前闪烁显示的数字；调节旋钮同时可作为仪器电源的软开关，按住调节旋钮2 s，当前如果是关机状态，红色指示灯亮，则选择开机；当前如果是开机状态，则选择关机。

本机的主电源开关在仪器后面板上，只有主电源开关处于"开"状态，旋钮23作为电源开关有效。

（2）面板上17为信号输出指示/电源指示。有信号输出时绿灯亮，输出信号关断时红灯闪烁。本机后面板上的主电源开关打开且处于关机状态时红色指示灯亮。

（3）TTL输出端21为TTL电平的脉冲信号输出端，输出阻抗为50 Ω。

（4）输出端22为波形信号输出端，阻抗为50 Ω，最大输出幅度为$20V_{p-p}$。

（5）键盘说明如表6.7.1、表6.7.2、表6.7.3所示。

表 6.7.1　面板数字输入键（见图 6.7.1）

键 名	功 能	键 名	功 能
0	输入数字0	6	输入数字6
1	输入数字1	7	输入数字7
2	输入数字2	8	输入数字8
3	输入数字3	9	输入数字9
4	输入数字4	●	输入小数点
5	输入数字5	-	输入负号

数据输入有两种方式：

① 数字键输入。用十个数字键向显示区写入数据。

注意：用数字键输入数据必须输入单位，否则输入数值不起作用。

② 调节旋钮输入。调节旋钮【◀】【▶】可以对信号进行连续调节。

表 6.7.2　面板功能键（见图 6.7.1）

序号	键名	主功能	第二功能	计数第二功能	单位功能
5	频率/周期	频率选择	正弦波选择	无	无
6	点频	点频选择	系统	无	MHz/V(rms)
7	幅度/脉宽	幅度选择	方波选择	无	无
8	调频	调频功能选择	无	无	kHz/mV(rms)
9	偏移	直流偏移选择	三角波选择	无	无
10	调幅	调幅功能选择	存储功能选择	衰减选择	Hz/dBm
11	菜单	菜单选择	升锯齿波选择	无	无
12	扫描	扫描功能选择	调用功能选择	低通选择	s/V_{p-p}
14	猝发	猝发功能选择	无	测频/计数选择	ms/mV_{p-p}
16	键控	键控功能	无	闸门选择	其他单位

表 6.7.3　面板上其他键（见图 6.7.1）

序号	键名	主功能	其他
13	◀	闪烁数字左移	选择脉冲波/计数功能：计数停止
15	▶	闪烁数字右移	选择任意波/计数功能：计数清零
18	输出	信号输出与关闭切换	扫描功能和猝发功能的单次触发
19	Shift	和其他键一起实现第二功能	无

按键功能：前面板共有26个按键，按键按下后，会用响声"嘀"来提示。

大多数按键是多功能键，每个按键的基本功能标在该按键上，要实现某按键基本功能，须按下该键即可。

大多数按键有第二功能，第二功能用蓝色标在这些按键的上方，实现按键第二功能，只需先按下【Shift】键再按下该键即可。

少部分按键还可作单位键，单位标在这些按键的下方。要实现按键的单位功能，只需先按下数字键，接着再按下该键即可。"N"表示其他不确定的单位。

4. 面板操作

（1）【Shift】键：基本功能是作为其他键的第二功能复用键，按下该键"Shift"标志亮，此时按其他键则实现第二功能；再按一次该键则该标志灭，此时按其他键则实现基本功能。

（2）【◀】【▶】键：基本功能是光标左右移动键。第二功能是选择"脉冲"波形和"任意"波形，在计数功能下还作为"计数停止"和"计数清零"功能。

（3）【频率/周期】键：频率的选择键。当前如果显示的是频率，再按一下该键，则表示输入和显示改为周期。第二功能是选择"正弦"波形。

（4）【幅度/脉宽】键：幅度的选择键。如果当前显示的是幅度且当前波形为"脉冲"波，再按一次该键表示输入和显示改为脉冲波的脉宽。第二功能是选择"方波"波形。

（5）【偏移】键：直流偏移选择键。第二功能是选择"三角波"波形。

（6）【菜单】键：菜单键，进入FSK、PSK、调频、调幅、扫描和猝发功能模式时，可通过【菜单】键选择各功能的不同选项，并改变相应选项的参数。在点频功能且当前主字符显示处于幅度时可用【菜单】键进行峰-峰值、有效值和dBm数值的转换。第二功能是选择"升锯齿"波形。

（7）【点频】键：点频功能选择键，第二功能是系统选择键。它还用作"MHz/V(rms)"单位，分别表示频率的单位"MHz"、幅度的有效值单位"V(rms)"。

点频功能模式指的是输出一些基本波形。如正弦波、方波、三角波、升锯齿波、降锯齿波和噪声等27种波形。对大多数波形可以设定频率、幅度和直流偏移。

从点频转到其他功能，点频设置的参数就作为载波的参数；同样，在其他功能中设置载波的参数，转到点频后就作为点频的参数。除点频功能模式外其他功能模式中基本信号或载波的波形只能选择正弦波和方波两种。

① 频率设定：按【频率】键，显示出当前频率值。可用数据键或调节旋钮输入频率值，这时仪器输出端口即有该频率的信号输出。点频频率设置范围为100 μHz～40 MHz（DF1440）。

例如，设定频率值5.8 kHz，按键顺序如下：

【频率】【5】【●】【8】【kHz】（可以用调节旋钮输入），

或者【频率】【5】【8】【0】【0】【Hz】，显示区都显示5.800 000 00 kHz。

② 周期设定：信号的频率也可以用周期值的形式进行显示和输入。如果当前显示为频率，再按【频率/周期】键，显示出当前周期值，可用数据键或调节旋钮输入周期值。

例如，设定周期值10 ms，按键顺序如下：

【周期】【1】【0】【ms】（可以用调节旋钮输入），

如果当前显示为周期，再按【频率/周期】键，可以显示出当前频率值；

如果当前显示的既不是频率也不是周期，按【频率/周期】键，显示出当前点频频率值。

③ 幅度设定：按【幅度】键，显示出当前幅度值。可用数据键或调节旋钮输入幅度值，这时仪器输出端口即有该幅度的信号输出。

例如，设定幅度峰-峰值为4.6 V，按键顺序如下：

【幅度】【4】【●】【6】【V_{p-p}】（可以用调节旋钮输入）。

对于"正弦"、"方波"、"三角"、"升锯齿"和"降锯齿"波形，幅度值的输入和显示有三种格式：峰-峰值V_{p-p}、有效值V(rms)和dBm值，可以用不同的单位区分输入。对于其他波形只能输入和显示峰-峰值V_{p-p}或直流数值（直流数值也用单位V_{p-p}和mV_{p-p}输入）。

④ 直流偏移设定，按【偏移】键，显示出当前直流偏移值，如果当前输出波形直流偏移不为0，此时状态显示区显示直流偏移标志"Offset"。可用数据键或调节旋钮输入直流偏移值，这时仪器输出端口即有该直流偏移的信号输出。

例如：设定直流偏移值-1.6 V，按键顺序如下：

【偏移】【-】【1】【●】【6】【V_{p-p}】（可以用调节旋钮输入），

或者【偏移】【1】【●】【6】【-】【V_{p-p}】（可以用调节旋钮输入）。

⑤ 零点调整：对输出信号进行零点调整时，使用调节旋钮调整直流偏移要比使用数据键方便，直流偏移在经过零点时正负号能够自动变化。

幅度和直流的输入范围满足公式：$|V_{offset}|+V_{p-p}/2 \leqslant V_{max}$。其中，$V_{p-p}$为幅度的峰-峰值，

$|V_{\text{offset}}|$为直流偏移的绝对值，$V_{\max}$高阻时为10 V，50 Ω负载时为5 V。表6.7.4是高阻时幅度峰-峰值和直流偏移绝对值的取值对应关系。

表 6.7.4

交流信号峰-峰值	直流偏移绝对值
4.001 ~ 20 V	峰-峰值的一半不大于 10 V
2.001 ~ 4.000 V	0 ~ （4.000 - $V_{\text{p-p}}$/2）V
632.5 mV ~ 2.000 V	0 ~ 2.000 V
200.1 ~ 632.4 mV	0 ~ 632.4 mV
63.25 ~ 200.0 mV	0 ~ 200.0 mV
2.000 ~ 63.24 mV	0 ~ 63.24 mV

（8）【调频】键：调频功能选择键，第二功能是程控选择键。它还用作"kHz/mV(rms)"单位，分别表示频率的单位"kHz"、幅度的有效值单位"mV(rms)"。

（9）【调幅】键：调幅功能模式选择键，第二功能是储存选择键。它还用作"Hz/dBm"单位，分别表示频率的单位"Hz"、幅度的单位"dBm"。在"测频"功能下作"衰减"选择键。

（10）【扫描】键：扫描功能模式选择键，第二功能是调用功能选择键。它还用作"s/V$_{\text{pp}}$"单位，分别表示时间的单位"s"、幅度的峰峰值单位"V$_{\text{p-p}}$"。在"测频"功能下作"低通"选择键。

（11）【猝发】键：猝发功能模式选择键。它还用作"ms/mV$_{\text{p-p}}$"单位，分别表示时间的单位"ms"、幅度的单位"mV$_{\text{p-p}}$"。和【Shift】键一起作"计数"和"测频"功能选择键，当前如果是测频，则选择计数；当前如果是计数，则选择测频。

（12）【键控】键：FSK功能模式选择键。当前如果是FSK功能模式，再按一次该键，则进入PSK功能模式；如果当前是PSK功能模式，再按一次该键，则进入FSK功能模式。在"测频"功能下作"闸门"选择键。

（13）【输出】键：信号输出控制键。如果不希望信号输出，可按【输出】键禁止信号输出，此时输出信号指示灯变成红灯闪烁；如果要求输出信号，则再按一次【输出】键即可，此时输出信号指示绿灯亮。默认状态为输出信号，输出信号指示绿灯亮。在"猝发"功能模式和"扫描"功能模式的单次触发时作"单次触发"键，此时输出信号指示绿灯亮。

（14）【菜单】键出现不同的功能模式时：

① 调频功能模式如下：

> FM DEVIA（调制频偏）→ FM FREQ（调制信号的频率）→ FM WAVE（可选5种调制信号的波形）→ FM SOURCE（调制信号是机内信号还是外输入信号）

调频举例：

载波信号为方波，频率为1 MHz，幅度为2 V；调制信号来自内部，调制波形为正弦波（波形编号为1），频率为5 kHz，频偏为200 kHz。按键顺序如下：

按【调频】键；（进入调频功能模式）

按【频率】键，按【1】【MHz】；（设置载波频率）

按【幅度】键，按【2】【V】；（设置载波幅度）
按【Shift】键和【方波】；（设置载波波形）
按【菜单】键，选择调制频偏[FM DEVIA]选项，按【2】【0】【0】【kHz】；（设置调制频偏）
按【菜单】键，选择调制信号频率[FM FREQ]选项，按【5】【kHz】；（设置调制信号频率）
按【菜单】键，选择调制信号波形[FM WAVE]选项，按【1】【N】；（设置调制信号波形为正弦波）
按【菜单】键，选择调制信号源[FM SOURCE]选项，按【1】【N】。（设置调制信号源为内部）
② 调幅功能模式如下：

> AM LEVEL（调制深度）→ AM FREQ（调制信号的频率）→AM WAVE（可选 27 种调制信号的波形）→ AM SOURCE（调制信号是机内信号还是外输入信号）

调幅举例：

载波信号为方波，频率为1 MHz，幅度为2 V；调制信号来自内部，调制波形为正弦波（波形编号为1），调制信号频率为5 kHz，调制深度为50%。按键顺序如下：

按【调幅】键；（进入调幅功能模式）
按【频率】键，按【1】【MHz】；（设置载波频率）
按【幅度】键，按【2】【V】；（设置载波幅度）
按【Shift】键和【方波】；（设置载波波形）
按【菜单】键，选择调制深度[AM LEVEL]选项；按【5】【0】【N】；（设置调制深度）
按【菜单】键，选择调制信号频率[FM FREQ]选项；按【5】【kHz】；（设置调制信号频率）
按【菜单】键，选择调制信号波形[FM WAVE]选项；按【1】【N】；（设置调制信号波形为正弦波）
按【菜单】键，选择调制信号源[FM SOURCE]选项。按【1】【N】。（设置调制信号源为内部）
③ 扫描功能模式如下：

> MODE（扫描模式，分为线性扫描和对数扫描）→ START F（扫描起点频率）→ STOP F（扫描终点频率）→TIME（扫描时间）→TRIG（扫描触发方式）

扫描举例：

频率扫描：在100 Hz～200 kHz区间内，扫描时间为10 s，进行频率线性扫描，触发方式为内部触发。按键顺序如下：

按【扫描】键；（进入频率扫描功能模式）
按【菜单】键，选择扫描模式[MODE]选项，按【1】【N】；（设置扫描模式为线性）
按【菜单】键，选择起点频率[STAPT F]选项，按【1】【0】【0】【Hz】；（设置起点频率）
按【菜单】键，选择终点频率[STOP F]选项，按【2】【0】【0】【kHz】；（设置终点频率）
按【菜单】键，选择扫描时间[TIME]选项，按【1】【0】【s】；（设置扫描时间）
按【菜单】键，选择触发方式[TRIG]选项，按【1】【N】。（设置触发方式为内触发）
④ 猝发功能模式如下：

> TRIG（猝发的触发方式）→ COUNT（周期个数）→SPACET（猝发间隔时间）→ PHASE（正弦波为猝发起点相位，方波为高低电平）

猝发举例：

要对频率为20 kHz、幅度为2 V的正弦波进行猝发输出，每组输出10个周期的波形，各组波形的间隔时间为10 ms，每组波形起始相位应为90.0°。按键顺序如下：

按【猝发】键；（进入猝发功能模式）

按【频率】键，按【2】【0】【kHz】；（设置波形频率）

按【幅度】键，按【2】【V】；（设置波形幅度）

按【Shift】键和【正弦波】；（设置波形）

按【菜单】键，选择触发方式[TRIG]选项，按【1】【N】；（设置触发方式为内触发）

按【菜单】键，选择猝发计数[COUNT]选项，按【1】【0】【N】；（设置猝发计数值）

按【菜单】键，选择猝发间隔时间[SPACE T]选项，按【1】【0】【ms】；（设置猝发间隔时间）

按【菜单】键，选择猝发起点相位[PHASE]选项，按【9】【0】【N】。（设置猝发起点相位）

注意：此时 TTL 输出插座输出的为 TTL 电平。

⑤ FSK 功能模式如下：

> START F（FSK 第一个频率）→ STOP F（FSK 第二个频率）→ SPACE T（FSK 间隔时间）→ TRIG（FSK 触发方式）

FSK举例：

要求输出幅度为2 V、频率在20~600 kHz交替、交替间隔时间为10 ms的正弦信号，其按键顺序如下：

按【键控】键；（进入FSK功能模式）

按【幅度】键，按【2】【V】；（设置波形幅度）

按【Shift】键和【正弦波】键；（设置波形）

按【菜单】键，选择触发方式[TRIG]选项，按【1】【N】；（设置触发方式为内触发）

按【菜单】键，选择频率1[START F]选项，按【2】【0】【kHz】；（设置频率1）

按【菜单】键，选择频率2[STOP F]选项，按【6】【0】【0】【kHz】；（设置频率2）

按【菜单】键，选择间隔时间[SPACE T]选项，按【1】【0】【ms】；（设置间隔时间）

⑥ PSK 功能模式如下：

> P1（信号第一相位）→ P2（信号第二相位）→ SPACE T→ TRIG

PSK举例：

要对输出频率为600 kHz、幅度为2 V、起始相位在90.0°~180.0°交替，交替间隔时间为10 ms的正弦信号。按键顺序如下：

按【键控】键；（进入PSK功能模式）

按【频率】键，按【6】【0】【0】【kHz】；（设置波形频率）

按【幅度】键，按【2】【V】；（设置波形幅度）

按【Shift】键和【正弦波】；（设置波形）

按【菜单】键，选择触发方式[TRIG]选项，按【1】【N】；（设置触发方式为内触发）

按【菜单】键，选择相位1[P1]选项，按【9】【0】【N】；（设置相位1）

按【菜单】键，选择相应2[P2]选项，按【1】【8】【0】【N】；（设置相位2）

按【菜单】键，选择间隔时间[SPACE T]选项，按【1】【0】【ms】；（设置间隔时间）

⑦ 系统功能模式如下：

> POWER ON（开机状态）→ OUTZ（输出阻抗）→ STORE OPEN（存储功能开或关）→BUZZER OPEN（蜂鸣器开或关）

系统功能设置举例：

设置开机状态[POWER ON]为默认状态，输出阻抗[OUT Z]为50 Ω，存储开关[STORT OPEN]为存储开状态，蜂鸣器开关[BUZZER OPEN]为蜂鸣器开状态。

按【Shift】和【系统】键；（进入系统设置功能状态）

按【菜单】键，选择开机状态[POWER ON]选项，按【1】【N】；（设置开机状态为默认状态）

按【菜单】键，选择输出阻抗[OUT Z]选项，按【2】【N】；（设置输出阻抗为50 Ω）

按【菜单】键，选择输出存储开关[STORT OPEN]选项，按【2】【N】；（设置存储开状态）

按【菜单】键，选择输出阻抗[BUZZER OPEN]选项，按【2】【N】。（设置蜂鸣器开状态）

6.7.4 后面板图

后面板图如图 6.7.2 所示。

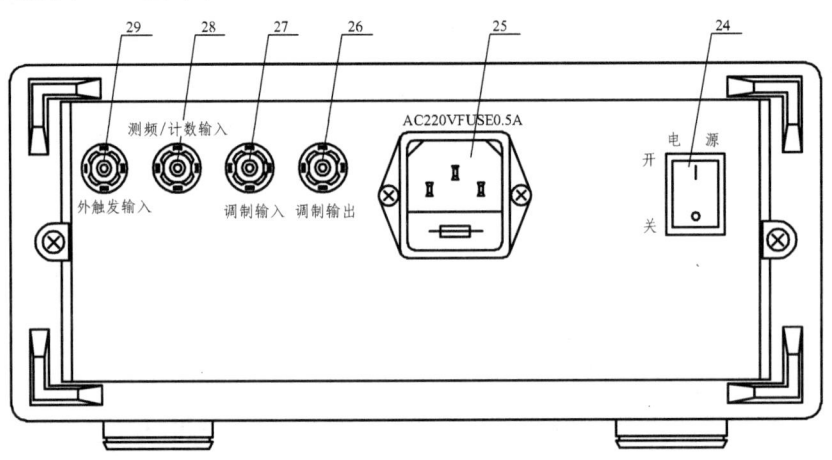

图 6.7.2 后面板图

主电源开关24——控制整机的电源。

电源插座25——交流电220 V输入插座。同时带有保险丝容量为0.5 A。

调制信号输出26——调制信号输出端，输出信号幅度为5 V_{p-p}，输出阻抗为600 Ω。

调制信号输入27——外调频、外调幅时，调制信号输入端，输入信号幅度为3 V_{p-p}（−1.5 ~ +1.5 V）。

测频/计数输入28——外测、计数频率时，信号从此端输入。

外触发输入29——外猝发、外触发单次扫描时，信号从此端输入，输入信号为TTL脉冲波，脉冲上升沿触发。

6.7.5 使用说明

1. 测试前的准备工作

先仔细检查电源电压是否符合本仪器的电压工作范围，检查测试系统的电源情况，检查仪器外壳和所有的外露金属是否均已接地。在与其他仪器相连时，各仪器间应无电位差。

2. 仪器启动

先将后面板上的电源开关置于"ON"，先闪烁显示"WELCOME"2 s，再闪烁显示仪器型号3 s，之后根据系统功能中的开机状态设置，进入"点频"功能状态，波形显示区显示当前波形"～"、频率。本机电源处于"开"状态时，面板调节旋钮可作为仪器电源的软开关，按住调节旋钮2 s，当前如果是关机状态，则为开机；当前如果是开机状态，则为关机。

3. 常用波形的选择

按下【Shift】键后再按下波形键，可以选择正弦波、方波、三角波、升锯齿波、脉冲波5种常用波形。

一般波形的选择：先按下【Shift】键，再按下【Arb】键，显示区显示当前波形的编号和波形名称。如"6：NOISE"表示当前波形为噪声。然后用数字键或调节旋钮输入波形编号来选择波形。如果输入正弦波、方波、三角波、锯齿波、脉冲波等常用波形的编号，则波形显示区显示这些常用波形的相应的波形符号。如果输入不是常用波形的编号，波形显示区显示其他波形的波形符号"Arb"。

例如，选择直流，按键顺序如下：

【Shift】【Arb】【1】【0】【N】（可以用调节旋钮输入）

除点频功能模式外的其他功能模式中，基本信号或载波的波形只能选择正弦波和方波两种。波形以及相应编号对应关系如表6.7.5所示。

表 6.7.5　波形以及相应编号对应关系

波形编号	波形名称	提示符	波形编号	波形名称	提示符
1	正弦波	SINE	15	半波整流	COMMUT_HA
2	方波	SQUARE	16	正弦波横切割	SINE_TRA
3	三角波	TRIANG	17	正弦波纵切割	SINE_VER
4	斜波	UP_RAMP	18	正弦波调相	SINE_PM
5	降锯齿	DOWN_RAMP	19	对数函数	LOG
6	噪声	NOISE	20	指数函数	EXP
7	脉冲波	PULSE	21	半圆函数	HALF_ROUND
8	正脉冲	P_PULSE	22	SINX/X 函数	SINX/X
9	负脉冲	N_PULSE	23	平方根函数	SQUARE_ROOT
10	正直流	P_DC	24	正切函数	TANGENT
11	负直流	N_DC	25	心电图波	CARDIO
12	阶梯波	STAIR	26	地震波形	QUAKE
13	编码脉冲	C_PULSE	27	组合波形	COMBIN
14				全波整流	COMMUT_FU

4. 占空比调整

当前波形为脉冲波时，如果显示区显示的是幅度值，再按一次【脉宽】后显示出脉宽值。如果显示区显示既不是幅度值也不是脉宽值，则连续按两次【脉宽】，显示区显示脉宽值。如果当前波形不是脉冲波，则该键只作幅度输入键使用。显示区显示脉宽值时，用数字键或调节旋钮输入脉宽值，可以对脉冲波占空比进行调整。调整范围：频率不大于10 kHz时为0.1%～99.9%，此时分辨率高达0.1%；频率在10～100 kHz时1%～99%，此时分辨率为1%。

例如，输入占空比值60.5%，按键顺序如下：

【脉宽】【6】【0】【●】【5】【N】（可以用调节旋钮输入）

5. 门控输出

按【输出】键禁止信号输出，此时输出信号指示灯红灯闪烁。按需要设定好信号的波形、频率、幅度。再按一次【输出】键，信号开始输出，此时输出信号指示灯绿灯亮。【输出】键可以在信号输出和关闭之间反复进行切换。输出信号指示灯也相应以绿灯亮（输出）和红灯闪烁（关闭）进行指示。这样可以对输出信号进行闸门控制。

6.7.6 信号的存储与重现功能

可以存储信号的频率值、幅度值、波形、直流偏移值、功能状态。可以存储10组信号，编号为0～9。在需要的时候可以进行重现。信号的存储使用永久存储器，关断电源存储信号也不会丢失。

1. 信号的存储

按【Shift】键和【储存】键进入储存状态。此时屏幕一直显示"STORT"。直到用户输入存储号并按单位键确定后才把当前的状态保存起来。如要退出必须按点频、调频、调幅等功能键才能退出存储状态。

例如，要将当前正在输出的信号存储在第1个存储单元，按键顺序如下：

【Shift】【储存】【1】【N】

此时显示区显示提示符"STORE"。

如果原来第1个存储单元中已经存储了信号，则通过上述存储操作后，原来的信号被新信号取代。

2. 信号的重现

按【Shift】键和【调用】键进入调用状态，此时屏幕一直显示"RECALL"。直到用户输入调用信号并按单位键确定后才把存储状态调用出来。如要退出必须按点频、调频、调幅等功能键才能退出存储状态。

例如，要将第1组存储单元的信号重现作为当前输出信号，按键顺序如下：

【Shift】【调用】【1】【N】

此时显示区显示提示符"RECALL"。在重现功能状态下，必须输入调用序号后按输入单位才能重现存储信号。

6.7.7 计数器使用说明

计数器可以进行测频和计数功能模式。

1）频率/计数测量功能模式

按【Shift】键和【测频】键，进入频率测量功能模式。此时显示区下端的功能状态显示区显示频率测量功能模式标志"Ext"和"Freq"。可以对从后面板"测频/计数输入"端口外部输入信号的频率进行测量。若再按【Shift】键和【计数】键设置当前处于计数测量功能模式。此时显示区下端的功能状态显示区显示计数测量功能模式标志"Ext"和"Count"。可以对从后面板"测频/计数输入"端口外部输入信号的周期个数进行计数。测量频率范围为1 Hz ~ 100 MHz。

2）闸门时间

在测频功能模式下，按【Shift】键和【闸门】键进入闸门时间设置状态，可用数据键或调节旋钮输入闸门时间值。在闸门开启时，显示区右侧的频率计数状态显示区显示闸门开启标志"GATE"。闸门时间范围为10 ms ~ 10 s。

3）低 通

在频率计数器功能模式下，按【Shift】键和【低通】键设置当前输入信号经过低通进行测量。显示区右侧的频率计数状态显示区显示低通状态标志"Filter"。

4）衰 减

在频率计数器功能模式下，按【Shift】键和【衰减】键设置当前输入信号经过衰减进行测量。显示区右侧的频率计数状态显示区显示衰减状态标志"ATT"。

在计数功能模式下，按【◀】键后计数停止，并显示当前计数值；再按一次【◀】键，计数继续进行。

在计数功能模式下，按【▶】键后把计数值清零并重新开始计数。

6.7.8 注意事项与检修

1. 出错处理

（1）输入数值超出范围的错误提示与处理：如果输入数值超出范围，则响"嘀""嘀"两声提示出错。如果输入数值小于当前可以输入数值的下限，则仪器自动把输入数值设置为当前可以输入数值的下限；如果输入数值大于当前可以输入数值的上限，则仪器自动把输入数值设置为当前可以输入数值的上限。

例如，输入频率50 MHz，则响"嘀""嘀"两声提示出错，并自动把输入数值设置为40 MHz（DF1440）。

（2）当前功能按键无意义的错误提示与处理：响"嘀""嘀"两声提示出错，仪器不响应错误输入。

例如，输入频率值时按【－】键，响"嘀""嘀"两声提示出错，不做其他处理。

2. 检 修

（1）本仪器采用大规模CMOS集成电路和超高速ECL、TTL电路等，为防止意外损坏，修理时严禁使用两芯电源线的电烙铁，测试仪器或其他设备的外壳应接地良好。

（2）修理焊接时严禁带电操作。只要电源线插入本仪器，电源部件和晶振部分即开始加电，焊接时必须将本仪器的电源线拔去。

（3）维修时，一般先排除外部故障和直观故障，如开路、短路或参数设置不合适等，其次测量机内各组电压是否正常。在各组电压正常的情况下，检查有故障部分电路的静态工作点是否正常，有无虚焊点。集成电路故障应在慎重判断后予以排除。检修时示波器的探头或万用表的表笔应接触在测试点上，不能碰及邻近各点，否则会造成故障扩大化。

（4）在不能确定故障原因的情况下，请及时与维修点联系，使故障得以及时排除。

6.8 DF1640B、DF1647函数发生器/数字频率计使用说明书

6.8.1 概 述

本仪器是一种宽频带、多功能函数发生器。它由两个独立的函数发生器和一个数字频率计组成。主发生器频率范围DF1647为0.05 Hz～5 MHz，调制发生器频率范围为0.001 Hz～10 kHz。它们可以独立工作，也可以相互配合，产生调频（FM）、调幅（AM）、扫频（SWP）、单周期（Single cycle）、猝发（Tone-burst），甚至线性调频猝发（Chirp）等复杂波形。数字频率计可显示发生器工作频率，也可外接测试20 MHz以内的信号频率。

本仪器能在宽阔的频率范围内，替代通常使用的正弦波发生器、扫频发生器、脉冲发生器、频率计等工作，特别适用于电子线路及脉冲电路的教学、科研与实验。

6.8.2 主要技术参数

1. 主发生器（F1）

（1）频率范围：0.1 Hz～13 MHz（DF1640B）、0.05 Hz～5 MHz（DF1647），分为1 Hz、10 Hz、100 Hz、1 kHz、10 kHz、100 kHz、1 MHz 共7挡。

（2）波形：正弦波、三角波、方波、正向锯齿波、负向锯齿波、正向脉冲波、负向脉冲波、TTL脉冲波、触发（单周期）、猝发（多周期）、调频、调幅及扫频等，锯齿波及脉冲波对称可变范围为80∶20（频率1 Hz～100 kHz范围）。

（3）输出幅度：开路时不小于20 V_{p-p}，50 Ω负载时不小于10 V_{p-p}，均连续可调。

（4）输出衰减器：0 dB、20 dB、40 dB、60 dB。

（5）直流偏置：±10 V，连续可调（输出波形幅度10 V_{p-p}）。

（6）同步输出：TTL脉冲，可驱动20个TTL负载。

（7）方波前、后沿：不大于20 ns（DF1640B）；不大于50 ns（DF1647）。

（8）正弦波失真度：小于1%（10 Hz～100 kHz）。

（9）正弦波幅频特性：±3%（f<100 kHz）；±10%（100 kHz～10 MHz）。

（10）调频（FM）：
① 频偏范围：0~10%。
② 调频失真度：不大于1.5%（f_c = 500 Hz，f_m = 1 kHz，10%调制）。
③ 外接调制频率：0~50 kHz。
（11）调幅（AM）：
① 调制范围（M%）：0~100%。
② 调制失真度：不大于1.5%（f_c = 500 kHz，f_m = 1 kHz，M% = 60%）。
③ 载波3 dB带宽：100 Hz~4 MHz。
（12）扫频（SWP）：
① 扫频速率：10 ms~1 000 s。
② 扫频比：不小于1 000∶1。
（13）触发/闸门：
① 频率范围：0.01 Hz~1 MHz。
② 相位：-90°~+90°连续可调。

2. 内调制发生器（F2）

（1）周期范围：周期10 ms~1 000 s（0.001 Hz~10 kHz）分为1 ms、100 ms、10 s、100 s共4挡，另设0 Hz挡（"0 Hz"位置时振荡被抑制，供校正FM频偏及扫频始点用）。
（2）波形：正弦波、三角波、方波。三角波、方波对称可变范围90∶10。
（3）输出幅度：直接输出时不小于10 V_{p-p}，输出阻抗10 kΩ。经F1功放输出时不小于20 V_{p-p}。
（4）正弦波失真度：不小于1%（10 Hz~10 kHz）。
（5）方波前沿：不小于1 μs。
（6）三角波非线形：不大于3%。

3. 数字频率计

（1）测量范围：
1 Hz~10 MHz，六位LED数码管显示（DF1647）；
1 Hz~20 MHz，六位LED数码管显示（DF1640B）。
（2）输入阻抗：1 MΩ/20 pF。
（3）灵敏度：100 mV(rms)。
（4）分辨率：100 Hz、10 Hz、1 Hz、0.1 Hz。
（5）最大输入：150 V（AC+DC）（带衰减器）。
（6）输入衰减器：20 dB、0 dB。
（7）测量误差：不大于$3×10^{-5}$±1个字。

6.8.3 使用方法

1. 面　板

面板标志及功能说明见表6.8.1、表6.8.2及图6.8.1、图6.8.2。

表 6.8.1

序号	面板标志	作用
1	POWER	按下开关，接通电源，频率计显示
2	RANGE 1 Hz ~ 1 MHz 10 s ~ 0.01 s	（1）F1 频率选择开关，与 3 配合选择 F1 的工作频率 （2）外测频率和 F2 波形输出时的闸门时基
3	FREQUENCY	调节 F1 的工作频率
4	FINE	微调 F1 的工作频率
5	FUNCTION	（1）F1 输出波形选择 （2）与 SYM、INV 配合，可得到正、负锯齿波和脉冲波 （3）与 MODULATION 等配合可得到各种调制波形 （4）按下 "F2" 输出为 F2 的波形
6	ATT	可产生 0 dB、−20 dB、−40 dB、−60 dB 衰减
7	AMPL	调节输出幅度
7	PULL INV	拉出时波形反相
8	OUTPUT	F1 信号输出
9	SYNC OUT	F1 同步输出，波形为 TTL 脉冲
10	EXT MOD	（1）外调制输入 （2）F2 直接输出，幅度不小于 10 V_{P-P}，阻抗不小于 10 kΩ
11	AC 150 V MAX	频率计外测时的信号输入端
12	COUNTER 1/10，1/1 EXT，INT	外测频率信号衰减选择，幅度大时按下此键 频率计内、外测频功能选择
13	PULL TRIGGER PHASE	拉出开关，调节旋钮位置可得到需要的触发相位
14	PULL OFFSET	拉出开关，可调节直流偏置
15	PULL SYM	拉出开关，调节旋钮位置可得到脉冲波或锯齿波
16	MODULATION	调制选择和 F2 波形选择，非调制时按下 SWP/CW
17	PULL MOD	拉出开关，调节旋钮位置可改变调制度
18	RANGE（Hz）	F2 频率开关，与 19 配合可选择工作频率
19	FREQUENCY	调节 F2 的工作频率
20	SYM	调节旋钮位置可得到脉冲波或锯齿波（F2），左旋到底时为对称波形
21	Hz	频率单位，灯亮时有效
22	kHz	频率单位，灯亮时有效
23	GATE	闸门时基显示
24	OVFL	频率溢出显示
25		频率显示器

表 6.8.2

序号	后面板标志	作用
1	EXT VCF	外接 VCF 输入
2	TRIG INT	外接触发输入
3	TRIG INT/EXT	触发选择 内触发/外触发
4	SINGLE/MULT	单周期/多周期

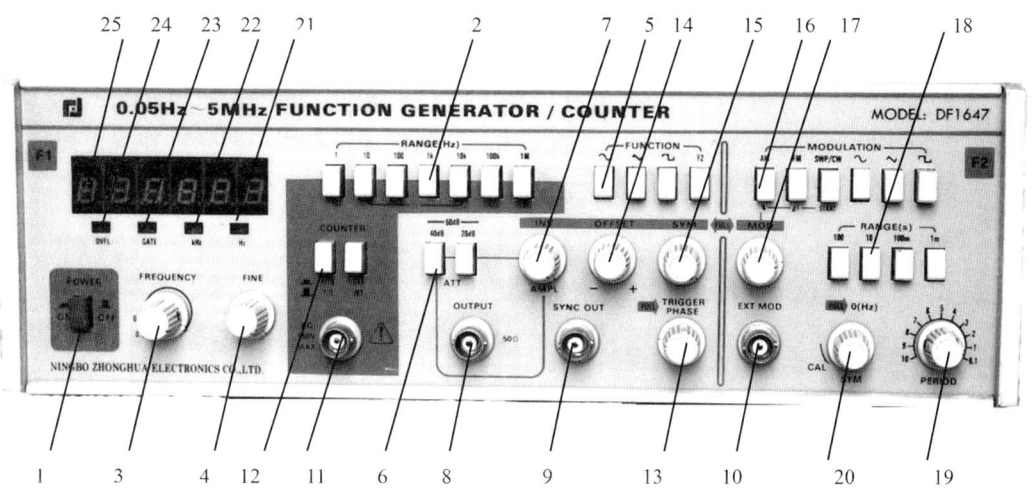

图 6.8.1 前面板图

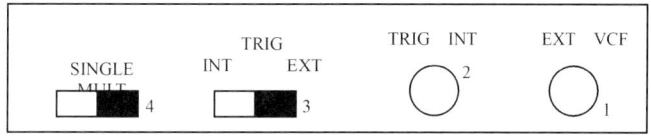

图 6.8.2 后面板图

2. 电源

本仪器接通电源后立即工作,但为了保证性能稳定可预热 10 min。

3. F1 函数波形

调制选择开关置于正常,对称度、直流偏置、触发相位、调制控制开关不拉出,频率计工作选择开关置"内接"。当波形选择处于函数波形时,按下频率倍乘开关和波形选择开关,应输出相对应的波形。频率旋钮从最大变化到最小时,LED 显示相对应频率应有 100 倍以上变化;需用频率倍乘"1"挡的低频率信号时,可用"100"频率倍乘开关调好频率,然后再按下"1"挡,这样可较快地调准频率。衰减开关可按下任意一只也可按下两只,同时按下最大衰减量为 60 dB。调节幅度电位器可以改变输出信号的幅度。

4. F1 产生锯齿波和脉冲波

当波形选择开关为"三角波"或"方波"时,拉出对称度旋钮,调节电位器可得到锯齿波或脉冲波。拉出"倒置"开关时,可以得到反相的锯齿波或反相的脉冲波。

5. 直流偏置

波形幅度为 10 V_{p-p} 时,拉出并调整"直流偏置"旋钮,可提供大于 ±10 V(空载)或 ±5 V(50 Ω 负载)的直流电平。若波形幅度大于 10 V_{p-p},有可能被削波。

6. VCF 输入

本 VCF 电路具有正向控制特性,即控制电压越高输出频率越高,当频率度置于最大位置时,输入 0～-5 V 电压,输出频率将从高到低变化,范围大于 1 000∶1。

7. F2 函数波形

波形选择开关置于"F2"时,输出为 F2 的波形,频率计也显示 F2 的频率。按下 F2 波形选择开关和周期(频率)倍乘开关,对称开关置于校正状态,应输出相应的波形。周期旋钮从最大调节到最小时周期值应有 100 倍以上的变化。0 Hz 开关供校正调频频偏和校正扫频起点。调节对称度旋钮,可以得到锯齿波和脉冲波。

8. 猝发波形

拉出触发相位开关,调节触发相位旋钮至需要的位置,后面板触发选择开关置于"内",触发/闸门开关置于"单周期"时,F1 输出波形即为单周期波形,如图 6.8.3(a)所示;当触发/闸门开关置于"多周期"时,F1 输出波形即为多周期波形,如图 6.8.3(b)所示。

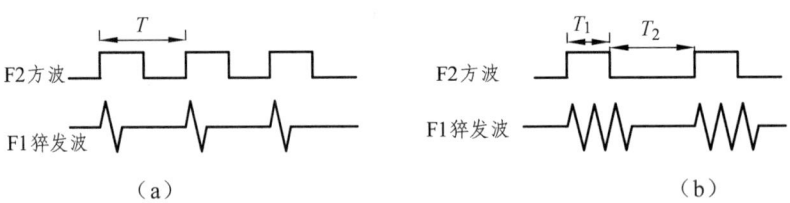

图 6.8.3 猝发波形

9. 调制波形

(1)调幅。将调幅开关"AM"按下,此时载波幅度自动降低一半(为的是避免 100%调幅时功率放大器过载)。拉出调制控制开关,调节调制电位器至需要的位置。调制度测量可按图 6.8.4 进行。

调制度计算公式如下:

$$M\% = \frac{A-B}{A+B} \times 100\%$$

(2)调频(FM)。将调制开关"FM"按下,拉出调制开关,调节调制电位器即可。需要同时调频调幅的场合,可将"AM"调制开关按下,在仪器后面板"EXT VCF"插座上外加电压进行调频。

(3)扫频。将调制开关"SMP"按下,此时 F2 三角波的幅度为 -6.2～0 V,频率升高一倍。拉出"MOD"调制控制开关,调节调制电位器,最大扫频范围为 1 000∶1。调频与扫频的区别在于调频为双向频偏(调节范围较小),扫频为单向频偏(调节范围较大)。在这两种情况下,F20 Hz 开关供检测"FM"下频偏和"SWP"起点。为保证"0"挡检测正确可靠,F2 应选择"三角波",此时连续振荡时负峰电平与"0"挡电平严格一致。

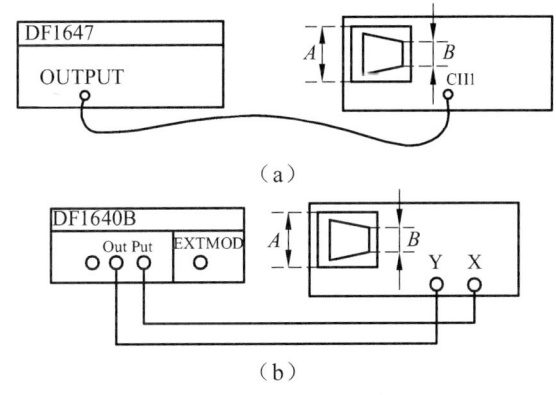

图 6.8.4 调制度测量

10. 数字频率计外接测频

按下频率计的"外接"选择开关时,仪器作为一台频率计可测量外部信号的频率。根据外测信号的大小,可以选择 0 dB 或 20 dB 的衰减。最大输入信号幅度不应大于 150 V,否则可能损坏仪器。

6.8.4 电压输出短路报警器使用说明

该短路报警器是特别为 DF1640B、DF1647 函数发生器设计的装置,DF1640B、DF1647 仪器装上该装置后,当输出端过载和短路时,能发出告警声,引起用户注意,避免因输出长时间短路而引起仪器损坏。

该装置在 10 Hz ~ 500 kHz 频率范围(方波、脉冲上限至 50 kHz),输出衰减选择 0 dB 时,若输出端发生短路或过载时,蜂鸣器发出告警信号。

(1)频率倍乘按下×10且频率低于10 Hz时会发出嘟嘟报警声,属于正常状态。
(2)如输出短路时,发出的报警声可能要延迟几秒。
(3)当仪器的波形选择开关未按下时,因输出无信号,所以蜂鸣器也发出告警信号。
(4)当幅度电位器将输出电压减小到1.5 V左右,也报警,属于正常状态。用户如需1.5 V左右的输出电压,可选择20 dB衰减得到。

6.9 DF4320 型 20 MHz 双通道示波器使用说明书

6.9.1 概　述

本示波器为 20 MHz 便携式双通道示波器。垂直灵敏度 5 mV/div ~ 20 V/div。水平扫描速率 0.1 μs/div ~ 0.2 s/div,并有 ×5 扩展功能,可将扫描速率扩展到 20 ns/div。本机的触发功能完善,有自动、常态、单次三种触发方式可供选择。此外本机还具有电视场同步功能,可获得稳定的电视场信号显示。

本机结构坚固,外形美观(见图 6.9.1),内刻度矩形示波管具有 80 mm × 100 mm 的观察面,显示清晰、明亮。

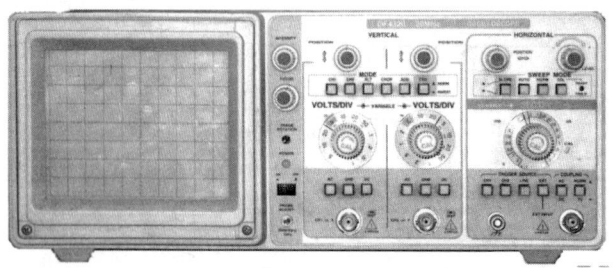

图 6.9.1　外观图

6.9.2　主要技术性能

1. 垂直偏转系统

垂直偏转系统主要技术数据如表 6.9.1 所示。

表 6.9.1

项　　目	指　　标
偏转因数范围	5 mV/div～20 V/div，按 1.2.5 顺序分 12 挡
精度	±5%
微调控制范围	>2.5∶1
上升时间	
+5℃～+35℃	≤17.5 ns
0℃～5℃或35℃～40℃	≤23.3 ns
带宽（-3 dB）	
+5℃～+35℃	≥20 MHz
0℃～5℃或35℃～40℃	≥15 MHz
AC 耦合下限频率	≤10 Hz
输入 RC	直接：1×(1±2%) MΩ±5 pF
最大安全输入电压	≤400 V_{pk}

2. 触发系统

触发系统主要技术数据如表 6.9.2 所示。

表 6.9.2

触发灵敏度	常态或自动方式	内	1.5 div
		外	0.5 V
	电视场方式（复合同步信号测试）	内：1 div	
		外：0.3 V	
在"自动"方式时的下限触发频率			≤20 Hz

3. 水平偏转系统

水平偏转系统主要技术数据如表 6.9.3 所示。

表 6.9.3

项 目	指 标
扫描时间因数范围	0.2 s/div ~ 0.1 μs/div,按 1.2.5 顺序分 20 挡,使用扩展 ×5 时,最快扫描速率为 20 ns/div
精 度	×1; ±5%
	×5; ±8%
微调控制范围	≥2.5∶1
扫描线性	×1; ±5%
	×5; ±10%

4. X-Y 方式

X-Y 方式主要技术数据如表 6.9.4 所示。

表 6.9.4

偏转因数	同垂直偏转系统
精 度	同垂直偏转系统
带宽（-3 dB）	DC ~ 1 MHz
X-Y 相位差	≤3°（DC ~ 50 kHz）

5. Z 轴系统

Z 轴系统主要技术数据如表 6.9.5 所示。

表 6.9.5

灵敏度	5 V
输入极性	低电压加亮
频率范围	DC ~ 1 MHz
输入电阻	10 kΩ
最大安全输入电压	50 V（DC + ACpeak）

6. 校准信号

校准信号主要技术数据如表 6.9.6 所示。

表 6.9.6

波 形	方 波
幅 度	0.5（1±2%）V
频 率	1（1±2%）kHz

7. 示波管

示波管主要技术数据如表 6.9.7 所示。

表 6.9.7

项 目	指 标
有效工作	8 div × 10 div，1 div = 1 cm
加速电压	2 000 V
发光颜色	绿 色

8. 电 源

电源主要技术数据如表 6.9.8 所示。

表 6.9.8

电压范围	110 V：99 ~ 121 V
	220 V：198 ~ 242 V
频 率	48 ~ 62 Hz
最大功率	40 W

6.9.3 操作说明

1. 控制件位置图

前面板控制件位置如图 6.9.2 所示。

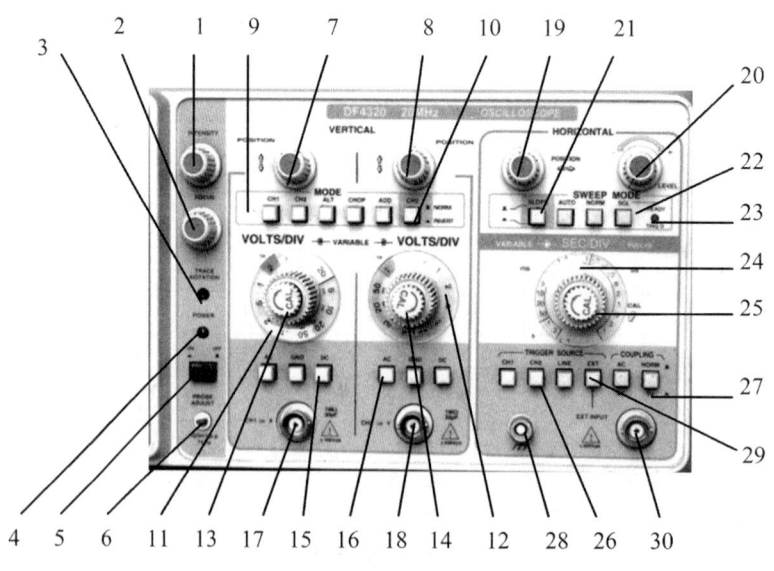

图 6.9.2 前面板控制件位置图

2. 控制件的作用

表 6.9.9 列出了本示波器所有的控制件的名称和功能简介，关于这些控制件如何使用，将在本节后面的内容中详细说明。

表 6.9.9

序号	控制件名称	功 能
1	亮度（INTENSITY）	轨迹亮度调节
2	聚焦（FOCUS）	轨迹清晰度调节
3	轨迹旋转（TRACE ROTAION）	调节轨迹与水平刻度线平行
4	电源指示（POWER INDICATOR）	电源接通时指示灯亮
5	电源（POWER）	电源接通或关闭
6	校准信号（PROBE ADJUST）	提供幅度为 0.5 V，频率为 1 kHz 的方波信号，用于调整探头的补偿和检测垂直和水平电路的基本功能
7、8	垂直移位（VERTICAL POSITION）	调整轨迹在屏幕中的垂直位置
9	垂直方式（VERTICAL MODE）	垂直通道的工作方式选择： CH1 或 CH2：通道 1 或通道 2 单独显示 ALT：两个通道交替显示 CHOP：两个通道断续显示，用于在扫描速度较低时的双踪显示 ADD：用于显示两个通道的代数和或差
10	通道 2 极性（CH2 NORM/INVERT）	通道 2 的极性转换，垂直方式工作在"ADD"方式时，"NORM"或"INVERT"可分别获得两个通道代数和或差的显示
11、12	电压衰减（VOLTS/DIV）	垂直偏转灵敏度的调节
13、14	微调（VARIABLE）	用于连续调节垂直偏转灵敏度
15、16	耦合方式（AC-GND-DC）	用于选择被测信号馈入至垂直的耦合方式
17、18	CH1 OR X；CH2 OR Y	被测信号的输入端口
19	水平移位（HORIZONTAL POSITION）	用于调节轨迹在屏幕中的水平位置
20	电平（LEVEL）	用于调节被测信号在某一电平触发扫描
21	触发极性（SLOPE）	用于选择信号上升或下降沿触发扫描
22	扫描方式（SWEEP MODE）	扫描方式选择：自动（AUTO）信号频率在 20 Hz 以上时常用的一种工作方式 常态（NORM）：无触发信号时，屏幕中无轨迹显示，在被测信号频率较低时选用 单次（SINGLE）：只触发一次扫描，用于显示或拍摄非重复信号

续表 6.9.9

序号	控制件名称	功 能
23	被触发或准备指示（TRIG'D READY）	在被触发扫描时指示灯亮，在单次扫描时，灯亮指示扫描电路在触发等待状态
24	扫描速率（SEC/DIV）	用于调节扫描速度
25	微调、扩展（VARIABLE PULL×5）	用于连续调节扫描速度，在旋钮拉出时，扫描速度被扩大 5 倍
26	触发源（TRIGGER SOURCE）	用于选择产生触发的源信号
27	触发耦合（COUPLING）	用于选择触发信号的耦合方式
28	接地（⏚）	安全接地，可用于信号的连接
29	外触发输入（EXT INPUT）	在选择外触发方式时触发信号插座
30	Z 轴输入（ZAXIS INPUT）	亮度调制信号输入插座
31	电源插座（后面板）	电源输入插座
32	电源设置（后面板）	110 V 或 220 V 电源设置
33	保险丝座（后面板）	电源保险丝座

3. 操作方法

（1）电源电压的设置。本示波器具有两种电源电压设置方式，在接通电源前，应根据当地标准参见仪器后盖提示，将开关置合适挡位，并选择合适的保险丝装入保险丝盒。

（2）面板一般功能的检查：

① 将有关控制件置于表 6.9.10 中所示的位置。

表 6.9.10

控制件名称	作用位置	控制件名称	作用位置
亮度（INTENSITY）	居中	输入耦合（AC-GND-DC）	DC
聚焦（FOCUS）	居中	扫描方式（SWEEP MODE）	自动
位移（3 只）（POSITION）	居中	极性（SLOPE）	正常
垂直方式（MODE）	CH1	扫描速率（SEC/DIV）	0.5 ms
电压衰减（VOLTS/DIV）	0.1 V（×）	触发源（TRIGGER SOURCE）	CH1
微调（VARIABLE）	顺时针旋足	触发耦合方式（COUPLING）	AC 常态

② 接通电源，电源指示灯亮、稍等预热，屏幕中出现光迹，分别调节亮度和聚焦旋钮，使光迹的亮度适中、清晰。

③ 通过连接电缆将本机校准信号输入至 CH1 通道。

④ 调节电平旋钮使波形稳定，分别调节垂直移位和水平移位，使波形与图 6.9.3 相吻合。

⑤ 将连接电缆换至 CH2 通道插座，垂直方式置"CH2"，重复④操作。

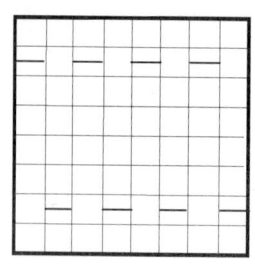

图 6.9.3 校准信号波形

（3）亮度控制：调节辉度电位器，使屏幕显示的轨迹亮度适中。一般观察不宜太亮，以避免荧光屏过早老化。高亮度的显示用于观察一些低重复频率信号的快速显示。

（4）垂直系统的操作：

① 垂直方式的选择。当只需观察一路信号时，将"MODE"开关按入"CH1"或"CH2"，此时被选中的通道有效，被测信号可从通道端口输入；当需要同时观察两路信号时，将"MODE"开关置交替"ALT"，该方式使两个通道的信号得到交替显示，交替显示的频率受扫描周期控制。当扫速在低速挡时，交替方式的显示将会出现闪烁，此时应将开关置连续"CHOP"位置；当需要观察两路信号的代数和时，将"MODE"开关置"ADD"位置；在选择该方式时，两个通道的衰减设置必须一致；将"CH2 INVERT"按入，可得到两路信号代数差的显示。

② 输入耦合的选择。

直流（DC）耦合：适用于观察包含直流成分的被测信号，如信号的逻辑电平和静态信号的直流电平，当被测信号的频率很低时，也必须采用该方式。

交流（AC）耦合：信号中的直流成分被隔断，用于观察信号的交流成分，如观察较高直流电平中的小信号。

接地（GND）：通道输入端接地（输入信号断开）用于确定输入为零时光迹所在位置。

（5）水平系统的操作：扫描速度的设定，扫描范围从 0.1 μs/div ~ 0.2 s/div 按 1.2.5 进位分 20 挡步进，微调"VARIABLE"提供至少 2.5 倍的连续调节；根据被测信号频率的高低，选择合适的挡级；在微调顺时针旋足至校正位置时，可根据刻度盘的指示值和波形在水平轴方向上的距离读出被测信号的时间参数，当需要观察波形的某一个细节时，可拉出扩展旋钮，此时原波形在水平方向被扩展 5 倍。

（6）触发控制：

① 扫描方式的选择（SWEEP MODE）。

自动（AUTO）：当无触发信号输入时，屏幕上显示扫描光迹；一旦有触发信号输入，电路自动转换为触发扫描状态，调节电平可使波形稳定地显示在屏幕上，此方式是观察频率在 20 Hz 以上信号最常用的一种方式。

常态（NORM）：无信号输入时，屏幕上无光迹显示；有信号输入时，触发电平调节在合适位置上，电路被触发扫描，当被测信号频率低于 20 Hz 时，必须选择该方式。

单次（SINGLE）：用于产生单次扫描。按动此键，扫描方式开关均被复位，电路工作在单次扫描方式，"READY"指示灯亮，扫描电路处于等待状态；当触发信号输入时，扫描产生一次，"READY"指示灯灭，下次扫描需再次按动单次按键。

② 触发源的选择（TRIGGER SOURCE）。

触发源有四种方式选择，当垂直方式工作于"交替"还是"断续"时，触发源选择某一通道，可用于两通道时间或相位的比较，当两通道的信号（相关信号）频率有差异时，应选择频率低的通道用于触发。

在单踪显示时，触发源选择无论是置"CH1"或"CH2"，其触发信号都来自于被显示的通道。

③ 极性的选择（SLOPE）。用于选择触发信号的上升或下降沿去触发扫描。

④ 电平的设置（LEVEL）。用于调节被测信号在某一合适的电平上启动扫描，当产生触发扫描后，"TRIG"指示灯亮。

⑤ 触发信号耦合方式的选择（COUPLING）。触发信号输入耦合方式的选择："AC／DC"仅适用于选择外触发信号的耦合，内触发信号的耦合被固定于 AC 状态。当需观察电视场信号时，将耦合方式置"TV"并同时根据电视信号的极性，置触发极性"SLOPE"于相应位置，可获得稳定的电视场信号的同步。

6.9.4　测量方法

1. 测量前的检查和调整

为了使仪器获得最高的测量精度，避免产生某些明显误差，在测量前应对光迹旋转（TRACE ROTATION）进行检查或调整。

在正常情况下，被显示波形的水平方向应与屏幕的水平刻度线平行，但由于地磁或其他原因会造成误差，可按下列步骤检查或调整：

（1）预置仪器控制键，使屏幕获得一个扫描基线。

（2）调节垂直移位使扫描基线与水平刻度平行，如不平行，用起子调整前面板"TRACE ROTATION"控制器。

2. 幅值的测量

（1）峰-峰电压的测量。对被测信号波形峰-峰电压的测量步骤如下：

① 将信号输入至 CH1 或 CH2 插座，将垂直方式设置为选用通道。

② 设置电压衰减器并观察波形，使被显示的波形幅度为 5 格左右，将衰减微调顺时针旋足（校正位置）。

③ 调整触发电平，使波形稳定。

④ 调整扫速控制器，使屏幕显示至少一个波形周期。

⑤ 调整垂直移位，使波形的底部在屏幕中某一水平坐标上（如图 6.9.4 A 点）。

⑥ 调整水平移位，使波形顶部在屏幕中央的垂直坐标上（如图 6.9.4 B 点）。

⑦ 测量垂直方向 A-B 两点的格数。

⑧ 按下面公式计算被测信号的峰-峰电压值（V_{p-p}）：

$$V_{p-p} = 垂直方向的格数 \times 垂直偏转因数$$

例如，在图 6.9.4 中，测出 A-B 两点的垂直格数为 4.6 格，垂直偏转因数为 5 V/div，则

$$V_{p-p} = 4 \times 5 = 20（V）$$

（2）直流电压的测量。直流电压的测量步骤如下：

① 设置面板控制器，使屏幕显示一扫描基线。

② 设置被选用通道的耦合方式为"GND"（见图 6.9.5）。

③ 调节垂直移位，使扫描基线在某一水平坐标上，定义此时的电压为零。

④ 将信号馈入被选用的通道插座。

⑤ 将输入耦合置"DC"，调整电压衰减器，使扫描线偏移在屏幕中一个合适的位置上（微调顺时针旋足）。

⑥ 测量扫描线在垂直方向偏移基线的距离（见图 6.9.5）。

⑦ 按下式计算被测直流电压值：

$$V = 垂直方向格数 \times 垂直偏转因数 \times 偏转方向（+ 或 -）$$

例如，在图 6.9.5 中，测出扫描基线比原基线上移 3.8 格，偏转因数为 2 V/div，则

$$V = 3.8 \times 2（+）= 7.6（V）$$

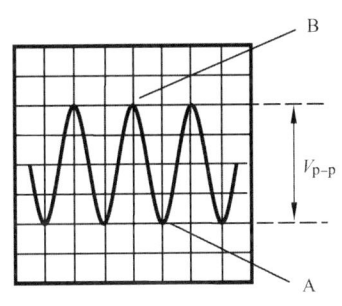
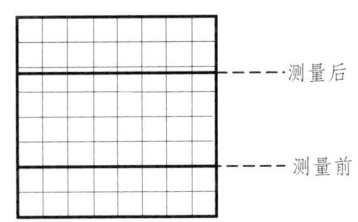

图 6.9.4　峰 - 峰电压的测量　　　　图 6.9.5　直流电压的测量

（3）幅值比较（比例）。在某些应用中，需要对两个信号之间幅值的偏差（百分比）进行测量，步骤如下：

① 将作为参考的信号馈入 CH1 或 CH2 端口，设置垂直方式为被显示的通道。
② 调整电压衰减器和微调控制器使屏幕显示幅度为垂直方向的 5 格。
③ 要保持电压衰减器和微调控制器在原位置上不变的情况下，将参考信号换接至需比较的信号，调整垂直移位使波形底部在屏幕的 0 刻度上。
④ 调整水平移位使波形顶部在屏幕中央的垂直刻度线上。
⑤ 根据屏幕左侧的 0 和 100% 的百分比标注，从屏幕中央的垂直坐标上读出百分比。（1 小格等于 4%，针对 5 格计算。）

例如，在图 6.9.6 中，虚线表示参考波形，幅度为 5 格，实线为被比较的信号波形，垂直幅度为 1.5 格，则该信号的幅值为参考信号的 30%。

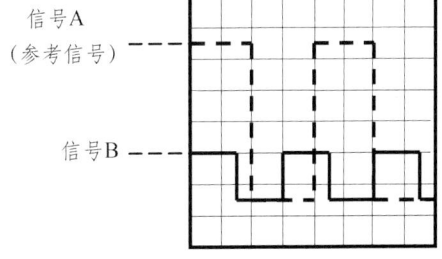

图 6.9.6　幅值比较

（4）代数叠加。当需要测量两个信号的代数和或差时，可根据下列步骤操作：

① 设置垂直方式为"ALT"或"CHOP"（根据被测信号的频率），CH2 极性置"NORM"。
② 将两个信号分别馈入 CH1 和 CH2 插座。
③ 调整电压衰减器，使两个信号的显示幅度适中，调节垂直移位，使两个信号波形的垂直位置靠近屏幕中央。
④ 将垂直方式换置"ADD"，即得到两个信号的代数和显示，若需要观察两个信号的代数差，则将 CH2 极性置"INVERT"。

图 6.9.7 分别列举了两个信号的代数和或差的显示结果。

（5）共模抑制。根据以上代数叠加的显示原理，用观察两路信号之差的操作方法，可抑制被测信号中不需要的交流成分。操作步骤如下：

① 设置垂直方式为"ALT"或"CHOP",CH2 极性为"NORM"。
② 将含有不需要的交流成分的组合信号馈入 CH1 插座,将需要抑制的信号馈入 CH2 插座。

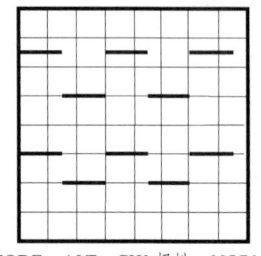 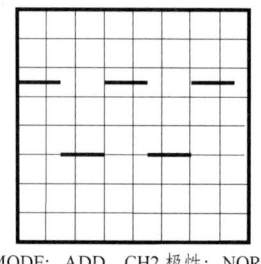 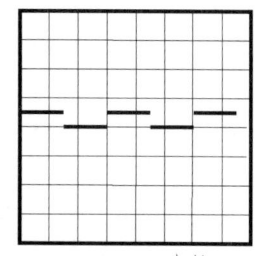

MODE: ALT　CH2 极性: NORM　　　MODE: ADD　CH2 极性: NORM　　　MODE: ADD　CH2 极性: INVERT
　　　二踪显示　　　　　　　　　　　　代数和显示　　　　　　　　　　　代数差显示

图 6.9.7　代数叠加显示

③ 调整 CH1 电压衰减使屏幕显示的幅度便于观察;调整 CH2 电压衰减器和微调节器旋钮,使 CH2 的显示幅度和 CH1 波形中需要抑制的幅度相等。
④ 将垂直方式置"ADD",CH2 极性置"INVERT",再一次调整 CH2 电压衰减微调,使被显示的波形中不需要的交流成分被最大限度地抑制(见图 6.9.8)。

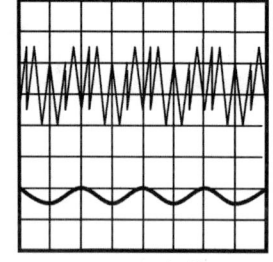 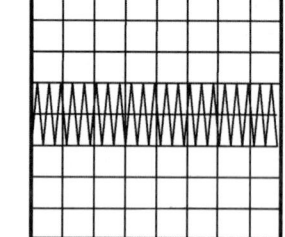

MODE:ALE;CH2 极性: NORM　　　　　　MODE:ADD;CH2 极性: INVERT

图 6.9.8　共模抑制的显示

3. 时间测量

(1)时间间隔的测量。对一个波形中两点间时间间隔的测量,可按下列步骤进行:
① 将被测信号馈入 CH1 或 CH2 插座,设置垂直方式为选用的通道。
② 调整触发电平使波形稳定显示。
③ 将扫速微调顺时针旋足(CAL 位置),调整扫速选择开关,使屏幕显示 1~2 个信号周期。
④ 分别调整垂直移位和水平移位,使波形中需测量的两点位于屏幕中央的水平刻度线上。
⑤ 测量两点间的水平距离,按下式计算出时间间隔。

$$时间间隔(s) = \frac{两点间的水平距离(格) \times 扫描时间因素(时间/格)}{水平扩展因数}$$

例如,在图 6.9.9 中,测得 A、B 两点的水平距离为 8 格,扫描时间因数设置为 2 ms/格,水平扩展为×1,则

$$时间间隔(s) = \frac{8\ 格 \times 2\ \text{ms/格}}{1} = 16(\text{ms})$$

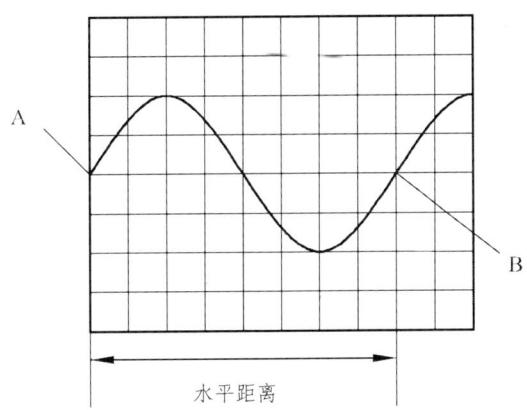

图 6.9.9 时间间隔的测量

（2）周期和频率的测量。在图 6.9.9 中，A、B 两点间的时间间隔的测量是一个特例，测量结果即为该信号的周期（T），该信号的频率 f 则为 $1/T$。例如，在上述例子中，测出该信号的周期为 16 ms，则该信号的频率为 $f = 1/T = 1/16 \times 10^{-2} = 62.5$（Hz）。

（3）上升（或下降）时间的测量。上升（或下降）时间的测量方法和时间间隔的测量方法一样，不过被选择的测量点规定在波形满幅度的 10% 和 90% 两处，步骤如下：

① 设置垂直方式为 CH1 和 CH2，将信号馈入被选中的通道。
② 调整电压衰减和微调，使波形垂直方向显示为 5 格。
③ 调整垂直移位，使波形的顶部和底部分别位于 100% 和 0% 的刻度线上。
④ 调整扫速开关，使屏幕显示波形的上升或下降沿。
⑤ 调整水平移位，使波形上升沿的 10% 处相交于某一垂直刻度线上。
⑥ 测量 10% ~ 90% 两点间的水平距离（图 6.9.10 中 A、B 两点）。

注意：对一些速度较快的前沿（或后沿）的时间测量，将扫描扩展旋钮拉出，可使波形中水平方向扩展 5 倍。

⑦ 按下式计算出波形的上升时间：

$$上升（或下降）时间 = \frac{水平距离(格) \times 扫描时间因数(时间/格)}{水平扩展因数}$$

例如，在图 6.9.10 中，波形上升沿的 10% 处（A 点）至 90% 处（B 点）的水平距离为 1.8 格，扫速开关置 0.1 μs/格，扫描扩展因数为 ×5，根据公式计算出上升时间：

$$上升时间 = \frac{1.8 格 \times 1\ \mu s/格}{5} = 0.36\ \mu s$$

（4）时间差的测量。对两个相关信号的时间差的测量，可按下列步骤进行：

① 根据被测信号频率将垂直方式开关置 "ALT" 或 "CHOP" 位置。
② 将参考信号和一个受比较的信号分别输入 "CH1" 和 "CH2" 插座。
③ 设置触发源选择至作为参考的那个通道。

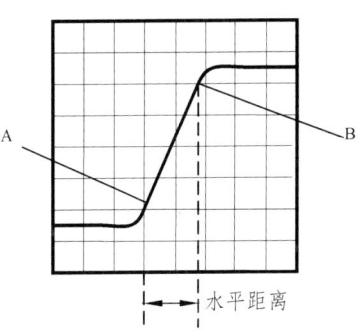

图 6.9.10 上升时间的测量

④ 调整"VOLTS/DIV",使屏幕显示合适的观察幅度。
⑤ 调整触发电平使波形稳定显示。
⑥ 调整"SEC/DIV",使两个波形的测量点之间有一个能方便观察的水平距离。
⑦ 调整垂直移位,使两个波形的测量点位于屏幕中央的刻度线上。
⑧ 测出两点之间的水平距离并用下式计算出时间差:

$$时间差 = \frac{水平距离(格) \times 扫描时间因素(时间/格)}{水平扩展因数}$$

(5)相位差的测量。相位差的测量可参考时间的测量方法实行,步骤如下:
① 按以上时间差测量方法的步骤①~④设置有关控制件。
② 调"VOLTS/DIV"和微调,使两个波形的显示幅度一致。
③ 调"SEC/DIV"和微调,使波形的一个周期在屏幕上显示 9 格,这样水平刻度线上的每格即被定为 40°(360° 除以 9)。
④ 测量两个波形在上升或下降到同一个幅度时的水平距离。
⑤ 按下式计算出两个信号的相位差:

$$相位差 = 水平距离(格) \times 40°/格$$

例如,在图 6.9.11 中,测得两个波形测量点的水平距离为 1.5 格,根据公式可算出相位差:

$$相位差 = 1.5 \text{ 格} \times 40°/\text{格} = 60°$$

4. 电视场信号的测量

本示波器具有可显示电视场信号的特点,操作方法如下:

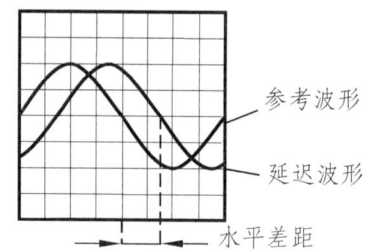

图 6.9.11 相位差的测量

(1)将垂直方式设置到"CH1"或"CH2",将电视信号输入至被选用的通道。
(2)将触发耦合设置到"TV",并将"SEC/DIV"设置到2 ms。
(3)对于正向电视信号,将"SLOPE"设置到上升沿触发扫描,对于负向电视信号,则将"SLOPE"设置到下降沿触发扫描。
(4)调整"VOLTS/DIV",屏幕显示合适的观察幅度。
(5)调整电平,使波形稳定显示。
(6)如需更细致地观察电视场信号,将水平扩展调到×5挡。

5. X-Y 方式的应用

在某些场合,X 轴的光迹偏转须由外来信号控制,如外接扫描信号、李沙育图形的观察或作为其他设备的显示装置等,都需要用到该方式。

X-Y 方式的操作:将"SEC/DIV"开关逆时针方向旋足至"X-Y"位置,由"CH1 OR X"端口输入 X 轴信号,其偏转灵敏度仍按该通道的"VOLTS/DIV"开关指示值读取。

6. Z 轴调制的应用

由仪器背面的 Z 轴输入插座可输入对波形亮度的调制信号,调制极性为负电平加亮,正电平消隐,当需要对被测波形的某段打入亮度标记时,可采用本功能获得。

参考文献

[1] 王英. 电路分析实验教程[M]. 成都：西南交通大学出版社，2008.
[2] 沈小丰. 电子线路实验：电路基础实验[M]. 北京：清华大学出版社，2007.
[3] 吕念玲. 电工电子基础工程实践[M]. 北京：机械工业出版社，2008.
[4] 陈同占，等. 电路基础实验[M]. 北京：清华大学出版社，2003.
[5] 路勇. 电子电路实验及仿真[M]. 北京：北京交通大学出版社，2004.
[6] 吴道悌. 电工学实验[M]. 北京：高等教育出版社，2000.